Die Dampfturbine.

Die Dampfturbine

Ein Lehr- und Handbuch für Konstrukteure
und Studierende

Von

Wilh. H. Eyermann

Ingenieur

Mit 153 Abbildungen im Text, sowie 6 Tafeln und einem
Patentverzeichnis

München und Berlin
Druck und Verlag von R. Oldenbourg
1906

gewidmet werden. Namentlich wurde durch reichliche Illustrationen
das bisher in der Praxis Bewährte vorgeführt. Die Beschreibung
der bekannter gewordenen Turbinensysteme wurde, da deren charakte-
ristische Einzelheiten schon bei den Konstruktionsteilen behandelt
wurden, knapp gehalten.

Für die Berechnung der Turbinen hat Verfasser eine Anzahl
von Rechentafeln, deren Gebrauch sich in der Praxis als bequem
und zweckmäßig erwiesen hat, dem Buche beigefügt. So ist z. B. die
häufig vorkommende Beziehung zwischen Durchmesser, Umdrehungszahl und Umfangsgeschwindigkeit, ebenso zwischen Durchmesser,
Umdrehungszahl und Fliehkraft auf je einer kleinen handlichen Tafel
dargestellt. Zur Ermittlung der Dampfgeschwindigkeiten und der
zur Dimensionierung der Dampfwege, namentlich der Düsen und
Schaufeln notwendigen Größen wurde eine Tafel der Erzeugungswärmen nach dem Verfahren des Herrn Prof. Mollier in solcher
Größe und Anordnung hergestellt, daß sie das am häufigsten gebrauchte
Gebiet in möglichst großem Maßstabe gibt, ohne dadurch unhandlich
zu werden. Ein besonders beigegebener Maßstab läßt direkt den
theoretischen Dampfverbrauch für ein beliebiges Druckgefälle ablesen.
Der Gebrauch der Tafeln ist durch reichliche durchgerechnete Beispiele erläutert.

Zum Schlusse ist dem Buche eine übersichtlich geordnete Zusammenstellung der bis jetzt erschienenen für die Turbinenkonstruktion
wichtigen Deutschen Reichspatente beigegeben. Die Bearbeitung dieses Teiles hat Herr Ingenieur Dahme, Lehrer an der Kgl. Maschinen-
bauschule in Magdeburg, freundlich übernommen.

Den Firmen, die mich durch Überlassung von Illustrations-
material freundlichst unterstützten, namentlich der Allgemeinen
Elektrizitätsgesellschaft, Berlin, der Gesellschaft für elektrische Industrie, Karlsruhe, den Maschinenbau-Aktiengesellschaften Oerlikon
und Escher Wyss, Zürich, Brown, Boveri & Co., Mannheim, und Union
Essen, sowie Herrn Direktor R. Schulz, Berlin, spreche ich hier
meinen Dank aus.

Leipzig, im Oktober 1905.

Der Verfasser.

Inhaltsverzeichnis.

I. Teil.
Der Arbeitsvorgang der Dampfturbine.

II. Teil.
Thermodynamische Grundlagen.

III. Teil.
Konstruktionselemente.

IV. Teil.

Dampfverbrauch.

V. Teil.

Entwurf und Berechnung.

VI. Teil.

Ausgeführte Turbinen.

VII. Teil.

Dampfturbinen für besondere Zwecke.

Deutsche Reichs-Patente

I. Teil.
Der Arbeitsvorgang der Dampfturbine.

Die Dampfturbine dient wie die Kolbenmaschine zur Umwandlung der Spannungsenergie des Dampfes in mechanische Arbeit, derart, daß letztere durch eine sich drehende Welle weiter geleitet werden kann. Beiden Maschinen wird der in einem Kessel unter hohem konstanten Druck entwickelte Dampf bei diesem konstanten Druck zugeführt, in der Maschine unter Arbeitsleistung expandiert und bei konstantem niedrigen Druck in die Atmosphäre oder einen Kondensator ausgestoßen.

Die Verschiedenheit beider Maschinen liegt in folgendem:

Bei der Kolbenmaschine gibt der gespannte Dampf durch statischen Druck an einen zurückweichenden Kolben Arbeit ab, welcher dann durch ein Getriebe eine Welle in Drehung versetzt.

In der Dampfturbine ist der statische Widerstand des Kolbens durch den Massenwiderstand des Dampfes selbst ersetzt. Der Dampf beschleunigt sich in einer Düse, an deren beiden Enden verschiedener Druck herrscht, unter Wirkung dieser Druckdifferenz und nimmt dabei die Spannungsenergie des Dampfes als kinetische Energie auf.

Der Dampf wird nun mit der erlangten Geschwindigkeit einer bewegten Schaufel zugeführt und in dieser abgelenkt; er übt dabei vermöge seiner Trägheit einen Druck auf die Schaufel aus und gibt, da letztere unter dem Drucke zurückweicht, Arbeit an sie ab. Die Schaufel überträgt sodann durch Vermittlung eines Hebels (Rades) ihre Bewegung und damit die Arbeit auf die Welle.

Der Arbeitsvorgang in der Dampfturbine läßt sich demgemäß zerlegen in zwei Prozesse:

1. Umwandlung der Spannungsenergie des Dampfes in Bewegungsenergie,
2. Übertragung der Bewegungsenergie des Dampfes auf einen bewegten Maschinenteil, die Schaufel.

Der erste Teil des Arbeitsvorganges der Dampfturbine, nämlich die Verwandlung der Spannungsenergie des Dampfes in Bewegungsenergie findet in der Düse statt.

In Fig. 1 ist eine solche Düse und die Änderung des Druckes p und der Geschwindigkeit w bei der Bewegung des Dampfes durch dieselbe schematisch dargestellt.

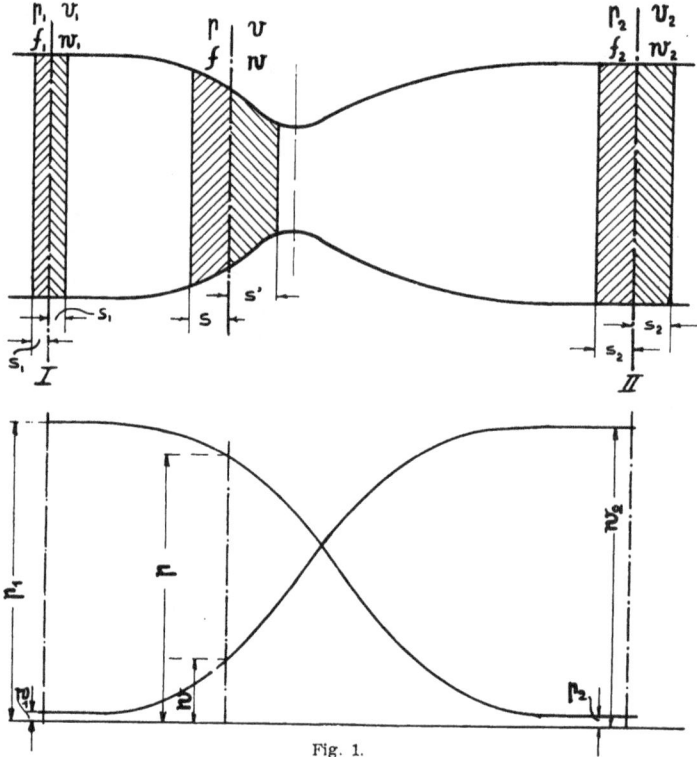

Fig. 1.

Beim Eintritt in die Düse durch die Querschnittsebene I von der Größe f_1 empfängt die von zwei Ebenen begrenzt gedachte Dampfmenge G, deren Hinterfläche dabei unter dem Drucke p_1 den Weg s_1 zurücklegt, von dem nachströmenden Kesseldampf die Arbeit

$$G \cdot L_1 = p_1 f_1 \cdot s_1 \quad\quad . \quad . \quad . \quad . \quad . \quad . \quad 1)$$

wobei L_1 die von 1 kg Dampf geleistete Arbeit bedeutet. Nun ist aber $f_1 s_1$ das Volumen der Dampfmenge G, d. h. wenn v_1 das Volumen eines Kilogramms Dampf bezeichnet,

$$f_1 \cdot s_1 = G \cdot v_1 \quad\quad . \quad . \quad . \quad . \quad . \quad . \quad 2)$$

$$G L_1 = G \cdot p_1 \cdot v_1 \quad\quad . \quad . \quad . \quad . \quad . \quad . \quad 3)$$

In gleicher Weise ergibt sich beim Austritt der Dampfmenge G aus der Düse durch den Querschnitt II die von der Dampfmenge G an den vor ihr befindlichen Dampf unter dem Drucke p_2 abgegebene Arbeit zu:

$$GL_2 = G \cdot p_2 \cdot v_2 \quad . \quad . \quad . \quad . \quad . \quad 4)$$

Beim Durchgang durch eine beliebige Querschnittsebene der Düse vom Flächeninhalt f verschiebt sich die Hinterfläche der wieder von 2 Ebenen begrenzt gedachten Dampfmenge G um den Betrag s, die Vorderfläche um den Betrag s'. Nehmen wir G genügend klein an, so können wir die Änderung des Druckes, sowie der Querschnittsfläche während der Verschiebung gegenüber deren absolutem Betrage vernachlässigen. Das Dampfteilchen G empfängt bei der Verschiebung die Arbeit $p \cdot f \cdot s$ und gibt ab: $p \cdot f \cdot s'$; also entwickelt das betrachtete Dampfteilchen aus sich heraus die Arbeit $pf\,(s' - s)$.

Bezeichnen wir mit dv die sehr kleine Änderung des Volumens eines Kilogramms Dampf bei der betrachteten sehr kleinen Bewegung des Dampfteilchens vom Gewicht G kg, so ist dessen Volumenänderung $G\,dv$. Anderseits ist aber auch diese Volumenänderung, wie aus Fig. 1 hervorgeht, darzustellen durch $fs' - fs$, also gilt die Gleichung:

$$f\,(s' - s) = G\,dv \quad . \quad . \quad . \quad . \quad . \quad 5)$$

Die Arbeit, welche das Dampfteilchen vom Gewicht G bei der betrachteten Verschiebung unter dem Drucke p entwickelt, ist, wenn wir mit dL diejenige für 1 kg Dampf bezeichnen,

$$G\,dL = p \cdot f \cdot (s' - s) = G \cdot p\,dv \quad . \quad . \quad . \quad 6)$$

Die gesamte beim Durchgange durch die ganze Länge der Düse unter gleichzeitiger Druckabnahme von p_1 auf p_2 und Volumenzunahme von v_1 auf v_2 von der Dampfmenge G entwickelte Arbeit ist also gegeben durch

$$GL_{1,2} = G \int dL = G \int_{v_1}^{v_2} p\,dv \quad . \quad . \quad . \quad . \quad 7)$$

Bei der vorstehenden Entwicklung war die betrachtete Dampfmenge G unendlich klein angenommen worden; da aber alle unendlich kleinen Teilchen einer endlichen Dampfmenge nacheinander dem beschriebenen Vorgange unterworfen werden, gilt die Entwicklung auch für endliche Dampfmengen. Für 1 kg Dampf ist demnach:

$$L_{1,2} = \int_{v_1}^{v_2} p\,dv \quad . \quad . \quad . \quad . \quad . \quad 8)$$

Auf jedes die Düse durchfließende Kilogramm Dampf kommt also die Eintrittsarbeit L_1, vermehrt um die Expansionsarbeit $L_{1,2}$, abzüglich der Austrittsarbeit L_2, d. h. die pro Kilogramm Dampf verfügbare Arbeit beträgt:

$$L = p_1 v_1 + \int_{v_1}^{v_2} p\, dv - p_2 v_2 \quad . \quad . \quad 9)$$

Wir können die Arbeit in einem rechtwinkligen Koordinatensystem, dessen Ordinaten den spezifischen Druck p (in kg auf den qm) und dessen Abszissen das spez. Volumen (in cbm pro kg) darstellen, als Fläche zur Anschauung bringen (Fig. 2).

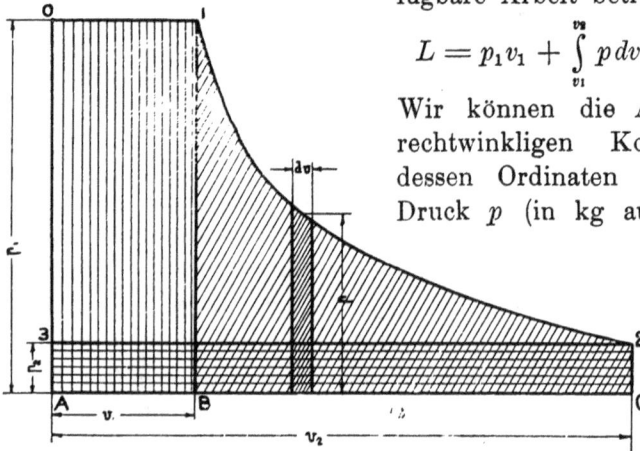

Fig. 2.

Die Fläche $A\,0\,1\,B$ gibt die Eintrittsarbeit $L_1 = p_1 v_1$,

Fläche $1\,2\,C\,B$ die Expansionsarbeit $L_{1,2} = \int_{v_1}^{v_2} p\, dv$,

und Fläche $A\,3\,2\,C$ die Austrittsarbeit $L_2 = p_2 \cdot v_2$.

Die Arbeit L ist also durch die schräg schraffierte Fläche 0123 dargestellt.

Fig. 3 zeigt dieselbe Fläche durch Integration nach p gebildet. Es ergibt sich hierbei der einfachere Ausdruck

$$L = \int_{p_1}^{p_2} v\, dp \quad 10)$$

Das Diagramm Fig. 2 und 3 ist nun aber das bekannte Diagramm der idealen Kolbendampfmaschine ohne schädlichen Raum und mit genügend großem Zylinder, um vollständig auf den Gegendruck zu expandieren.

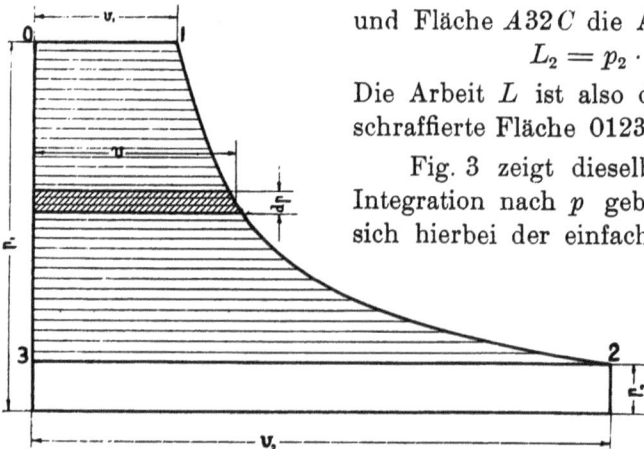

Fig. 3.

Es geht hieraus hervor, daß die in der Düse umgesetzte und demnach für die Turbine verfügbare Dampfarbeit genau die gleiche ist wie bei der Kolbenmaschine, daß daher auch der theoretische Dampfverbrauch unter gleichen Umständen für beide Maschinenarten der gleiche ist. Eine Überlegenheit des theoretischen Arbeitsprozesses der einen oder anderen besteht also nicht.

Die in der Düse umgesetzte Arbeitsmenge findet sich in dem ausströmenden Dampfe als Bewegungsenergie wieder; und zwar muß bei dem vorausgesetzten Beharrungszustand die von 1 kg Dampf entwickelte Arbeit wieder in 1 kg Dampf als kinetische Energie vorhanden sein. Es ist also, wenn w die Ausflußgeschwindigkeit, g die Beschleunigung der Schwere, und demnach $\dfrac{1}{g}$ die Masse eines Kilogramms bedeutet:

$$L = \frac{1}{g} \cdot \frac{w^2}{2} \quad \ldots \ldots \ldots \text{11)}$$

und

$$w = \sqrt{2\,g\,L} \quad \ldots \ldots \ldots \text{12)}$$

Die Ausflußgeschwindigkeit läßt sich demnach durch Planimetrieren des Dampfdiagramms leicht ermitteln.

Es ergibt sich z. B. auf diese Weise bei adiabatischer Expansion gesättigten Dampfes von $p_1 = 10$ Atm. abs. $(v_1 = 0{,}195$ cbm/kg) auf $p_2 = 0{,}1$ Atm. abs. $(v_2 = 12$ cbm/kg) aus dem Diagramm Fig. 4, wenn der Maßstab für

$$p = 1 \text{ cm} = 10000 \text{ kg pro m}^2$$
$$v = 1 \text{ cm} = 1 \text{ m}^3 \text{ pro kg}$$

ist, eine Arbeitsfläche von 7 cm²; also ist

$$L = 7 \cdot 10000 \text{ kg/m}^2 \cdot 1 \text{ m}^3\text{/kg}$$
$$= 70000 \text{ mkg pro kg Dampf.}$$

Daraus berechnet sich die Ausflußgeschwindigkeit zu

$$w = \sqrt{2 \cdot 9{,}81 \cdot 70000} = 1170 \text{ m/Sek.}$$

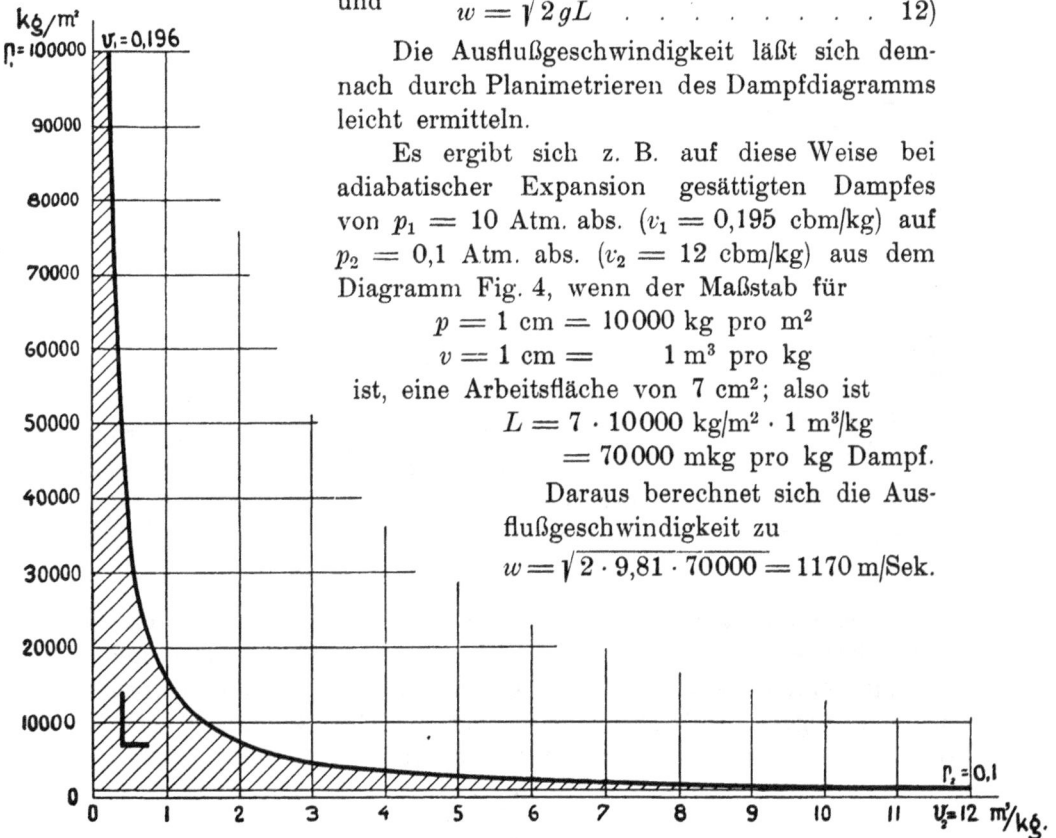

Fig. 4.

Zur Ausnützung der Bewegungsenergie des Dampfes in der Turbine ist notwendig, daß sie auf einen bewegten Maschinenteil stoßfrei übertragen wird, so daß der Dampf diesen mit möglichst geringer Geschwindigkeit verläßt. Dies kann auf zwei verschiedene Arten geschehen, nämlich nach dem Reaktions- und Aktionsprinzip. Der wesentliche Unterschied dieser beiden Arbeitsweisen besteht darin, daß die ganze Spannungsenergie bei der reinen Reaktionsturbine in dem bewegten Maschinenteil bei der reinen Aktionsturbine dagegen im ruhenden Maschinenteil in Bewegungsenergie umgesetzt wird, während im bewegten Maschinenteile nur eine Umlenkung (Richtungsänderung) stattfindet.

Rückdruck auf die Düse — Reaktions- oder Überdruckturbine.

Dem Trägheitswiderstand des aus einem Behälter durch eine Düse ausströmenden Dampfes muß eine Gegenkraft entsprechen, welche von der Wandung des Behälters, an welchem die Düse befestigt ist, und unter Umständen zum Teil von der Düsenwandung selbst aufgenommen werden kann (vgl. Fig. 5). Dieser gesamte Rückdruck (P) ist gleich demjenigen Drucke, welcher imstande ist, der pro Sekunde ausfließenden Dampfmenge G kg in einer Sekunde die Ausflußgeschwindigkeit w gegenüber dem Behälter zu erteilen.

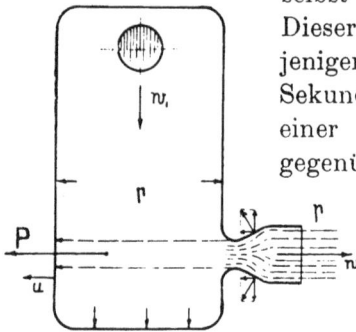

Fig. 5.

$$P = \frac{G}{g} \cdot w \quad . \quad . \quad . \quad . \quad 1)$$

Giebt man nun dem Behälter samt der Düse eine Bewegung entgegengesetzt der Ausflußrichtung des Dampfes, so wird der Druck P Arbeit leisten. Ist die Eigengeschwindigkeit des Gefäßes u, so ist die vom Rückdruck geleistete Arbeit

$$u \cdot P = \frac{G}{g} w \cdot u \quad . \quad . \quad . \quad . \quad . \quad 2)$$

Es muß nun aber im Beharrungszustand die abgeflossene Dampfmenge fortwährend ersetzt, also dem bewegten Gefäß zugeführt und die mit vernachläßigbar kleiner Geschwindigkeit dem Behälter pro Sekunde zugeführte Dampfmenge G auf die Geschwindigkeit u beschleunigt werden; dazu ist nötig die Arbeit

$$\frac{G}{g} \cdot \frac{u^2}{2} \quad . \quad . \quad . \quad . \quad . \quad . \quad 3)$$

Diese Arbeit ist, da sie von dem Gefäfs auf den Dampf übertragen werden muß, abzuziehen von der geleisteten Arbeit (2); es verbleibt dann die Nutzarbeit der Dampfmenge vom Gewicht G

$$G \cdot L = \frac{G}{g} \, u \left(w - \frac{u}{2} \right) \quad\ldots\ldots\ldots \text{4)}$$

Dieser Ausdruck wird ein Maximum für

$$u = w.$$

Die Nutzleistung beträgt für diesen Fall

$$G \cdot L_{\text{max}} = \frac{G}{g} \cdot \frac{w^2}{2} \quad\ldots\ldots\ldots \text{5)}$$

Dies ist aber die gesamte kinetische Energie des Dampfes; d. h. der hydraulische Wirkungsgrad wäre — abgesehen von Reibungsverlusten — gleich 1. Für alle anderen Werte von u ergeben sich kleinere Leistungen und Wirkungsgrade. In Fig. 6 ist die Abhängigkeit des Wirkungsgrades η von dem Verhältnis $\dfrac{u}{w}$ dargestellt.

$$\eta = \frac{L}{L_{\text{max}}} = \frac{u \left(w - \dfrac{u}{2} \right)}{\dfrac{w^2}{2}} \quad \text{6)}$$

$$= 2 \frac{u}{w} - \left(\frac{u}{w} \right)^2 \quad\ldots\quad \text{7)}$$

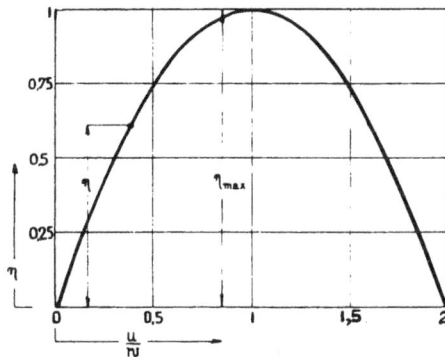

Fig. 6.

Der Wirkungsgrad wird Null bei $u = 2\,w$ und negativ bei $u > 2\,w$, d. h. in diesem Falle muß mechanische Arbeit zugeführt werden.

Werden Düsen an einem Rade so befestigt, daß ihre Achsen tangential stehen, und ihnen — etwa durch die Welle — der Dampf unter Druck zugeführt, so ergibt sich die reine Reaktions- oder Rückdruckturbine, auch Überdruckturbine genannt, da an der Stelle des Dampfübertritts vom ruhenden auf den bewegten Teil ein Überdruck vorhanden ist. Ihr Wesen besteht darin, daß in dem bewegten Maschinenteil unter Abnahme des Druckes eine Zunahme der Dampfgeschwindigkeit, bezogen auf den bewegten Maschinenteil (Düse oder Schaufel), stattfindet.

Ablenkungsdruck — Aktions- oder Gleichdruckturbine.

Wird ein Körper gezwungen, mit der konstanten Geschwindig-
keit c eine gekrümmte Bahn zu durchlaufen, so übt er auf diese
Bahn einen Druck aus, der jeweils — unter Vernachlässigung der
Reibung — normal zu der Bahn gerichtet ist. Hat die Bahn die
Möglichkeit einer Eigenbewegung, so kann die in Richtung dieser
Eigenbewegung fallende Komponente des Bahndruckes Arbeit leisten,
die normal dazu gerichtete nicht. Im folgenden soll die erstere
Hauptkomponente, die letztere Seitenkomponente genannt werden.
Die Größe des Bahndruckes und der beiden Komponenten ergibt
sich wie folgt:

Wir betrachten (vgl. Fig. 7) eine Bahn von beliebiger Krümmung,
von der wir aber das sehr kleine Stück ds als Kreisbogen mit dem
Radius r ansehen können. Der zugehörige, sehr kleine Winkel sei
$d\varphi$. Die in jeder Sekunde an einem Punkt der Bahn vorbeiströmende
Dampfmenge betrage G kg, deren Geschwindigkeit c m/Sek. Der

Druck auf das Stück der Bahn von
der Länge ds sei mit dN, die zugehörigen Haupt- und Seitenkomponenten
mit dP und dS bezeichnet.

Der Bahndruck dN ist identisch
mit der Fliehkraft des an der Strecke ds
anliegenden Dampfkörpers, dessen
Gewicht dG sich ergibt mit

$$dG = G\,\frac{ds}{c} \quad \ldots \ldots \quad 1)$$

Also ist

$$dN = \frac{dG}{g} \cdot \frac{c^2}{r} = \frac{G}{g} \cdot \frac{ds}{c} \cdot \frac{c^2}{r} \quad 2)$$

und da

$$ds = r\,d\varphi$$

$$dN = \frac{G}{g} \cdot \frac{r\,d\varphi}{c} \cdot \frac{c^2}{r} = \frac{G}{g}\,c\,d\varphi \quad \ldots \ldots \quad 3)$$

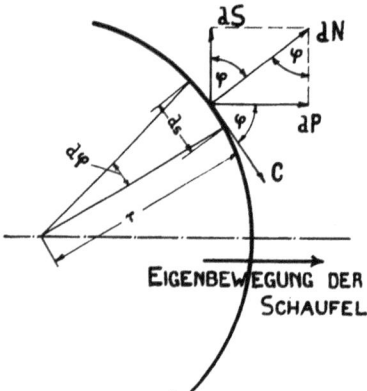

Fig. 7.

d. h. der Bahndruck ist nur abhängig von der Dampfmenge pro
Sekunde, der Durchflußgeschwindigkeit und der Winkeländerung
(Ablenkungsgröße), nicht aber vom Krümmungsradius; also gilt die
Ableitung auch für beliebig veränderliche Krümmung der Bahn.

Bildet die Bahn an der betrachteten Stelle mit der Richtung der Eigenbewegung den Winkel φ, so sind die Haupt- und Seitenkomponenten des Normaldruckes:

$$dP = dN \sin \varphi = \frac{G}{g} \cdot c \sin \varphi \, d\varphi \quad . \quad . \quad 4)$$

$$dS = dN \cos \varphi = \frac{G}{g} \, c \cdot \cos \varphi \, d\varphi \quad . \quad . \quad 5)$$

Bei einer e n d l i c h e n Winkeländerung von φ_1 auf φ_2 (Fig. 8) ist das Integral der Haupt- und Seitenkomponenten

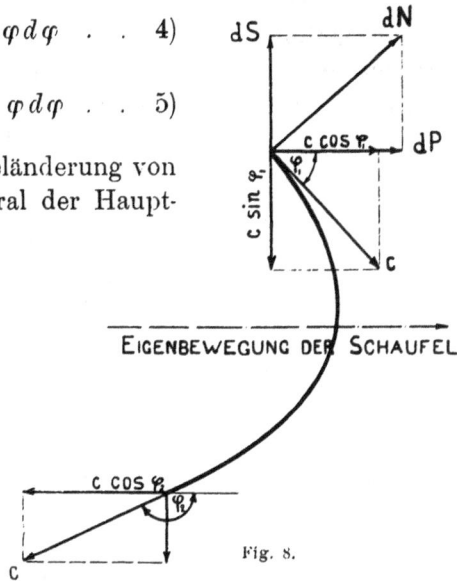

$$P_{1,2} = \int_{\varphi_1}^{\varphi_2} \frac{G}{g} \cdot c \sin \varphi \, d\varphi$$

$$= \frac{G}{g} \, c \, (\cos \varphi_1 - \cos \varphi_2) \quad 6)$$

$$S_{1,2} = \int_{\varphi_1}^{\varphi_2} \frac{G}{g} \cdot c \cdot \cos \varphi \, d\varphi$$

$$= \frac{G}{g} c \cdot (\sin \varphi_2 - \sin \varphi_1) \quad 7)$$

Fig. 8.

Die Größen lassen sich in dem Diagramm (Fig. 9) übersichtlich darstellen. Es ist dabei der Richtungssinn der Geschwindigkeitskomponenten zu beachten. In dem dargestellten Falle ist z. B. cos φ_2 negativ und infolgedessen — $c \cos \varphi_2$ eine positive Größe, die sich zu $c \cos \varphi_1$ addiert. Die Hauptkomponente des Druckes CA ist nach rechts gerichtet, da die Geschwindigkeit nach dieser Richtung genommen eine Verminderung erfährt; die Seitenkomponente DB nach unten, da die nach unten gerichtete Komponente OB sich auf OD verkleinert.

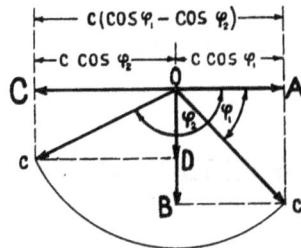

Fig. 9.

Es ist aus Fig. 9 ohne weiteres ersichtlich, daß die Arbeit leistende Komponente P ein Maximum für $\varphi_1 = 0$ und $\varphi_2 = 180^0$ hat. Es ist dann

$$P_{\text{max}} = \frac{G}{g} c \cdot 2 \quad . \quad . \quad . \quad . \quad . \quad . \quad 8)$$

Die Größe c bezeichnet die Geschwindigkeit des Dampfes, bezogen auf die Bahn (Schaufel), d. h. die Relativgeschwindigkeit; sie ist, wenn keine Eigenbewegung der Schaufel gegenüber der feststehenden Dampfzuführung (Düse) vorhanden ist, mit der absoluten Geschwindigkeit identisch. Besitzt jedoch die Schaufel die Eigengeschwindigkeit u, so ergibt sich die Relativgeschwindigkeit durch geometrische Addition nach dem Parallelogramm der Bewegungen.

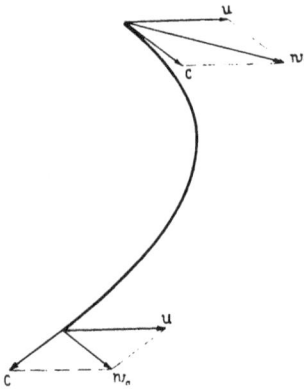

Es ist dabei vorausgesetzt, daß der Eintritt des Dampfes in die Schaufel ohne Stoß, d. h. plötzliche Richtungs- und Geschwindigkeitsänderung, geschehen soll. Die absolute Eintrittsgeschwindigkeit w_e soll also im Moment des Eintritts als solche nach Größe und Richtung bestehen bleiben. Sie wird an der Eintrittsstelle der Schaufel gebildet durch zwei Komponenten, eine nach Größe und Richtung gleich der Eigenbewegung u und eine in Richtung des ersten Schaufelelements, die Relativgeschwindigkeit c (vgl. Fig. 10).

Fig. 10.

Die absolute Austrittsgeschwindigkeit w_a ergibt sich in gleicher Weise als geometrische Summe (Diagonale des Parallelogramms) aus der relativen Austrittsgeschwindigkeit und der Umfangsgeschwindigkeit. Betrachten wir im folgenden zur Ermittlung der günstigsten Umfangsgeschwindigkeit der Schaufel der Einfachheit halber den Fall der Umkehrung der Dampfgeschwindigkeit um 180^0, also $\varphi_1 = 0$; $\varphi_2 = 180^0$. Dann ist, wenn c in der Schaufel konstant bleibt,

$$c = w_1 - u$$
$$w_2 = u - c$$

Der Schaufeldruck P ist dann nach Gl. 8 (S. 9)

$$P = \frac{G}{g} \cdot 2c$$
$$= \frac{G}{g} \cdot 2\,(w_1 - u) \quad . \quad . \quad . \quad . \quad 9)$$

und die dabei von G kg Dampf geleistete Arbeit pro Sekunde

$$G \cdot L = uP$$
$$= \frac{G}{g} \cdot 2\,(w_1 - u)\,u \quad . \quad . \quad . \quad . \quad 10)$$

Dieser Wert hat ein Maximum bei

$$u = \frac{w_1}{2},$$

nämlich

$$G L_{max} = \frac{G}{g} \cdot \frac{w_1{}^2}{2}, \quad \ldots \ldots \quad 11)$$

stellt also in diesem Falle die gesamte kinetische Energie des der Schaufel zugeführten Dampfes dar. Der hydraulische Wirkungsgrad ist gleich 1. Für andere Umfangsgeschwindigkeit u wird der Wirkungsgrad

$$\eta = \frac{L}{L_{max}} = \frac{\frac{1}{g} \cdot 2\,(w_1 - u)\,u}{\frac{1}{g} \cdot \frac{w_1{}^2}{2}}$$

oder

$$= 4\left[\frac{u}{w_1} - \left(\frac{u}{w_1}\right)^2\right] \quad \ldots \ldots \quad 12)$$

Diese Beziehung ist in Fig. 11 graphisch dargestellt. Die Kurve ist wie bei der Überdruckturbine (Fig. 6 S. 7) eine Parabel. Während jedoch bei der Überdruckturbine das Maximum des Wirkungsgrades für den Wert

$$\frac{u}{w} = 1 \text{ oder } u = w$$

eintrat, liegt für die Gleich-druckturbine das Maximum bei

$$\frac{u}{w} = \frac{1}{2} \text{ oder } u = \frac{w}{2}$$

Welche große praktische Bedeutung dieser Unterschied hat, wird aus der Betrachtung eines Beispiels erhellen.

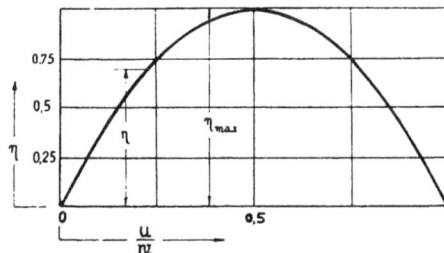

Fig. 11.

Wir hatten oben (S. 5) gefunden, daß der Dampf bei Expansion in der Düse von 10 Atm. abs. auf 0,1 Atm. abs. eine Geschwindig-keit von 1170 m/Sek. annimmt. Um diese Geschwindigkeit mit einem hydraulischen Wirkungsgrade von 100% auszunützen, müßten die Schaufeln einer Überdruckturbine eine Umfangsgeschwindig-keit von

$$u = w = 1170 \text{ m/Sek.}$$

erhalten.

Die Gleichdruckturbine würde verlangen

$$u = \frac{w}{2} = \frac{1170}{2} = 585 \text{ m/Sek.}$$

Nun ist aber, wie wir später bei der Berechnung der Turbinenräder sehen werden, mit Rücksicht auf die durch die Fliehkraft
hervorgerufenen Beanspruchungen auch beim allerbesten Material
höchstens eine Umfangsgeschwindigkeit von etwa 400 m/Sek. zulässig;
es würde sich demnach im vorliegenden Falle ergeben, da

$$\frac{u}{w} = \frac{400}{1170} = 0,342,$$

für eine reine Überdruckturbine nach Gl. 7 (S. 7)

$$\eta = 2 \frac{u}{w} - \left(\frac{u}{w}\right)^2$$
$$= 0,567,$$

für eine reine Gleichdruckturbine nach Gl. 12 (S. 11)

$$\eta = 4 \left[\frac{u}{w_1} - \left(\frac{u}{w_1}\right)^2 \right]$$
$$= 0,9.$$

Es ergibt sich daraus, daß — mit Rücksicht auf den hydraulischen
Wirkungsgrad — eine Gleichdruckturbine das gesamte Arbeitsver
mögen des von 10 auf 0,1 Atm. abs. expandierten Dampfes noch
befriedigend ausnützen kann, eine Überdruckturbine dagegen nicht.

Umlaufzahl.

Die Erzeugung einer Umfangsgeschwindigkeit von 400 m/Sek.
bietet aber abgesehen von der Rücksicht auf die Festigkeit noch
eine weitere Schwierigkeit. Die Umfangsgeschwindigkeit eines mit
n Umdrehungen pro Minute rotierenden Rades von D^m Durchmesser ist

$$u = \frac{D \pi n}{60} \text{ in m/Sek.}$$

Die Raddurchmesser finden aus konstruktiven Rücksichten ihre
obere Grenze für Maschinen größter Leistung bei etwa 2,5 m, entsprechend einer unteren Grenze der Umdrehungszahl von 3080 pro
Minute bei $u = 400$ m/Sek.; für kleine Leistungen müssen mit Rücksicht auf den Preis und aus anderen später zu erörternden Gründen
die Scheiben klein und die Umdrehungszahlen groß genommen
werden. So hat z. B. de Laval Turbinen von 5 PS mit Scheiben
von etwa 200 mm Durchmesser und 30000 Umdrehungen pro Minute
ausgeführt.

Verminderung der Umdrehungszahl.

Solche Umdrehungszahlen sind aber zum Betriebe von Arbeitsmaschinen, mit Ausnahme von Kreiselpumpen, Ventilatoren, Unipolardynamomaschinen, Zentrifugen u. dgl., nicht verwendbar. De Laval hat deshalb mit der Dampfturbine ein Zahnradvorgelege mit einer Übersetzung von ca. 1 : 10 zusammengebaut und so brauchbare Tourenzahlen erhalten. Für große Leistungen ist dieser Weg aber nicht gangbar. Man hat daher Mittel gesucht, die Umfangsgeschwindigkeit ohne Benachteiligung des Wirkungsgrades herabzusetzen. Die zu diesem Zwecke angewendeten Methoden sollen im folgenden ihrem Wesen nach kurz erläutert werden. Um das Wesentliche klarer hervortreten zu lassen, sind alle irgend zulässigen Vereinfachungen eingeführt; so bleiben zunächst Reibungsverluste und der Einfluß der konstruktiv bedingten Schaufelwinkel unberücksichtigt.

Druckstufen.

Die — zuerst von Parsons mit Erfolg angewandte — heute wichtigste Methode zur wirtschaftlich günstigen Reduktion der Schaufelgeschwindigkeit besteht in der Unterteilung des Druckgefälles. Es wird nicht, wie bisher angenommen, die gesamte dem Druckunterschiede zwischen Kessel und Kondensator entsprechende Energie in einem Düsensystem in kinetische und einem Laufrade in mechanische Energie umgesetzt, sondern diese Energie wird, wie bei den Mehrfachexpansions-Kolbenmaschinen, auf mehrere nacheinander vom Dampf durchflossene Systeme verteilt. Die einzelnen hintereinander geschalteten Turbinen können natürlich nach dem Überdruck- oder Gleichdruckprinzip oder einer Kombination von beiden arbeiten.

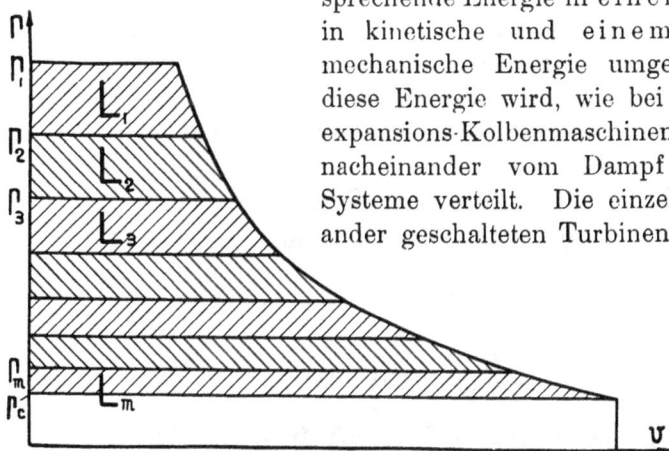

Fig. 12.

Das Druck-Volumen-Diagramm Fig. 12 erläutert den Arbeitsvorgang einer Gleichdruckturbine dieser Art. Das erste Düsen- und

Schaufelsystem verarbeitet den Dampf zwischen den Drücken p_1 p_2 und setzt dabei die Arbeit L_1 pro kg Dampf um; im zweiten System expandiert der Dampf von p_2 auf p_3 und leistet dabei die Arbeit L_2, die vom zweiten Laufrad aufgenommen wird usw. Die ganze Dampfarbeit L teilt sich demnach bei m Stufen in m Einzelarbeiten L_1 bis L_m. Werden die Einzelarbeiten gleich groß angenommen, also $L_1 = L_2 = \ldots L_m$, so wird die in jedem Düsensystem in Bewegungsenergie umgesetzte Arbeit bei m Stufen:

$$L_1 = L_2 = \ldots = \frac{L}{m} \ldots$$

Die in jeder Stufe erzeugte Geschwindigkeit ist nach Gl. 12 (S. 5)

$$w_m = \sqrt{2\,g\,L_1} = \sqrt{2\,g\,\frac{L}{m}} = \sqrt{\frac{1}{m}}\,\sqrt{2\,g\,L}.$$

Wenn nun w die dem ganzen Druckgefälle entsprechende Ausflußgeschwindigkeit bedeutet, so ist, da

$$w = \sqrt{2\,g\,L},$$

$$w_m = \sqrt{\frac{1}{m}} \cdot w,$$

d. h. die Ausflußgeschwindigkeit und damit auch die günstigste Umfangsgeschwindigkeit ist umgekehrt proportional der Wurzel aus der Anzahl der Druckstufen.

Ist z. B. für eine Gleichdruckturbine ein Raddurchmesser von 500 mm und eine Umdrehungszahl von 3000 Umdrehungen pro Minute erwünscht, so wird die zugehörige Umfangsgeschwindigkeit 78,5 m/Sek. Die Ausflußgeschwindigkeit würde für einen hydraulischen Wirkungsgrad $\eta = 1$

$$w_m = 2 \cdot 78,5 = 157 \text{ m/Sek.}$$

betragen müssen; für $\eta = 0,9$ ergiebt sich aus Fig. 11 (S. 11)

$$\frac{w}{u} = 0,34,$$

also hier

$$w_m = \frac{157}{0,68} = 231 \text{ m/Sek.}$$

Bei einem gesamten Druckgefälle von 10 auf 0,1 Atm. abs., dem eine Ausflußgeschwindigkeit von 1170 m/Sek. entspricht, wären also notwendig: für $\eta = 1$

$$m = \left(\frac{w}{w_m}\right)^2 = \left(\frac{1170}{157}\right)^2 \sim 56 \text{ Stufen,}$$

für $\eta = 0,9$

$$m = \left(\frac{1170}{231}\right)^2 \backsim 26 \text{ Stufen.}$$

Die reine Überdruckturbine würde erfordern

für $\eta = 1$

$$w_m = u = 78,5 \text{ m/Sek.,}$$

für $\eta = 0,9$

$$w_m = \frac{78,5}{0,68} = 115 \text{ m/Sek. (vgl. Fig. 6).}$$

Die Stufenzahlen würden dann:

für $\eta = 1$ $\qquad m = \left(\frac{1170}{78,5}\right)^2 \backsim 222 \text{ Stufen,}$

» $\eta = 0,9$ $\qquad m = \left(\frac{1170}{115}\right)^2 \backsim 102 \text{ Stufen.}$

Nach obigem scheint die Aktionsturbine der Reaktionsturbine weit überlegen zu sein. In bezug auf die Einfachheit der Schaufelung ist dies auch der Fall. Es sprechen aber, wie wir später sehen werden, in gewissen Fällen gewichtige Gründe für teilweise Anwendung des Reaktionsprinzips. Das gerechnete Beispiel zeigt außerdem, welche bedeutende Vereinfachung des Schaufelapparates sich bei Einführung eines verhältnismäßig kleinen hydraulischen Verlustes ergibt.

Geschwindigkeitsstufen.

Ein zweites Mittel zur Reduktion der Umfangsgeschwindigkeit besteht darin, daß man zwar die ganze verfügbare Dampfenergie durch Expansion vom Kessel auf den Kondensatordruck in einer Düse in Geschwindigkeitsenergie umsetzt, dann aber den Dampf ohne weitere Expansion nacheinander auf mehrere Laufräder unter Zwischenschaltung von Leiträdern wirken läßt. Fig. 13 zeigt die Anordnung schematisch, Fig. 14 gibt ein Diagramm der Geschwindigkeiten. Die Laufräder bewegen sich in der Richtung des Pfeils mit

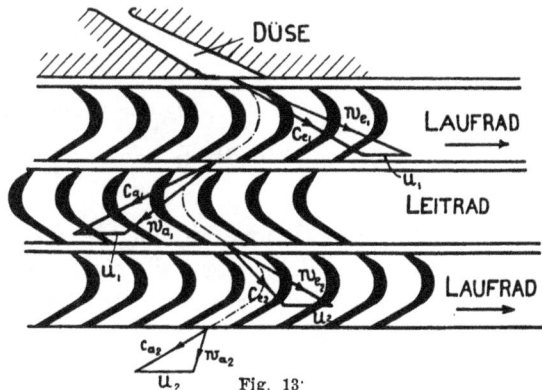

Fig. 13.

den Geschwindigkeiten u_1 und u_2, die wir für alle Räder gleich groß annehmen wollen, während die Leiträder feststehen. Der Dampf tritt mit der absoluten Geschwindigkeit w_{e_1} aus der Düse aus und in die Schaufel des ersten Laufrades ein. Die relative Geschwindigkeit c_{e_1} ergibt sich nach Größe und Richtung durch geometrische Subtraktion der Umfangsgeschwindigkeit u_1 von der absoluten Eintrittsgeschwindigkeit w_{e_1}. Die Relativgeschwindigkeit c_{e_1} in der Laufschaufel bleibt der Größe nach, abgesehen von Reibungsverlusten, konstant, da eine Änderung des Dampfdruckes in der Schaufel nicht stattfinden soll, also

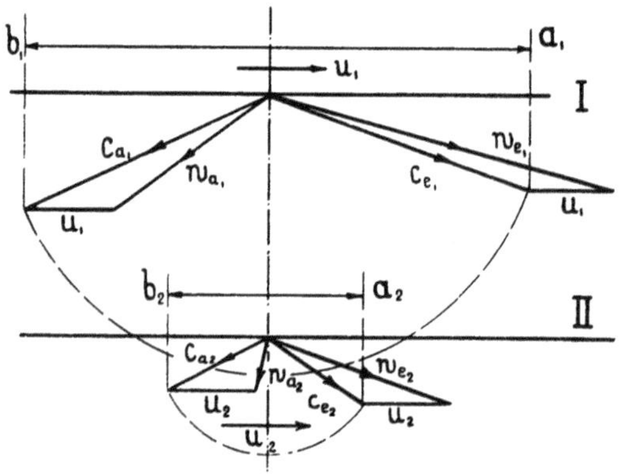

Fig. 14.

$$c_{a_1} = c_{e_1}.$$

Die absolute Geschwindigkeit des aus dem ersten Laufrad aus- und in das erste Leitrad eintretenden Dampfes w_{a_1} ermittelt sich durch geometrische Addition von c_{a_1} und u_1. Die Absolutgeschwindigkeit w_{a_1} bleibt ebenfalls in der Leitschaufel konstant und wird nur durch Umlenkung möglichst der Schaufelbewegung gleich gerichtet; also

$$w_{e_2} = w_{a_1}.$$

Für den Grenzfall, wie er auch bisher angenommen wurde, daß die Schaufeln eine Umlenkung des Strahles um volle 180° bewirken, wird, wie Fig. 14 ohne weiteres erkennen läßt,

$$c_{e_1} = w_{e_1} - u,$$
$$w_{a_1} = c_{a_1} - u,$$

und da $c_{a_1} = c_{e_1}$,

$$w_{a_1} = w_{e_1} - 2u \quad \ldots \ldots \ldots 1)$$

Wird nun der Dampf mit der Geschwindigkeit $w_{e_2} = w_{a_1}$ einem zweiten Laufrade, welches ebenfalls die Eigengeschwindigkeit u besitzt, zugeführt, so wird die absolute Geschwindigkeit nach Durchgang durch dasselbe sein

$$w_{a_2} = w_{e_2} - 2u = w_{a_1} - 2u,$$

und da $w_{a_1} = w_{e_1} - 2u$,

$$w_{a_2} = w_{e_1} - 2 \cdot 2u.$$

Wenn der Dampf in dieser Weise m Laufräder passiert hat, so wird seine absolute Geschwindigkeit

$$w_{am} = w_{e_1} - m \cdot 2\,u \quad . \quad . \quad . \quad . \quad . \quad . \quad 2)$$

Eine volle Ausnützung der Dampfenergie, also ein Wirkungsgrad $\eta = 1$, wird dann eintreten, wenn die absolute Austrittsgeschwindigkeit aus dem letzten Laufrad, die ja der Turbine verloren geht, gleich Null wird; also

$$w_{am} = w_{e_1} - m \cdot 2\,u = 0$$

$$u = \frac{w_{e_1}}{2\,m} \quad . \quad . \quad . \quad . \quad . \quad 3)$$

oder

$$m = \frac{w_{e_1}}{2\,u} \quad . \quad . \quad . \quad . \quad . \quad 4)$$

Lassen wir nun einen Energieverlust durch die Austrittsgeschwindigkeit (w_{am}) von $10\,\%$ der verfügbaren Energie zu, d. h. $\eta = 0,9$, so wird (vgl. auch Fig. 11) der Verlust:

$$\frac{w_{am}^2}{2\,g} = 0,1\ \frac{w_{e_1}^2}{2\,g}$$

und

$$w_{am} = \sqrt{0,1}\ w_{e_1}$$

$$= 0,32\ w_{e_1}$$

aus Gl. 2 ergibt sich:

$$u = \frac{w_{e_1} - w_{am}}{2\,m} \quad . \quad . \quad . \quad . \quad 5)$$

$$m = \frac{w_{e_1} - w_{am}}{2\,u} \quad . \quad . \quad . \quad . \quad 6)$$

In unserem Falle $(\eta = 0,9)$ ist

$$u = \frac{w_{e_1}(1 - 0,32)}{2\,m} = 0,68\ \frac{w_{e_1}}{2\,m}$$

$$m = 0,68\ \frac{w_{e_1}}{2\,u},$$

allgemein

$$u = \left(1 - \sqrt{1 - \eta}\,\right) \frac{w_{e_1}}{2\,m}.$$

Legen wir die gleichen Verhältnisse, wie bei der auf S. 14 behandelten Druckstufenturbine zugrunde, also 10 kg/cm² Admissionsdruck, 0,1 kg/cm² Gegendruck, daher bei Expansion in einer Düse

1170 m/Sek. Ausflußgeschwindigkeit und 78,5 m Umfangsgeschwindigkeit, so ergibt sich eine Stufenzahl für $\eta = 1$ von

$$m = \frac{w_a}{2\,u} = \frac{1170}{2 \cdot 78,5} = 7,5, \;\frown\; 8$$

und für $\eta = 0,9$ von

$$m = 0,68 \cdot \frac{1170}{2 \cdot 78,5} = 5,1. \;\frown\; 5$$

Hier ist also die Anzahl der Schaufelsysteme bedeutend geringer als
bei der Druckstufenturbine. Diesem Vorteil steht aber, wie wir
später sehen werden, der Nachteil ungünstigerer Reibungsverhältnisse
gegenüber. Ein weiterer wesentlicher Unterschied liegt in der Verteilung der Gesamtleistung auf die einzelnen Räder.
Während diese Verteilung bei der Druckstufenturbine, wie aus dem
Diagramm Fig. 12 (S. 13) ersichtlich, ganz beliebig, also auch gleichmäßig gemacht werden kann, ist sie bei gleicher Umfangsgeschwindigkeit der Schaufelkränze einer Turbine mit Geschwindigkeitsstufen
eine ganz bestimmte. Fig. 14 läßt dies deutlich erkennen. Die Umfangskraft am Rade, d. h. die Tangentialkomponente des Schaufeldrucks, ist, wie wir eingangs gesehen haben, proportional der Änderung der tangentialen Komponente der Relativgeschwindigkeit,
in der Figur dargestellt durch die Strecke $a_1\,b_1$ für das erste, $a_2\,b_2$
für das folgende Laufrad. Es ist klar, daß die Umfangskräfte und
damit — bei gleicher Umfangsgeschwindigkeit — die Leistungen
der ersten Stufen die der letzten weit überwiegen.

Gegenläufige Räder.

Die absolute Dampfgeschwindigkeit beim Eintritt ins Laufrad
und damit die wirtschaftlich günstigste Umfangsgeschwindigkeit läßt
sich dadurch vermindern, daß das Düsensystem eine der Dampfströmung entgegengesetzt gerichtete Geschwindigkeit erhält. Es wirkt
dann das Düsensystem als Reaktions-, das Schaufelrad als Aktionsturbine. Fig. 15 zeigt die Anordnung schematisch, Fig. 16 das Diagramm der Geschwindigkeiten.

Wird der Dampf so zugeführt, daß er beim Eintritt in die Düse
gegenüber letzterer eine sehr kleine Relativgeschwindigkeit besitzt,
so wird die relative Austrittsgeschwindigkeit aus der Düse c_{a_1} dem
gesamten Arbeitsvermögen des Dampfes entsprechen. Ist die Eigengeschwindigkeit der Düse $= u_1$ und der Winkel zwischen u_1 und c_{a_1}

klein, so wird die absolute Geschwindigkeit beim Austritt aus der Düse und beim Eintritt in die Schaufel sein

$$w_{a_1} = w_{e_2} = c_{a_1} - u_1.$$

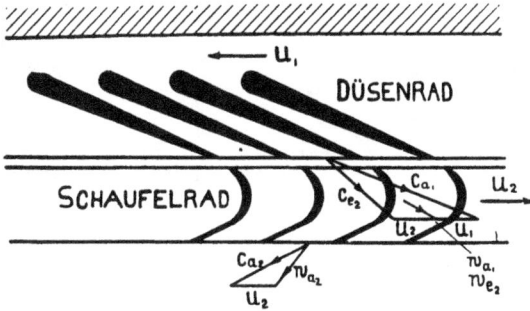

DÜSENRAD

SCHAUFELRAD

Fig. 15.

Ist u_2 die Umfangsgeschwindigkeit der Schaufel, so wird die relative Geschwindigkeit in der Schaufel sein

$$c_{e_2} = c_{a_2} = w_{e_2} - u_2,$$

und die absolute Austrittsgeschwindigkeit

$$w_{a_2} = c_{a_2} - u_2 = w_{e_2} - 2\,u_2.$$

Die Leistung der Reaktionsturbine — des Düsenrades — ist nach Gl. 4 (S. 7) für das Kilogramm Dampf (unter entsprechender Änderung der Bezeichnungen)

$$L_1 = \frac{1}{g}\,u_1\left(c_{a_1} - \frac{u_1}{2}\right)$$

die Leistung des Aktionsrades (Gl. 10, S. 10)

$$L_2 = \frac{1}{g}\cdot 2\,u_2\,(w_{e_2} - u_2).$$

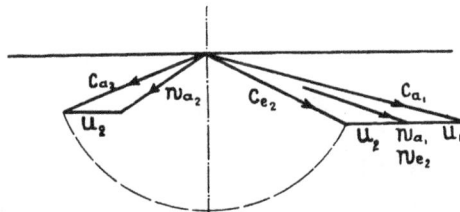

Fig. 16.

Der Wirkungsgrad $\eta = 1$ wird erzielt, wenn die absolute Austrittsgeschwindigkeit aus dem Aktionsrade gleich Null wird. Dies ist der Fall, wenn $u_2 = \frac{w_{e_2}}{2}$. Da aber $w_{e_2} = w_{a_1}$ nur (bei gegebenem Gefälle) von u_1 abhängig ist, so ist durch die Wahl einer der beiden Größen u_1 und u_2 die andere bestimmt; es läßt sich auf diese Weise gleiche Verteilung der Arbeit auf beide Räder oder gleiche Umfangsgeschwindigkeit erzielen.

2*

Das Düsensystem kann auch fest angeordnet und der Dampf nacheinander auf abwechselnd entgegengesetzt rotierende Laufräder geleitet werden (vgl. Fig. 17). Fig. 18 zeigt das Geschwindigkeits-

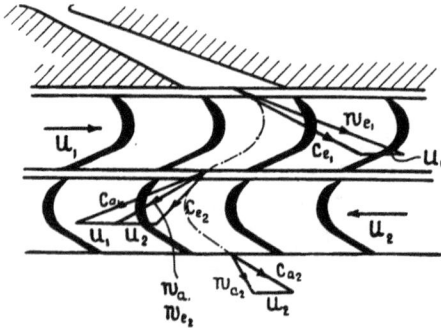

Fig. 17.

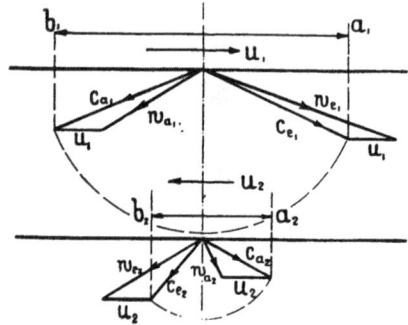

Fig. 18.

diagramm einer reinen Aktionsturbine dieser Art. Auch hier läßt sich bei verschiedenen Umfangsgeschwindigkeiten gleiche Leistung und bei verschiedenen Leistungen gleiche Umfangsgeschwindigkeit beider Räder oder Radsysteme erzielen.

Beschwerung des Dampfes.

Da das Arbeitsvermögen L eines mit der Geschwindigkeit w bewegten Körpers von der Masse $\dfrac{G}{g}$ gegeben ist durch die Gleichung

$$L = \frac{G}{g} \cdot \frac{w^2}{2},$$

so liegt es nahe, in dem Produkt Gw^2 das Gewicht G zu vergrößern, um w^2 bei gleichem Wert von L zu verkleinern.

Dies ist möglich durch Anwendung spezifisch schwerer Dämpfe (z. B. Quecksilber); Versuche, welche nach dieser Richtung angestellt worden sind, haben aber aus praktischen Gründen bis jetzt zu keinem befriedigenden Resultat geführt.

Es ist ferner vorgeschlagen worden, den mit voller Geschwindigkeit aus der Düse ausströmenden Dampf in einem Strahlapparat mit einer mehrfachen Menge Luft oder Abdampf, die mit kleiner Geschwindigkeit zugeführt wird, zu mischen und so das Arbeitsvermögen des Dampfes auf das Gemisch zu übertragen. Die Bewegungsübertragung geschieht infolge der leichten gegenseitigen Verschieblichkeit der Dampfteilchen nach den Gesetzen des unelastischen Stoßes. Bezeichnet M_1 die Masse, w_1 die Geschwindigkeit des Arbeitsdampfes,

M_2 und w_2 die Masse und Geschwindigkeit des zugemischten Körpers von der Mischung, so ist das Arbeitsvermögen des Dampfes

$$L_1 = M_1 \frac{w_1^2}{2},$$

des zugemischten Körpers

$$L_2 = M_2 \frac{w_2^2}{2}.$$

Bei der Mischung gleichen sich die Geschwindigkeiten beider so aus, daß die Summe der Bewegungsgrößen $M_1 w_1$ und $M_2 w_2$ gleich ist der Bewegungsgröße der Mischung; die Geschwindigkeit w der Mischung ergibt sich demnach aus:

$$(M_1 + M_2)\, w = M_1 w_1 + M_2 w_2$$

zu

$$w = \frac{M_1 w_1 + M_2 w_2}{M_1 + M_2},$$

das Arbeitsvermögen nach der Mischung ist also:

$$L = \frac{(M_1 + M_2)\, w^2}{2} = \frac{1}{2} \frac{(M_1 w_1 + M_2 w_2)^2}{M_1 + M_2}$$

und der Wirkungsgrad des Mischungsvorganges:

$$\eta = \frac{L}{L_1 + L_2} = \frac{(M_1 w_1 + M_2 w_2)^2}{(M_1 w_1^2 + M_2 w_2^2)(M_1 + M_2)}.$$

Beispiel: Es sei $M_1 = 1$; $M_2 = 10$

$$w_1 = 1000 \ \text{m/Sek.}, \quad w_2 = 100 \ \text{m/Sek.},$$

dann ist

$$L_1 = \frac{1 \cdot 1\,000\,000}{2} = 500\,000$$

$$L_2 = \frac{10 \cdot 10\,000}{2} = 50\,000$$

$$L_1 + L_2 = 550\,000$$

$$w = \frac{1 \cdot 1000 + 10 \cdot 100}{1 + 10} = \frac{2000}{11} = 182 \ \text{m/Sek.}$$

$$L = \frac{11 \cdot 182^2}{2} = 182\,000.$$

Also der Wirkungsgrad der Mischung

$$\eta = \frac{L}{L_1 + L_2} = \frac{182\,000}{550\,000} = 0{,}33.$$

Der Wirkungsgrad ist also bei einer einigermaßen bedeutenden Reduktion der Geschwindigkeit unzulässig gering.

Eine dritte Möglichkeit liegt in der Zumischung schwerer Körper zu dem Dampfe v o r der Expansion, derart, daß der Dampf und der Belastungskörper sich gleichzeitig beschleunigen müssen. Da dieser Vorgang stoßfrei erfolgen kann, verspricht dies Verfahren vom theoretischen Standpunkt aus Erfolg; die praktischen Schwierigkeiten dürften jedoch sehr bedeutend sein.

Wir haben im Vorstehenden gesehen, welche Schwierigkeit die mit der geringen spezifischen Masse des Dampfes verbundene große Ausflußgeschwindigkeit bei der Konstruktion der Dampfturbine bietet und haben die Möglichkeiten zur Überwindung dieser Schwierigkeiten kennen gelernt.

Aus dem Vorstehenden ergeben sich nun noch einige Eigentümlichkeiten der Dampfturbine, welche auf die Abgrenzung ihres Verwendungsgebietes von großem Einfluß sind, und deshalb hier kurz angeführt werden sollen.

In manchen Fällen wird von der Dampfmaschine ein wirtschaftliches Arbeiten bei stark veränderlicher Umdrehungszahl verlangt. Soll die Dampfturbine diese Anforderung erfüllen, so muß die Dampfgeschwindigkeit der geänderten Umfangsgeschwindigkeit angepaßt werden. Dies ist aber in wirtschaftlicher Weise nur durch Veränderung der Stufenzahl bei Druck- oder Geschwindigkeitsstufenturbinen möglich, also mit erheblicher konstruktiver Komplikation verbunden.

Eine U m s t e u e r b a r k e i t ist, da eine Turbinenschaufelung ihrer Natur nach nur einseitig arbeiten kann, nur dadurch erreichbar, daß die Turbine mit zwei entgegengesetzt arbeitenden Schaufelungen versehen wird, von denen nach Belieben die eine oder andere beaufschlagt wird, oder daß zwei vollständige Turbinen von entgegengesetzter Drehrichtung auf die gleiche Welle gesetzt werden. Umsteuergetriebe dürften bei den hohen Umdrehungszahlen ausgeschlossen sein.

Einteilung der Dampfturbinen.

Mit Rücksicht auf die A r b e i t s w e i s e sind zu unterscheiden: G l e i c h d r u c k - (Aktions-) und Ü b e r d r u c k - (Reaktions-) Turbinen: beide können e i n s t u f i g oder m e h r s t u f i g sein, und zwar mit D r u c k s t u f e n oder G e s c h w i n d i g k e i t s s t u f e n.

In k o n s t r u k t i v e r Hinsicht ergibt sich die Einteilung in Axial-, Radial- und gemischt beaufschlagte Turbinen, je nach der Richtung der Seitenkomponente der Dampfbewegung, und in Turbinen mit h o r i z o n t a l e r und v e r t i k a l e r W e l l e.

TURBINENSYSTEME.

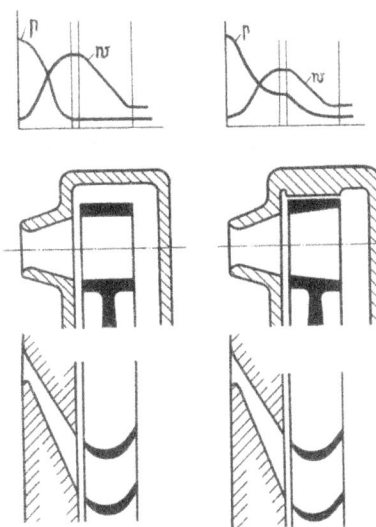

Fig. 1   Fig. 2

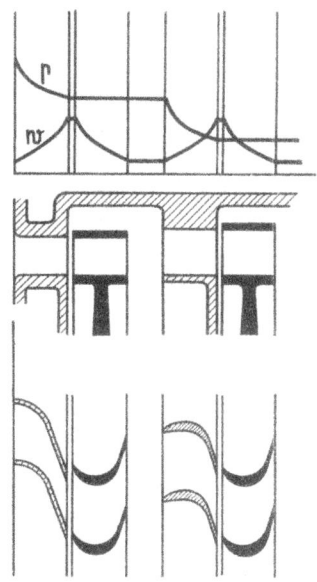

Fig. 3

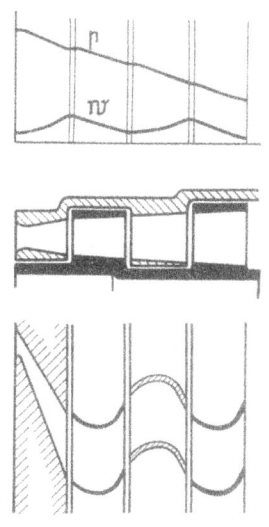

Fig. 4

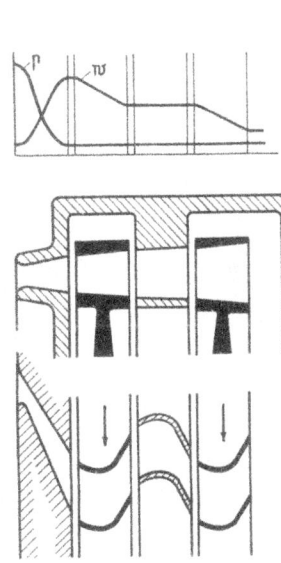

Fig. 5

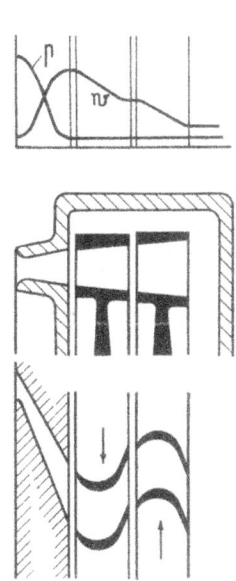

Fig. 6

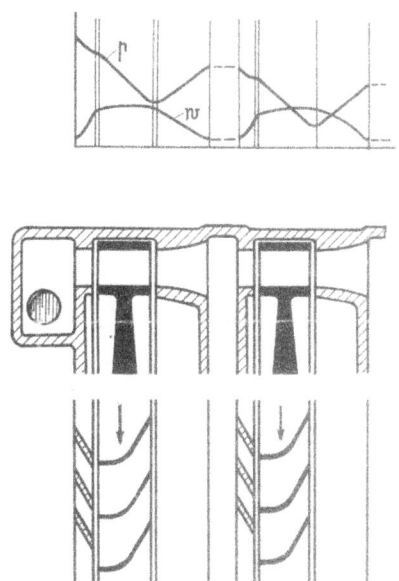

Fig. 7

Verlag von R. Oldenbourg, München und Berlin 1905.

II. Teil.
Thermodynamische Grundlagen.

Das Wesen der Wärme.

Wir wissen, daß die Wärme eine Energieform ist, wie potentielle, elektrische, chemische, mechanische und Bewegungsenergie, da sie in diese anderen Energieformen übergeführt werden und aus ihnen entstehen kann. Wir können ferner, ohne mit den Tatsachen in Widerspruch zu geraten, mit Clausius annehmen, daß die Wärme die Bewegungsenergie der Schwingungen der kleinsten Körperteilchen (Moleküle) darstellt. Da diese kinetische Theorie der Wärme mit räumlichen Vorstellungen, wie sie der Denkgewohnheit des Ingenieurs am geläufigsten sind, arbeitet und deshalb vielfach die Erklärung thermodynamischer Vorgänge erleichtert, möge sie hier in ihren Grundzügen kurz entwickelt werden.[1])

Wir denken uns die Körper aus sehr kleinen, vollkommen elastischen Teilchen, den Molekülen, bestehend, welche nach einem Gesetze, ähnlich dem der Gravitation, eine Anziehung auf einander ausüben, und unter normalen Verhältnissen sich in heftiger Bewegung relativ zu einander befinden, etwa wie die Weltkörper. Je nach der Heftigkeit der Bewegung und der gegenseitigen Entfernung kommen zwei Moleküle nach einem Zusammenstoß wieder gänzlich aus dem gegenseitigen Anziehungsbereiche — wie manche Kometen, oder sie ändern zwar ihre gegenseitige Stellung, bleiben aber im Anziehungsbereiche — wie die Planeten, oder sie schwingen nur um eine Mittellage, die sie relativ zu einander nicht verändern. Dementsprechend haben wir es mit gasförmigen, flüssigen oder festen Körpern zu tun.

Denken wir uns in einem Würfel von der Seitenlänge l eine bestimmte Menge Gas, d. h. eine bestimmte Anzahl von Molekülen untergebracht. Die Moleküle bewegen sich darin regellos, doch so, daß die gesamte kinetische Energie der Molekularbewegung konstant bleibt; die Wand soll alle sie treffenden Moleküle vollkommen elastisch reflektieren. Beim Anprall gegen die Wand werden die Moleküle einen Druck auf letztere ausüben, der abhängig ist von

[1] Boltzmann, Kinetische Gastheorie. Meyer, O. E., Kin. Gastheorie.

der Masse m jedes Moleküls, der Geschwindigkeit w desselben und der Anzahl n der Stöße in der Zeiteinheit. Der Gesamtdruck auf eine Seitenfläche des Würfels ist dann, wenn p den Druck auf die Flächeneinheit bezeichnet,

$$l^2 \cdot p = m \cdot 2w \cdot n, \qquad \qquad 1)$$

da $2w$ die Geschwindigkeitsänderung der Masse m bei einem Stoß darstellt.

Die Anzahl der Stöße ergibt sich aus folgender Überlegung: Die Moleküle bewegen sich zwar unregelmäßig, aber doch nach Dichte und Richtung und Größe ihrer Geschwindigkeit gleichmäßig im Raume verteilt. Wir können daher die ungeordnete Bewegung durch eine solche ersetzen, bei welcher je $1/3$ aller Moleküle sich parallel zu je einer Kante des Würfels bewegt. Für jede der 6 Seitenflächen des Würfels kommen also, wenn N die Anzahl der Moleküle pro Raumeinheit, also $l^3 \cdot N$ diejenige im ganzen Würfel bezeichnet, $\frac{N \cdot l^3}{3}$ Moleküle in Betracht. Jedes dieser Moleküle braucht für den Weg von der Stoßfläche zur gegenüberliegenden und zurück $\frac{2 \cdot l}{w}$ Sekunden; daher ist die Anzahl der Stöße pro Molekül und Sekunde $\frac{w}{2l}$ und die Gesamtzahl der Stöße in der Zeiteinheit auf die betrachtete Fläche

$$n = \frac{N \cdot l^3}{3} \cdot \frac{w}{2 \cdot l} \cdot \qquad \qquad 2)$$

der Druck auf die Seitenfläche

$$l^2 \cdot p = m \cdot 2w \cdot \frac{N \cdot l^2 \cdot w}{6}$$

und der Druck auf die Flächeneinheit

$$p = \frac{m \cdot w^2}{3} \cdot N \qquad \qquad 3)$$

Das Produkt $N \cdot m$ ist die Masse der Moleküle in der Raumeinheit, oder die Dichte; nennen wir $N \cdot m = \varrho$, so ist

$$p = \varrho \cdot \frac{w^2}{3} \qquad \qquad 4)$$

d. h. der spezifische Druck ist der Gasdichte und dem Quadrat der Molekulargeschwindigkeit proportional.

In dieser Formel ist das Mariottesche und das Gay-Lussacsche Gesetz enthalten. Erhöhen wir die Dichte durch Verkleinerung des

Volumens (Kompression) unter Konstanthaltung der Molekulargeschwindigkeit, so steigt der Druck umgekehrt proportional dem Volumen. Lassen wir dagegen die Dichte ϱ und damit auch das Volumen konstant, steigern aber die Molekulargeschwindigkeit w, so steigt p proportional zu w^2. Das Boyle-Gay-Lussacsche Gesetz sagt aber aus, daß bei konstantem Volumen der spezifische Druck proportional zur absoluten Temperatur ist, d. h. der Temperatur in Celsiusgraden plus 273° C. Es ist demnach auch die Temperatur bei einem vollkommenen Gase proportional dem Quadrat der Molekulargeschwindigkeit.

Führen wir zwei verschiedenen vollkommenen Gasen Energie in Form von Wärme zu, und zwar so, daß beide die gleiche Temperatur erreichen, so finden wir, daß die beiden Wärmemengen sich ververhalten, umgekehrt wie die Molekulargewichte μ der beiden Gase. Nun ist aber $\dfrac{\mu \cdot w^2}{2\,g}$ die kinetische Energie eines Moleküls. Daraus ergibt sich, daß wir die Temperatur als Maß der kinetischen Energie eines Moleküls auffassen können.

Die Temperatur.

Wir können den Wärmezustand eines Körpers durch das Gefühl wahrnehmen und nennen ihn demgemäß kalt oder warm. Diese Äußerung des Wärmezustandes nennen wir Temperatur. Wir bemerken, daß, wenn ein kalter und ein warmer Körper zusammengebracht werden, sich ihre Temperatur ausgleicht, niemals aber der Temperaturunterschied — bei Vermeidung äußerer Einflüsse — steigt.

Mit dem Temperaturausgleich ist ein Übergang von Wärmeenergie zwischen den Körpern verbunden; und zwar lehrt die Erfahrung, daß Wärme stets nur vom wärmeren zum kälteren Körper übergeht, nie umgekehrt. (Zweiter Hauptsatz der Wärmetheorie.)

Als Maß der Temperatur benützen wir die Ausdehnung, welche die Körper bei Zuführung von Wärme erfahren. So dehnt sich die Luft bei Erwärmung (unter konstantem Druck) von der Schmelztemperatur des Eises bis zum Siedepunkt des Wassers um $\dfrac{100}{273}$ ihres ursprünglichen Volumens aus. Diese Temperaturdifferenz nennen wir nach Celsius 100°. Nehmen wir den Nullpunkt der Temperaturskala nicht beim Eispunkt, sondern bei — 273° an, so erhalten wir die sog. absolute Temperatur, welche wir im folgenden mit T, im Gegensatz zur Celsiustemperatur (t), bezeichnen wollen. Die absolute Temperatur ist deshalb rechnerisch bequem, weil bei konstantem Druck das Volumen eines Gases ihr proportional wächst.

Die spezifische Wärme.

Wir definieren die spezifische Wärme eines Körpers als diejenige Wärmemenge, die notwendig ist, um die Temperatur der Gewichtseinheit desselben um 1° C zu erhöhen.

Die einem Körper zugeführte Wärmeenergie setzt sich um in

1. potentielle Energie, zur Überwindung der Molekularanziehung,
2. mechanische Arbeit durch Volumenvergrößerung unter Überwindung des äußeren Druckes,
3. kinetische Energie der Molekularschwingungen, die als Temperaturerhöhung in Erscheinung tritt.

Die spezifische Wärme ist demnach abhängig von der Art des Körpers und den Umständen, unter welchen die Wärmezuführung geschieht, im besonderen von der Temperatur, dem Aggregatzustand und — bei Gasen und Dämpfen — von der Ausdehnungsmöglichkeit. Wird einem in einem Gefäße eingeschlossenen Gase Wärme zugeführt, so wird die für potentielle Energie verbrauchte Wärme wegen der großen Entfernung der Moleküle sehr klein, die für äußere Arbeit verbrauchte, da eine Volumenänderung ausgeschlossen ist, Null sein. Es wird demnach fast die gesamte Wärmemenge zur Temperaturerhöhung verwendet. Wir nennen die spezifische Wärme in diesem Falle

c_v = spezifische Wärme bei konstantem Volumen.

Wird dagegen während der Wärmezuführung der spezifische Druck konstant gehalten, so tritt eine Ausdehnung und Leistung von äußerer Arbeit ein. Die potentielle Energie ist hier ebenfalls sehr klein, die kinetische Energie bei gleicher Temperaturerhöhung um 1° C die gleiche wie bei konstantem Volumen; die spezifische Wärme bei konstantem Druck muß demnach um den Betrag der äußeren Arbeit größer sein als die spezifische Wärme bei konstantem Volumen. Wir nennen

c_p = spezifische Wärme bei konstantem Druck.

Da die Änderung der potentiellen Energie bei Erwärmung vollkommener Gase wegen der großen gegenseitigen Entfernung der

Moleküle und ihrer geringen gegenseitigen Anziehung verschwindend
klein ist, und da ferner die absolute Temperatur der kinetischen
Energie der Moleküle proportional ist, so muß sich bei konstantem
Volumen die Temperatur bei Zuführung gleicher Wärmemengen um
ein gleiches Maß erhöhen, d. h. c_v ist bei verschiedenen Temperaturen konstant. Bei konstantem Drucke ist die Volumenvergrößerung
der Temperaturerhöhung, d. h. der Zunahme an kinetischer Energie
proportional; da nun die äußere Arbeit gegeben ist durch das Produkt aus Druck und Volumenvergrößerung, so ist auch die äußere
Arbeit der Temperaturzunahme proportional. Eine bestimmte Wärmezufuhr erzeugt also bei verschiedenen Temperaturen die gleiche
äußere Arbeit und die gleiche Temperaturzunahme. Also ist
auch c_p von der Temperatur unabhängig. Analog läßt sich die
Unabhängigkeit der Größen c_v und c_p vom Druck unter Berücksichtigung der umgekehrten Proportionalität von Druck und Volumen bei konstanter Temperatur nachweisen.

Dies gilt jedoch nur von Gasen. Bei Dämpfen in der Nähe
des Siedepunktes, bei Flüssigkeiten und festen Körpern hat die Anziehung der Moleküle einen erheblichen Einfluß; daher sind die
spezifischen Wärmen in diesen Fällen veränderlich.

Die Wärmeeinheit.

Wir messen die Wärmemenge durch Vergleich mit derjenigen,
welche zur Erwärmung der Gewichtseinheit Wasser von 0^0 auf 1^0 C
erforderlich ist. Als Gewichtseinheit gilt entweder das Gramm oder
Kilogramm. Man unterscheidet demnach kleine und große Wärmeeinheiten oder Gramm- und Kilogramm-Kalorien. Die Grammkalorie
ist in der Physik, die Kilogrammkalorie in der Technik gebräuchlich.
Im folgenden ist mit Kalorie oder Wärmeeinheit (WE) stets die
letztere gemeint.

Aus der Wahl der Einheit folgt, daß die spezifische Wärme
des Wassers zwischen 0^0 und 1^0 C gleich 1 ist.

Das mechanische Wärmeäquivalent.

Da eine bestimmte Energiemenge die Formen von Wärme oder
mechanischer Arbeit annehmen kann, so müssen die in beiden Fällen
auftretenden Wärme- und Arbeitsmengen einander äquivalent sein.
Die Verhältniszahl, die angibt, welche Wärmemenge — in Wärmeeinheiten gemessen — der Arbeitseinheit (1 mkg) gleichwertig ist,

heißt mechanisches Wärmeäquivalent. Wir bezeichnen die Zahl im folgenden mit A. Nach den neuesten Ermittlungen können wir sie annehmen zu $A = \dfrac{1}{424}$; d. h.

$$\frac{1}{424} \text{ WE} = 1 \text{ mkg.}$$

Der thermische Zustand.

Von den veränderlichen Eigenschaften der Körper sind in wärmetechnischer Beziehung die folgenden von besonderer Wichtigkeit: Der Druck, welchen der Körper auf die Flächeneinheit von seiner Umgebung erleidet und auf sie ausübt, das Volumen, welches die Gewichtseinheit des Körpers einnimmt, das Gewicht der Volumeneinheit, die Temperatur und der Aggregatzustand des Körpers. Wir bezeichnen mit

p den spezifischen Druck, gemessen in kg pro qm,

v das spezifische Volumen in cbm pro kg,

γ das spezifische Gewicht in kg pro cbm,

t die Temperatur in Celsiusgraden,

$T = t + 273^0$ die absolute Temperatur,

x die spezifische Dampfmenge, d. h. den Gewichtsanteil des Körpers, der sich in Dampfform befindet; die spezifische Flüssigkeitsmenge ist demnach $1 - x$. Auf den festen Aggregatzustand brauchen wir hier keine Rücksicht zu nehmen, da er in der wärmetechnischen Praxis bis jetzt keine Anwendung findet.

Die genannten Größen sind derart von einander abhängig, daß bei einer Änderung einer Größe mindestens eine der anderen sich ebenfalls ändern muß. Diese Beziehung läßt sich in Form einer Gleichung, der Zustandsgleichung darstellen. Für vollkommene Gase hat sie die einfache Form

$$p \cdot v = R \cdot T,$$

wobei R die sogenannte Gaskonstante bedeutet. Letztere ist umgekehrt proportional dem Molekulargewicht μ, und zwar

$$R = \frac{848}{\mu}.$$

Für überhitzten Wasserdampf gilt annähernd

$$p\,(v + C) = R \cdot T,$$

wobei

$$R = 47, \quad C = 0,01.$$

Graphische Darstellung des Zustandes.

Eine besonders übersichtliche Darstellung des Körperzustandes läßt sich auf graphischem Wege gewinnen. Zu diesem Zwecke tragen wir auf einem dreidimensionalen Koordinatensystem die Zustandsgrößen p, v und T auf. Durch die drei Koordinaten (Fig. 19) ist der Zustand des Körpers vollständig definiert. Eine Zustandsänderung stellt sich dann als Raumkurve I—II dar, die durch ihre drei Projektionen gegeben ist.

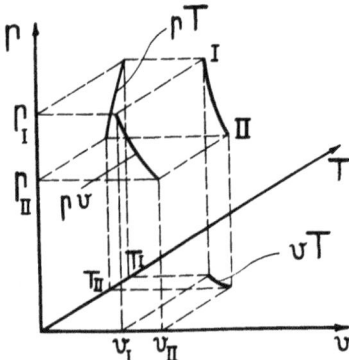

Die Unbequemlichkeit des Dreikoordinatensystems führt dazu, nur zwei Koordinaten anzuwenden und diejenigen Punkte, die bestimmten Werten der dritten Größe entsprechen, durch eine Kurve zu verbinden. Wir erhalten so z. B. das pv-Diagramm (Fig. 20), in welchem die Punkte gleicher Temperatur die Kurven T_1, T, T_2 bilden.

Fig. 19.

Tragen wir in ein solches Diagramm die Punkte ein, welche die aufeinanderfolgenden Zustände eines Körpers darstellen, so erhalten wir ein klares Bild der

Zustandsänderung.

Das pv-Diagramm ist besonders dadurch wichtig, daß es die bei einer Zustandsänderung auftretende äußere Arbeit als Fläche in Erscheinung treten läßt

$$L = \int_{v_1}^{v_2} p\, dv.$$

Das Diagramm (Fig. 20) zeigt auch die gleichzeitig auftretende Temperaturänderung

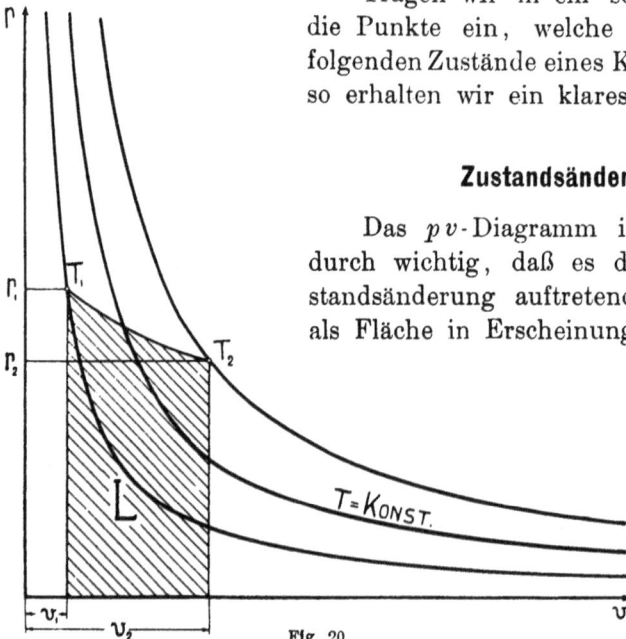

Fig. 20.

Das Wärmediagramm.

Die mit der Zustandsänderung verbundene Zu- oder Abführung von Wärme ist jedoch aus dem Diagramm (Fig. 20) nicht zu erkennen. Ein hierzu geeignetes Diagramm läßt sich auf folgendem Wege gewinnen: Wir stellen die Wärme als Fläche dar in einem Diagramm, dessen Ordinate die absolute Temperatur ist und dessen Abszisse wir s nennen wollen. (Fig. 21.)

Es ist dann die bei einer unendlich kleinen Zustandsänderung zugeführte Wärmemenge

$$dQ = T \cdot \frac{dQ}{T} = T \cdot ds.$$

Die Größe $s = \int ds = \int \frac{dQ}{T}$

nennen wir die Entropie und das Ts-Diagramm das Wärme- oder Entropiediagramm. Ist die spezifische Wärme für eine bestimmte Zustandsänderung bekannt, so läßt sich das Diagramm leicht aufstellen. Der

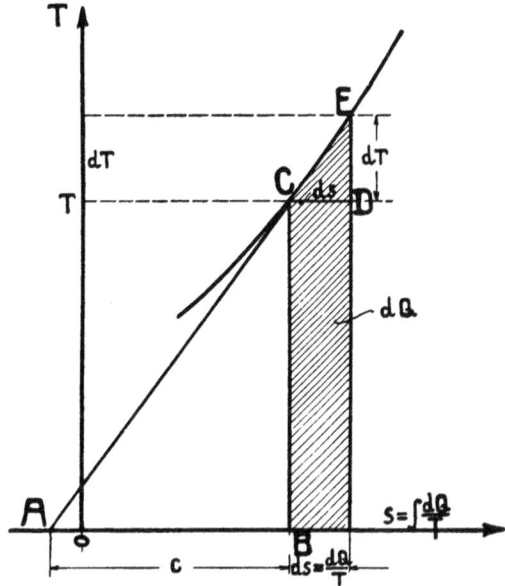

Fig. 21.

Temperaturänderung dT entspreche die Entropieänderung ds und ein Wärmezuwachs von dQ WE. Es ist nun, da die spezifische Wärme c die Wärmemenge für 1^0 Temperaturänderung bezeichnet,

$$c = \frac{dQ}{dT}$$

oder

$$\frac{c}{T} = \frac{dQ}{T\,dT} = \frac{ds}{dT}.$$

Verlängern wir das betrachtete Stück der Zustandskurve bis zum Schnitt mit der Abszissenachse, so erhalten wir zwei ähnliche Dreiecke ABC und CDE. Die Strecke AB, die Subtangente der Zustandskurve in dem betrachteten Punkt, erweist sich als identisch mit c.

Der Nullpunkt für die Größe s kann, da es nur immer auf Wärmezu- oder -abführung, also auf Differenzen ankommt, beliebig angenommen werden. Wir nehmen den der Temperatur 0^0 C entsprechenden Wert von s gleich Null an.

Das Wärmediagramm für Wasserdampf.

In Fig. 22 ist das Wärmediagramm für die Entwicklung von überhitztem Wasserdampf unter konstantem Drucke aus Wasser von $0°$ C dargestellt. Bei $0°$ C, also $T = 273°$, ist nach obiger Annahme die Entropie gleich 0. Die spezifische Wärme des Wassers ist bei

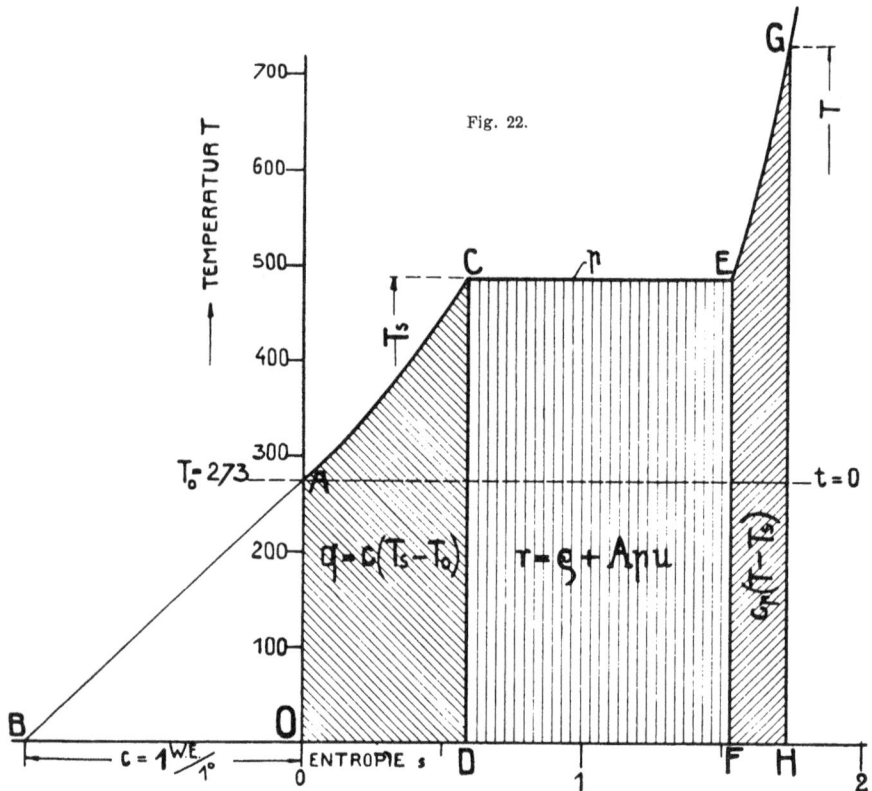

Fig. 22.

der gleichen Temperatur gleich 1. Tragen wir also auf der Abszissen-achse die Einheit vom Nullpunkte nach links ab bis B, so ergibt die Verbindungslinie der Punkte A und B die Tangente an die ge-suchte Kurve. Die weiteren Punkte lassen sich entweder rechnerisch aus der Beziehung

$$ds = \frac{dQ}{T} = c \cdot \frac{dT}{T}$$

oder graphisch dadurch finden, daß man die Kurve aus kurzen Stücken von Tangenten zusammensetzt, $(A\,C)$ in Fig. 22.

Die spezifische Wärme des Wassers nimmt bei Erhöhung der Temperatur nur unwesentlich zu, die Kurve verläuft schwach nach oben gekrümmt bis zu der dem angenommenen Drucke entsprechenden Siedetemperatur. Dann tritt auch bei weiterer Wärmezuführung eine Erhöhung der Temperatur nicht mehr ein; es wird vielmehr das bisher flüssige Wasser in Dampfform übergeführt (*CE*). Es wird demnach der Quotient

$$c = \frac{dQ}{dT} = \infty .$$

Die zugeführte Wärmeenergie wird vollständig zur Überwindung der Anziehungskraft der Moleküle und zur Leistung äußerer Arbeit, infolge Vergrößerung des Volumens bei der Verdampfung aufgebraucht.

Die zur vollständigen Verdampfung von 1 kg Wasser erforderliche Wärmemenge nennen wir Verdampfungs- oder latente Wärme; sie setzt sich zusammen aus der inneren Verdampfungswärme ϱ (potentielle Energie) und der äußeren Verdampfungswärme $A \cdot p \cdot u$ (mechanische Arbeit), wenn $A = \frac{1}{424}$ das Wärmeäquivalent, p den Druck in kg pro qm und u die Volumenvergrößerung eines Kilogramms Wasser bei der Verdampfung in cbm bezeichnet.

Ist alles Wasser verdampft, so tritt wieder eine Temperatursteigerung — Überhitzung — ein. Die Kurve (*EG*) steigt wieder wie im Anfang, nur — entsprechend der kleineren spezifischen Wärme ($c_p = 0{,}48$) — steiler.

Die zur Erwärmung des Wassers bis zum Siedepunkte notwendige Wärmemenge, die Flüssigkeitswärme q, ist durch die Fläche *OACD*, die Verdampfungswärme r durch die Fläche *DCEF* und die Überhitzungswärme durch *EGHF* dargestellt.

Die gesamte zur Erzeugung eines Kilogramms Dampf unter dem konstanten Drucke p in kg pro qm von T^0 abs. Temperatur (resp. der spezifischen Dampfmenge x im Sättigungsgebiet) erforderliche und durch die Fläche *OACEGHO* in Fig. 22 dargestellte Wärmemenge nennen wir nach Mollier »Erzeugungswärme des Dampfes« oder nach Stodola »Dampfwärme« (wohl zu unterscheiden von Verdampfungswärme).

Es ist zu beachten, daß für einen bestimmten Zustand, also für einen bestimmten Punkt des Diagramms verschiedene Erzeugungswärmen möglich sind, wenn wir den Druck variabel annehmen.

Wir bezeichnen aber hier mit Erzeugungswärme stets diejenige für konstanten Druck, weil diese Größe der praktischen Erzeugung des Dampfes im Dampfkessel und Überhitzer entspricht, und, wie wir im weiteren sehen werden, für die praktische Berechnung der Dampfturbinen von größter Wichtigkeit ist. Wir wollen sie im folgenden mit i bezeichnen; also

$$i = q + (\varrho + A \cdot p \cdot u) + c_p \, (T - T_s),$$

wobei q die Flüssigkeitswärme, ϱ die innere, $A \cdot p \cdot u$ die äußere latente Wärme, c_p die spezifische Wärme des überhitzten Dampfes für konstanten Druck, T die Endtemperatur und T die Sättigungstemperatur des Dampfes bezeichnet.

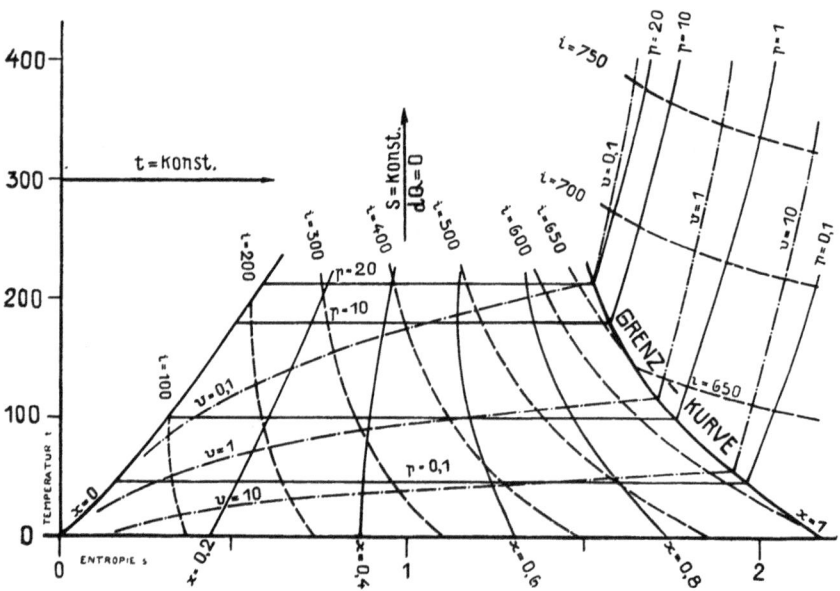

Fig. 23.

Zeichnen wir die Kurven konstanten Druckes für verschiedene Drucke, so erhalten wir das Bild Fig. 23. Die Temperaturen sind in Celsiusgraden eingetragen und es ist der unterhalb der Temperaturlinie für 0^0 C $= 273^0$ abs. liegende Teil weggelassen. Bei Ermittlung der Wärmemengen ist er natürlich zu berücksichtigen.

Die Kurve der Punkte, in welchen die Verdampfung beginnt, nennen wir die untere Grenzkurve, diejenige der Punkte, in welchen die Verdampfung vollendet ist und die Überhitzung beginnt, die obere Grenzkurve.

Da zur Verdampfung gleicher Teile des betrachteten Kilogramms Wasser gleiche Wärmemengen nötig sind, ferner während der Verdampfung bei konstantem Druck auch die Temperatur konstant ist, so werden gleiche Abschnitte einer Verdampfungslinie gleichen verdampften Wassermengen entsprechen; wir erhalten so die Kurven gleicher spezifischer Dampfmenge x.

Die spezifischen Volumina v lassen sich im Sättigungsgebiet ermitteln nach der Beziehung

$$v = 0.001 + x \cdot (v_s - 0{,}001),$$

wobei 0,001 das spezifische Volumen des Wassers (cbm/kg), x die spezifische Dampfmenge und v_s das spezifische Volumen des trocken gesättigten Dampfes ist; im Überhitzungsgebiet für die Temperatur t nach der experimentell gefundenen Zustandsgleichung (Batelli-Tumlirz):

$$p \, (v + C) = R \, T,$$

wobei

$$C = 0{,}0084, \quad R = 46{,}7.$$

Wir können auf diese Weise die Punkte gleichen Volumens ermitteln und durch Kurven verbinden, wie Fig. 23 zeigt. Ferner ergeben sich durch Verbindung der Punkte gleicher Erzeugungswärme die i-Kurven.

Umkehrbarkeit der Zustandsänderung.

Eine Zustandsänderung nennen wir umkehrbar, wenn sie der Körper auch im umgekehrten Sinne durchlaufen kann. Dies ist der Fall, wenn der Zustand des Körpers nach Druck und Temperatur während des Vorganges homogen bleibt, z. B. bei Kompression bzw. Expansion in einem Zylinder und Verdampfung und Kondensation. Es wird dann bei der Zustandsänderung ebensoviel Wärme und Arbeit zugeführt, wie bei der Umkehrung abgeführt wird. Streng genommen läßt sich dies in Wirklichkeit nicht durchführen, da zur Einleitung irgend einer Änderung notwendigerweise eine wenn auch sehr kleine Differenz des Druckes oder der Temperatur gehört.

Ein Beispiel aus der Mechanik möge dies veranschaulichen. Wenn zwei gleich schwere Körper A und B an einem über eine reibungslos drehbare Rolle geführten Seile hängen, so genügt ein unendlich kleines Übergewicht bei A, um ein Sinken von A und

Heben des Körpers B, und damit eine Arbeitsübertragung von A auf B zu bewirken. Dieser Vorgang läßt sich durch ein unendlich kleines Übergewicht auf der Seite von B rückgängig machen. Es wird dabei alle Arbeit von B auf A zurück übertragen, mit Ausnahme der (unendlich kleinen) des Übergewichtes.

Findet aber Reibung statt, so muß ein meßbar großes Übergewicht angewendet werden, und eine meßbar große Arbeit kann nicht wieder gewonnen werden; sie geht als mechanische Arbeit verloren und verwandelt sich in Wärmeenergie (Schwingungsenergie der Moleküle der Rolle und Rollenachse).

Bleibt der Körper während der Zustandsänderung nicht homogen, sondern treten, wie in der Düse einer Dampfturbine, Druckdifferenzen innerhalb des Körpers auf, so entsteht eine Bewegung der einzelnen Teilchen des Körpers gegeneinander.

In einer gut arbeitenden Düse ist diese Bewegung so geordnet, daß der austretende Dampf wieder möglichst homogen ist, d. h. daß alle Teilchen gleichen Druck, gleiche Temperatur und nach Größe und Richtung gleiche Geschwindigkeit haben. Würde nun der Dampf durch eine gleiche Düse in umgekehrter Richtung geleitet, so würde der ursprüngliche Zustand unter Umsetzung der Bewegungs- in Spannungsenergie erreicht werden können, wenn sich die geordnete Bewegung aufrecht erhalten ließe. Infolge der Störungen durch Rauhigkeit der Wandungen u. dgl. setzt sich jedoch die geordnete Bewegung mehr oder weniger in eine ungeordnete Schwingungsbewegung der Moleküle, also in Wärme um. Diese in Wärme umgesetzte Bewegungsenergie geht als solche verloren.

Die Drosselung.

Der extreme Fall, bei welchem die gesamte Spannungsenergie in Bewegungs- und daraus in Wärmeenergie übergeführt wird, liegt bei der Drosselung vor. Es strömt das Gas oder der Dampf aus einem Behälter von hohem Druck in einen solchen von niedrigem Druck und findet in letzterem Gelegenheit, seine Bewegung durch Reflexion des Strahles an unregelmäßigen Flächen in Wirbelbewegung und dann in Wärmeschwingung umzusetzen. Wird ein Wärmeaustausch mit der Umgebung verhindert, so muß der gesamte Energieinhalt vor und nach der Drosselung der gleiche sein, d. h. $i = $ Konst.

Besondere Zustandsänderungen.

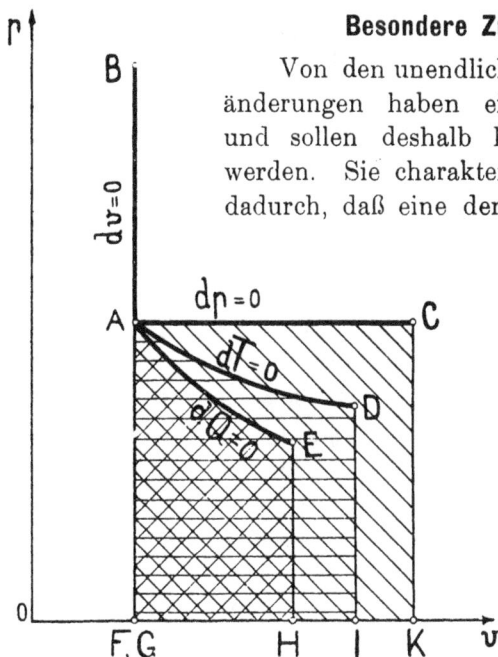

Fig. 24.

Von den unendlich vielen möglichen Zustandsänderungen haben einige besondere Wichtigkeit
und sollen deshalb hier näher ins Auge gefaßt
werden. Sie charakterisieren sich im wesentlichen
dadurch, daß eine der Veränderlichen, welche den
Zustand bestimmen, konstant
bleibt. In den Fig. 24 und 25
ist das pv- und das Ts-Dia-
gramm der besprochenen
Zustandsänderungen mit gleichen Buchstaben bezeichnet.

a) $v =$ Konst. $(dv = 0)$.
Zustandskurve AB, (im pv-
Diagramm Parallele zur Or-
dinatenachse).
$$dQ = c_v dT = dU;$$
$Q =$ Fläche $ABGF$ im
Ts-Diagramm;
$$dL = 0.$$

b) $p =$ Konst. $(dp = 0)$.
Kurve AC (im pv-Diagramm Parallele zur Abszissenachse)
$dQ = c_p dT = dU + Apdv$; $Q =$ Fläche $ACKF$ im Ts-Diagramm;
$dL = pdv$; $L =$ Fläche $ACKF$ im pv-Diagramm.

c) $T =$ Konst. $(dt = 0)$.
(Für Gase $U =$ Konst.)
Isotherme.
Kurve AD (im Ts-Diagramm
Parallele zur Abszissenachse).
$$dQ = Apdv \qquad dL = pdv$$
$Q =$ Fläche $ADJF$ im Ts-Diagram
$L =$ » » » pv- »

d) $s =$ Konst. Adiabate. $(ds = 0)$.
Kurve AE (im Ts-Diagramm
Parallele zur Ordinatenachse).
$$dQ = dU + Apdv = 0; \quad Q = 0.$$
$$dL = pdv = -\frac{dU}{A};$$
$L =$ Fläche $AEHF$ im pv-Diagramm.

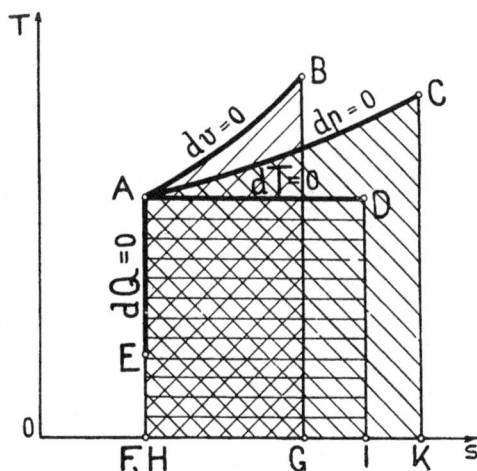

Fig. 25.

Der Dampfturbinenbau hat es hauptsächlich mit der Zustandsänderung bei konstantem Druck und derjenigen ohne Wärmezu-
und Abführung (adiabatische) zu tun. Die beiden anderen oben
angeführten Zustandsänderungen werden bei Gasturbinen Anwendung finden können.

Kreisprozeß.

Wird eine Zustandsänderung so geleitet, daß sie auf den An-
fangszustand zurückführt, so haben wir einen Kreisprozeß vor uns.
Ein solcher liegt der Arbeitsweise der Dampfmaschine zugrunde.
Er soll im folgenden an Hand des pv- und
Ts-Diagramms verfolgt werden (Fig. 26 u. 27).

Gehen wir von dem Speisewasser aus.
Es besitze die Temperatur von 46° C und
den Druck einer Atmosphäre absolut, d. h.
10000 kg/qm. Sein spezifisches Volumen ist
$v_0 = 0,001$ cbm/kg (Punkt 0 in Fig. 26 u. 27).
Es wird durch die Speisepumpe in den Kessel
gedrückt, in welchem z. B. 10 Atm. abs.
herrschen mö-
gen (Punkt 1).
Sodann wird
das Wasser
unter konstan-
tem Druck er-
wärmt bis zu

Fig. 26.

der Siedetemperatur, welche dem Druck entspricht (Punkt 2).
Dabei findet eine sehr kleine Ausdehnung statt, die im Diagramm
vernachlässigt ist. Darauf erfolgt die Verdampfung unter Wärmezufuhr und Volumenvergrößerung bei konstantem Druck und konstanter Temperatur (Punkt 3), dann noch eine Überhitzung, ebenfalls bei Wärmezufuhr und Volumenvergrößerung bei konstantem
Druck, aber steigender Temperatur (Punkt 4). In der Maschine
expandiert dann der Dampf möglichst ohne Zufuhr und Abfuhr von
Wärme (adiabatisch) auf den Kondensatordruck z. B. 0,1 Atm. abs.
(Punkt 5), worauf er in dem Kondensator unter Wärmeentziehung
und Volumenverkleinerung bei konstantem Druck und konstanter
Temperatur sich wieder zu Wasser verdichtet (6). Sein Volumen
ist nun wieder 0,001, sein Druck 0,1 Atm. abs. Um auf den
Anfangspunkt zu kommen, müssen wir durch die Kondensatorpumpe

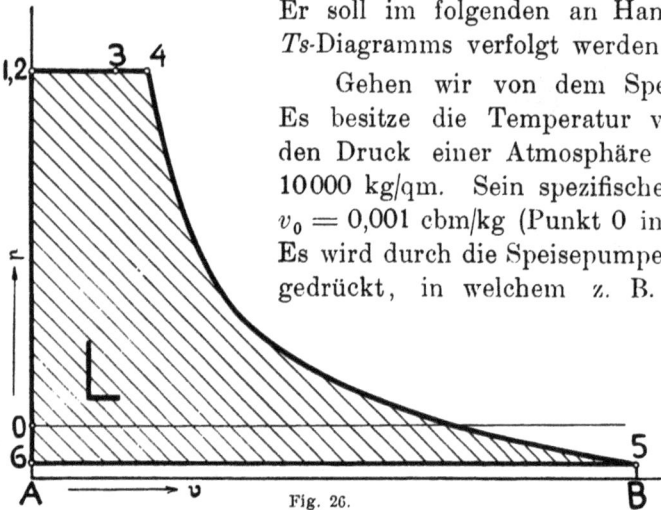

den Druck wieder ohne Wärmezufuhr und Temperaturerhöhung auf
1 Atm. erhöhen.

Aus dem pv-Diagramm ist ersichtlich, daß durch Volumenvergrößerung die durch Fläche $A\,145\,BA$ gegebene Arbeit geleistet und
die der Fläche $A\,65\,B$ verbraucht worden ist. Es verbleibt hiernach

Fig. 27.

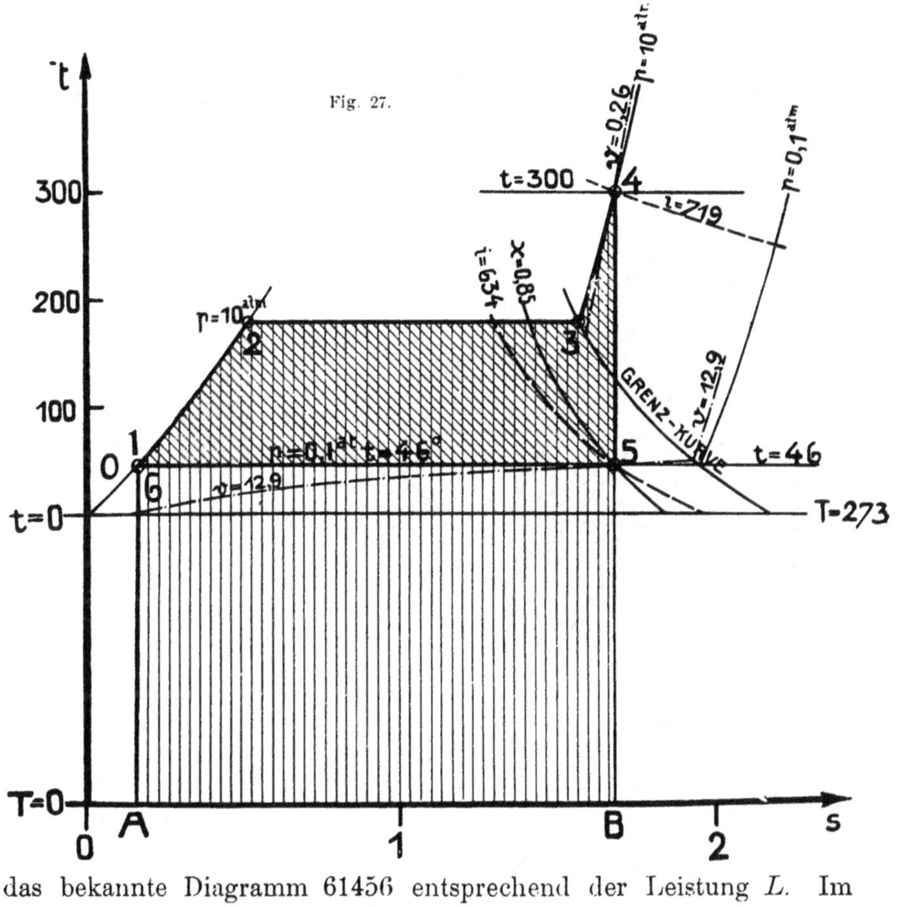

das bekannte Diagramm 61456 entsprechend der Leistung L. Im
Ts-Diagramm Fig. 27 fallen die Punkte 0,1 und 6 zusammen, weil
zwischen ihnen weder Wärmemitteilung noch Temperaturänderungen
stattfinden. Zwischen 1 und 4 wird die Wärmemenge $Q_1 = A\,1234\,BA$
zugeführt, zwischen 5 und 6 diejenige $Q_2 = A\,65\,BA$ abgeführt.
Die Differenz beider ist dem Dampf als Wärme zugeführt worden und
als solche verschwunden. Sie findet sich wieder in der mechanischen
Arbeit L; also

$$Q\,\mathrm{WE} = AL = \frac{1}{424}\,L\ \mathrm{mkg}.$$

Nun ist aber Q_1 die Erzeugungswärme des der Maschine zugeführten (4), Q_2 diejenige des von der Maschine abgegebenen Dampfes (5). Folglich ist die der Maschine zur Verfügung stehende Arbeit die Differenz der Erzeugungswärmen, welche dem Zustand des der Maschine zugeführten und von ihr abgeführten Dampfes entsprechen.

Wenn wir nun in unserem Ts-Diagramm die Kurven gleicher Erzeugungswärme i eingetragen haben, so können wir bei gegebener Admissionsspannung und Temperatur, gegebener Kondensatorspannung und unter Annahme adiabatischer Expansion die theoretische Leistung dem Diagramm direkt entnehmen. Ebenso finden wir die spezifischen Volumina verzeichnet. Bei dem gewählten Beispiel schneidet die Adiabate die Grenzkurve; es tritt also schon während der Expansion ein Wasserniederschlag auf. Die spezifische Dampfmenge läßt sich, wie zu ersehen, ebenfalls aus dem Diagramm entnehmen.

Um die theoretische Leistung zu ermitteln, müssen wir aus dem Diagramm die beiden Erzeugungswärmen und deren Differenz in WE entnehmen und diese dann in mkg umrechnen. Diesen Vorgang vereinfachen wir wesentlich durch das von Prof. Mollier in Vorschlag gebrachte i—s-Diagramm.

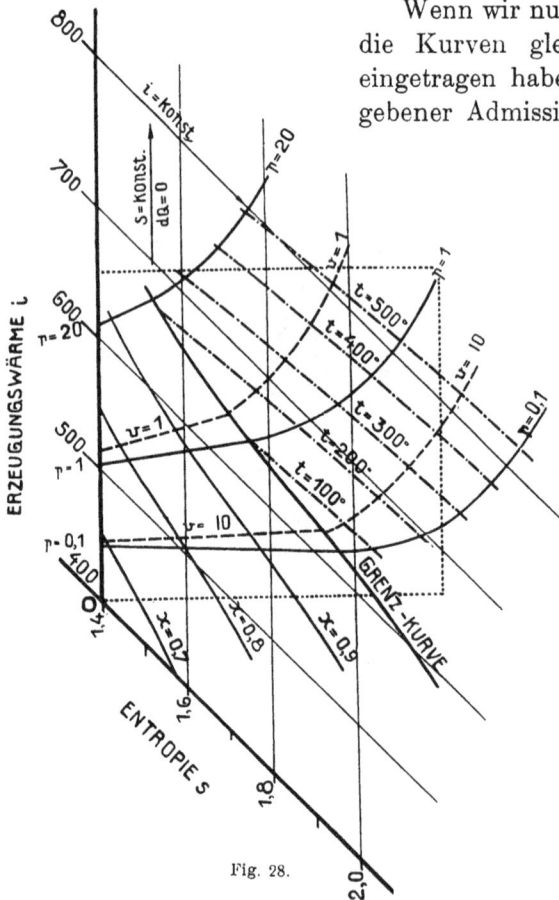

Fig. 28.

i—s-Diagramm.

Tragen wir die Entropie als Abszissen, die Erzeugungswärmen als Ordinaten auf, so erhalten wir das i—s-Diagramm. Dessen Vorteil besteht darin, daß die Werte von i in gleichem Maßstab im

Diagramm auftreten und deshalb auch die — für uns wichtigen — Differenzen der Erzeugungswärmen mit einem bestimmten in mkg eingeteilten Maßstabe aus dem Diagramm entnommen werden können. Dieser Maßstab kann sogar direkt die aus dem Arbeitsvermögen L berechneten Ausflußgeschwindigkeiten

$$w = \sqrt{2\,g\,L}$$

angeben, was für die Dampfturbinenberechnung sehr bequem ist.

In der diesem Buche beigegebenen i—s-Tafel (Tafel 2) sind, um den gegebenen Raum möglichst auszunützen und so einen möglichst großen Maßstab für die Geschwindigkeiten zu bekommen, nicht rechtwinklige, sondern schräge Koordinaten gewählt worden.[1]

Fig. 28 diene zur Erklärung der i—s-Tafel: Die Koordinatenachse der Entropien s ist schräg unter 45^0 nach rechts unten, diejenige der Wärmeinhalte i vertikal nach oben gerichtet. Die Linien konstanter Entropie ($dQ = 0$) sind Parallelen zur i-Achse, die Linien konstanter Erzeugungswärme ($i =$ Konst.) Parallelen zur s-Achse. Es erscheint also die **Adiabate** als vertikale Gerade, die **Drossellinie** als unter 45^0 nach rechts geneigte Gerade.

Der Maßstab des Diagramms ergibt sich aus den eingeschriebenen Zahlen, die Wärme- resp. Entropieeinheiten bezeichnen.

Da es für unsere Zwecke nur auf Ermittlung des Dampfzustandes zu Anfang und Ende des Expansionsvorganges ankommt, gibt das Diagramm Fig. 28 nur einen Teil des Kreisprozesses, und zwar denjenigen, welcher die praktisch vorkommenden Fälle umschließt. Das in Tafel 2 wiedergegebene Stück ist in Fig. 28 durch ein punktiertes Rechteck angedeutet. In der Tafel sind eingezeichnet:

schwarz: 1. die Linien konstanter Erzeugungswärme ($i =$ Konst.),
      2. die Linien konstanter Entropie, Adiabaten ($s =$ Konst. $dQ = 0$),
      3. die Linien konstanten Druckes ($p =$ Konst.),
      4. die Grenzkurve,
rot: 5. die Linien konstanten spezifischen Volumens ($v =$ Konst.)[2],

---

[1] Diese Idee rührt ebenfalls von Prof. Mollier her. Vgl. Zeitschrift des Vereins Deutscher Ingenieure, 1904, S. 272.

[2] Die Volumenkurven sind im Sättigungsgebiet nach der Formel:

$$v = 0{,}001 + x\,(v_s - 0{,}001)$$

mit den Regnaultschen Werten für v_s (Taschenbuch der Hütte 18. Auflage), im Überhitzungsgebiet nach der Formel von Batelli-Tumlirz

$$p\,(v + C) = R\,T$$

mit $C = 0{,}0084$ und $R = 46{,}7$

berechnet. Die beiden Werte stimmen für die Grenzkurve nicht vollständig überein.

6. im Überhitzungsgebiet die Linien konstanter Temperatur ($t =$ Konst.),

7. im Sättigungsgebiet die Linien konstanter spezifischer Dampfmenge ($x =$ Konst.).

Der Gebrauch der Tafel wird bei der Behandlung der Düsen und Berechnung der Dampfturbinen noch näher erläutert werden.

III. Teil.

Konstruktionselemente.

1. Leitapparate (Düsen).

Der Strömungsvorgang.

In der Einleitung wurde schon entwickelt, daß die in einem beliebigen Querschnitt einer Düse herrschende Geschwindigkeit w gegeben ist durch die Beziehung

$$w = \sqrt{2\,g\,L}, \text{ wobei}$$

$$L = \int_{p_1}^{p_2} v\,dp.$$

Es war verlustlose Strömung und außerdem eine geeignete Form der Düse vorausgesetzt. Welches diese Form ist, ergibt sich aus folgendem:

Gehen wir vom Druck-Volumendiagramm aus (Fig. 29). Als Expansionslinie kann zunächst unter Vernachlässigung der Verluste die Adiabate angenommen werden, da der Dampf die Düse so rasch durchströmt, daß ein nennenswerter Wärmeaustausch zwischen Dampf und Düse kaum stattfinden kann.

Wenn wir nun annehmen, daß der Dampf mit $p_1 = 10$ kg/qcm und sehr kleiner Geschwindigkeit der Düse zugeführt werde, und für alle Werte von p die Größe $\int_{p_1}^{p} v\,dp$ und daraus $w = \sqrt{2\,g\int_{p_1}^{p} v\,d\,p}$ ermitteln, so ergibt sich für w als Abszisse und p als Ordinate das mittlere Diagramm der Fig. 29. Nun fließt aber durch jeden Querschnitt der Düse pro Sekunde die gleiche Menge Dampf, z. B. G kg.

Es ist, wenn F den Querschnitt bezeichnet, das Dampfvolumen pro
Sekunde

$$Gv = F \cdot w \quad . \quad . \quad . \quad . \quad . \quad . \quad . \quad 1)$$

und deshalb

$$F = \frac{G \cdot v}{w} \quad . \quad . \quad . \quad . \quad . \quad . \quad . \quad 2)$$

In Fig. 29 rechts ist die Größe F als Abszisse, bezogen auf p als
Ordinate, für 1 kg D a m p f p r o S e k u n d e aufgezeichnet; v und w
sind den beiden andern Diagrammen entnommen.

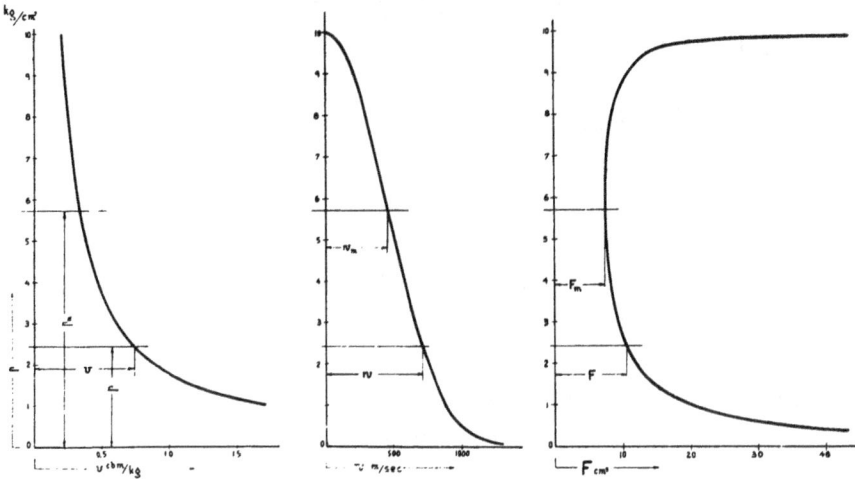

Fig. 29.

Es ergibt sich aus vorstehendem, daß bei einem bestimmten
Drucke p_m der Querschnitt F_m ein Minimum sein muß; und zwar ist
dies derjenige Punkt, in welchem das spezifische Volumen des Dampfes
anfängt r a s c h e r z u w a c h s e n als die Geschwindigkeit (wie aus der
maßstäblich aufgetragenen Figur zu ersehen).

Analytisch läßt sich der in Fig. 29 graphisch dargestellte Zu-
sammenhang zwischen p, v, w und F ermitteln, sobald die Gleichung
der p—v-Kurve (Adiabate) bekannt ist. Diese ist nun annähernd
(nach Zeuner)

$$p \cdot v^{\varkappa} = p_1 \cdot v_1^{\varkappa} \quad . \quad . \quad . \quad . \quad . \quad . \quad 3)$$

wobei der Index 1 den Anfangszustand bezeichnet.[1] Es ergibt sich
daraus:

$$w = \sqrt{2\,g\,\frac{\varkappa}{\varkappa-1}\,p_1\,v_1\left(1 - \frac{p}{p_1}\right)^{\frac{\varkappa-1}{\varkappa}}} \quad . \quad . \quad . \quad . \quad 4)$$

---

[1] Z e u n e r, Turbinen 1899, S. 268 ff.

$$G = \frac{F \cdot w}{v} = \frac{F}{v_1}\left(\frac{p}{p_1}\right)^{\frac{1}{\varkappa}} \cdot w \quad \dots \dots \quad 5)$$

$$= F \sqrt{2\,g\,\frac{\varkappa}{\varkappa-1} \cdot \frac{p_1}{v_1}\left[\left(\frac{p}{p_1}\right)^{\frac{2}{\varkappa}} - \left(\frac{p}{p_1}\right)^{\frac{\varkappa+1}{\varkappa}}\right]} \quad \dots \quad 6)$$

Nun wird aber der Ausdruck unter der Wurzel für einen bestimmten Wert von p ein Maximum und demnach, da G konstant ist, F ein Minimum. Dieser Wert ist

$$p_m = p_1 \left(\frac{2}{\varkappa+1}\right)^{\frac{\varkappa}{\varkappa-1}} \quad \dots \dots \quad 7)$$

Demnach für $p = p_m$:

$$G = F_m \sqrt{2\,g\,\frac{\varkappa}{\varkappa-1} \cdot \frac{p_1}{v_1}\,\frac{\varkappa-1}{\varkappa+1}\left(\frac{2}{\varkappa+1}\right)^{\frac{2}{\varkappa-1}}} \quad \dots \quad 8)$$

$$w_m = \sqrt{2\,g\,\frac{\varkappa}{\varkappa+1} \cdot p_1\,v_1} \quad \dots \dots \quad 9)$$

Diese Entwicklung gilt allgemein für einen Körper, dessen adiabatische Expansion nach der Gleichung geschieht:

$$p \cdot v^{\varkappa} = p_1\,v_1^{\varkappa}.$$

Für Gase, die der Zustandsgleichung

$$p \cdot v = R \cdot T$$

unterliegen, ergibt sich durch

$$w_m = \sqrt{2\,g\,\frac{\varkappa}{\varkappa+1}\,R \cdot T_1}$$

die interessante Tatsache, daß die Durchflußgeschwindigkeit durch den engsten Querschnitt der Wurzel aus der absoluten Temperatur und somit der Molekulargeschwindigkeit proportional ist.

Für anfangs trocken gesättigten Dampf ergibt sich im speziellen mit $\varkappa = 1{,}135$

$$p_m = 0{,}5744\,p_1 \quad \dots \dots \quad 11)$$

$$\frac{G}{F_m} = 199 \sqrt{\frac{p_1}{v_1}} \quad \dots \dots \quad 12)$$

$$w_m = 323 \sqrt{p_1\,v_1} \quad \dots \dots \quad 13)$$

Alle drei Größen sind demnach nur abhängig vom Anfangsdruck und unabhängig vom Gegendruck. Es wird sich demnach — wie durch Versuche bestätigt worden ist — in einer einfachen Öffnung,

Theoretische Ausflu

pro qm des engsten Düsenquerschni

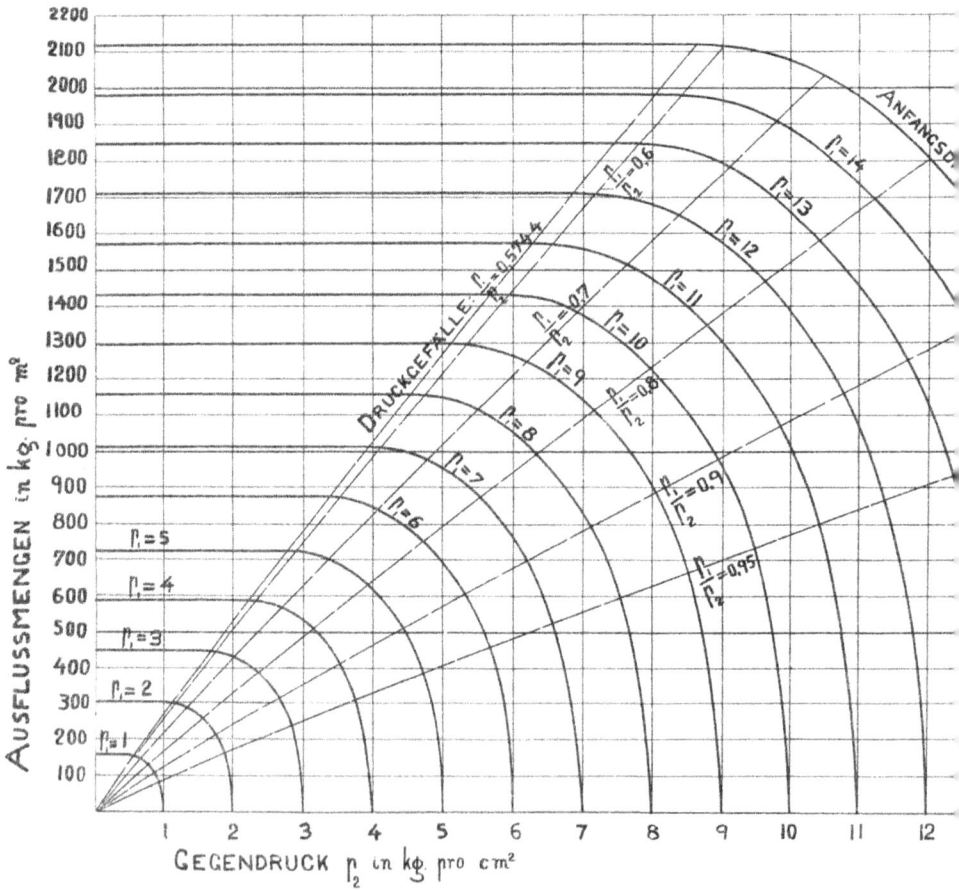

AUSFLUSSMENGEN in kg. pro m²

GEGENDRUCK p_2 in kg. pro cm²

gesättigten Dampfes

denen Anfangs- und Gegendrücken.

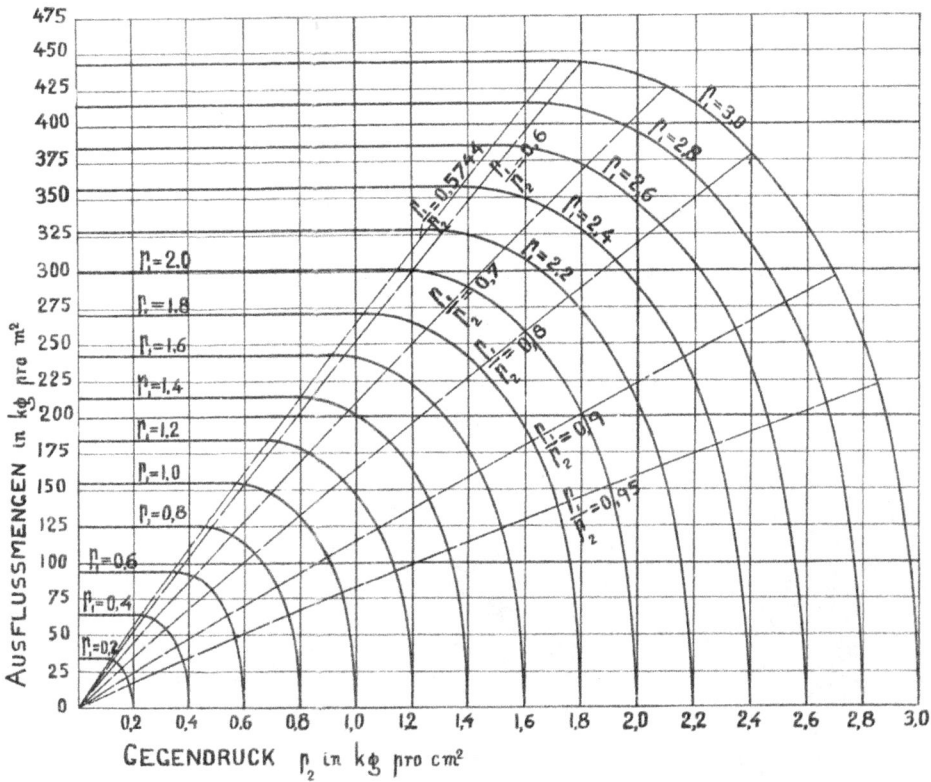

GEGENDRUCK p_2 in kg pro cm²

AUSFLUSSMENGEN in kg pro m²

Verlag von R. Oldenbourg, München und Berlin 1905.

die zwei Gefäße mit verschiedener Dampfspannung p_1 und p_2 verbindet, der Druck p_m und die Geschwindigkeit w_m einstellen, vorausgesetzt, daß p_2 kleiner als p_m ist.

Für Werte von $p_2 > p_m$ gelten bei **nicht erweiterten** Düsen die Gleichungen 4 und 6. Aus diesen Gleichungen sind die in Fig. 30 und Taf. III graphisch aufgetragenen Werte der **Ausflußgeschwindigkeit** w in m pro Sekunde und **Ausflußmengen** $\dfrac{G}{F}$ in kg pro qm Mündungsquerschnitt, für verschiedene Anfangsdrücke p_1 und Enddrücke p_2 ermittelt.

So ist z. B. für $p_1 = 10$ kg/qcm, $p_2 = 9$ kg/qcm,

$$w = 200 \text{ m/Sek. (Fig. 30)}$$

$$\text{und } \frac{G}{F} = 960 \text{ kg/qm und Sek. (Tafel III).}$$

Es ist auf diese Weise leicht, zur Ermittlung der Dimensionen einer neuen Turbine das für eine gewünschte Geschwindigkeit erforderliche Druckgefälle und für eine bestimmte Durchflußmenge den Mündungsquerschnitt der Düse zu bestimmen.

Genaue Resultate ergibt diese Methode nicht, da im allgemeinen der Dampf **nicht** gerade trocken gesättigt, sondern entweder überhitzt oder naß in die Düse eintritt; zur vorläufigen Dimensionierung beim Entwurf werden die Tafeln jedoch gute Dienste leisten.

Soll die Expansion in der Düse weiter als bis p_m getrieben und die Geschwindigkeit entsprechend erhöht werden, so muß die Düse, wie aus Fig. 29, S. 43, klar hervorgeht, in Richtung der Strömung sich erweitern; und zwar muß zur Erreichung eines bestimmten Enddruckes p_2 ein ganz bestimmter, von p_1 abhängiger Endquerschnitt F_2 ausgeführt werden.

Aus Fig. 29 ist ersichtlich, daß ein und derselben Größe F zwei Werte von p entsprechen. Es ist also möglich, daß in einer erweiterten Düse zunächst eine Expansion auf p_m unter Beschleunigung, und dann wieder eine Kompression auf einen Druck $p > p_m$ unter Verzögerung des Dampfes und Rückverwandlung der kinetischen Energie in Spannungsenergie stattfindet. Eine derartige Erscheinung tritt nun tatsächlich ein, wenn der Gegendruck vor der Mündung größer als der durch p_1 und F_2 gegebene Mündungsdruck p_2 ist. Es treten jedoch erhebliche Verluste durch Störung der homogenen Bewegung (Wirbelung) auf.

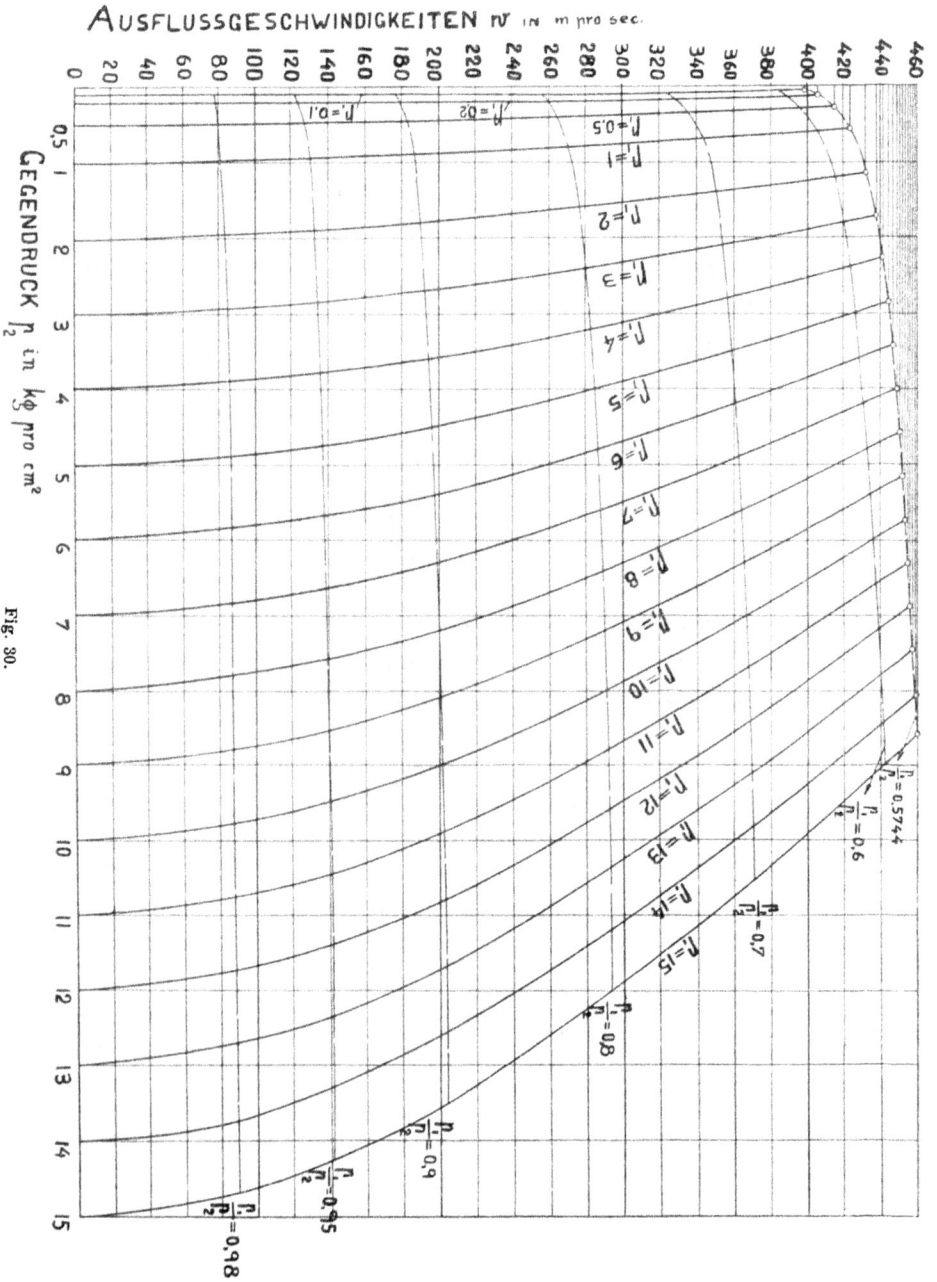

AUSFLUSSGESCHWINDIGKEITEN w in m pro sec.

GEGENDRUCK p_2 in kg pro cm²

0 20 40 60 80 100 120 140 160 180 200 220 240 260 280 300 320 340 360 380 400 420 440 460

0,5 1 2 3 4 5 6 7 8 9 10 11 12 13 14 15

$p_1 = 0,1$
$p_1 = 0,2$
$p_1 = 0,5$
$p_1 = 1$
$p_1 = 2$
$p_1 = 3$
$p_1 = 4$
$p_1 = 5$
$p_1 = 6$
$p_1 = 7$
$p_1 = 8$
$p_1 = 9$
$p_1 = 10$
$p_1 = 11$
$p_1 = 12$
$p_1 = 13$
$p_1 = 14$
$p_1 = 15$

$\frac{p_1}{p_2} = 0,5744$
$\frac{p_1}{p_2} = 0,6$
$\frac{p_1}{p_2} = 0,7$
$\frac{p_1}{p_2} = 0,8$
$\frac{p_1}{p_2} = 0,9$
$\frac{p_1}{p_2} = 0,95$
$\frac{p_1}{p_2} = 0,98$

Fig. 30.

In welcher Weise der Druck in der Düse durch Veränderlichkeit des Gegendrucks beeinflußt wird, ist aus Fig. 31, einem von Prof. Stodola durch Messung des Druckes mittels eines in die Düse eingeführten feinen Röhrchens ermittelten Diagramm[1]) ersichtlich.

Verluste.

Die Reibungs-verluste bei der Strö-mung in der Düse stellen sich in ihrem Einfluß auf den ther-mischen Vorgang fol-gendermaßen dar:

Wenn wir anneh-men, daß die Düse gegen Wärmeverluste nach außen vollkom-men geschützt sei, so wird die gesamte Reibungsarbeit dem Dampfe in Form von Wärme wieder zuge-führt, seine Tempe-ratur resp. spezifische Dampfmenge wird er-höht und damit das Volumen vergrößert. Die Expansionskurve im pv-Diagramm nimmt demnach die

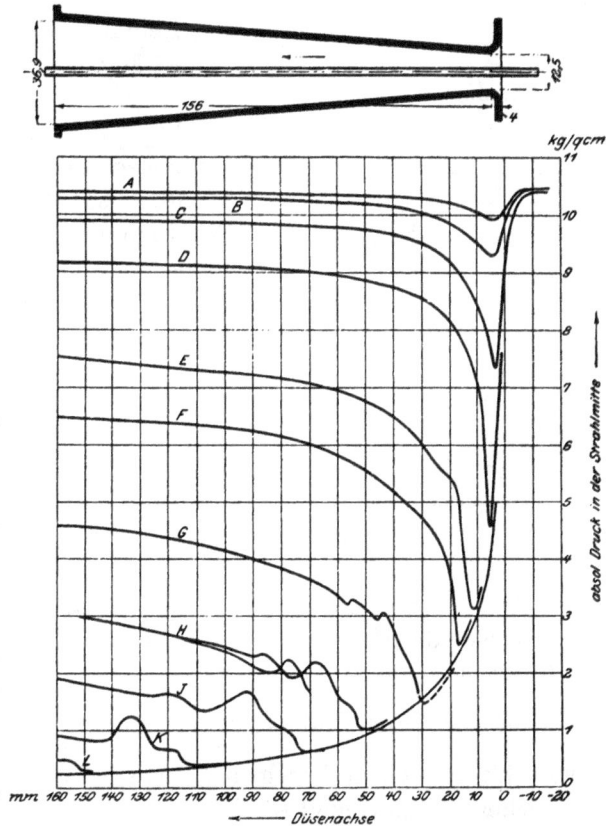

Fig. 31.

Gestalt Fig. 32 an. Die Reibung wirkt mit Rücksicht auf den Dampfzustand genau wie eine Wärmezuführung, nur mit dem Unterschied, daß von der aus dem pv-Diagramm ermittelten Arbeit 012'3 zur Berechnung der Geschwindigkeit die Reibungsarbeit abzuziehen ist.

Das Wärmediagramm Fig. 33 zeigt in 1,2 die Adiabate mit einer Wärmeinhaltsdifferenz $i_1 - i_2$, die bei Expansion von p_1 auf p_2 in

---

[1]) Zeitschrift des Vereins Deutscher Ingenieure, 1903, S. 6; s. auch Prandtl und Proell ebenda 1904, S. 348.

kinetische Energie umgesetzt werden kann. Wird hiervon ein bestimmter Prozentsatz durch Reibung in Wärme zurückverwandelt,
so liegt der Endpunkt der Expansion 2' auf der Linie i_2'. Es ist
dann $i_2' - i_2$ das Mehr an Wärmeinhalt des Dampfes gegenüber
der adiabatischen Expansion, d. h. eben
der Reibungsverlust. Die tatsächlich zur
Erzeugung von Geschwindigkeit verwen-
dete Arbeit ist also $i_1 - i_2'$. Ist nun der
Punkt 2' im Wärmediagramm unter Zugrundelegung eines bestimmten Verlustes
ermittelt, so ist damit auch der Zustand
des Dampfes nach Geschwindigkeit, Volumen und Temperatur resp. spezifische
Dampfmenge ohne weiteres aus der Tafel
zu entnehmen.
Es lassen sich
demnach auch
die erforder-
lichen Düsen-
querschnitte
leicht bestim-
men.

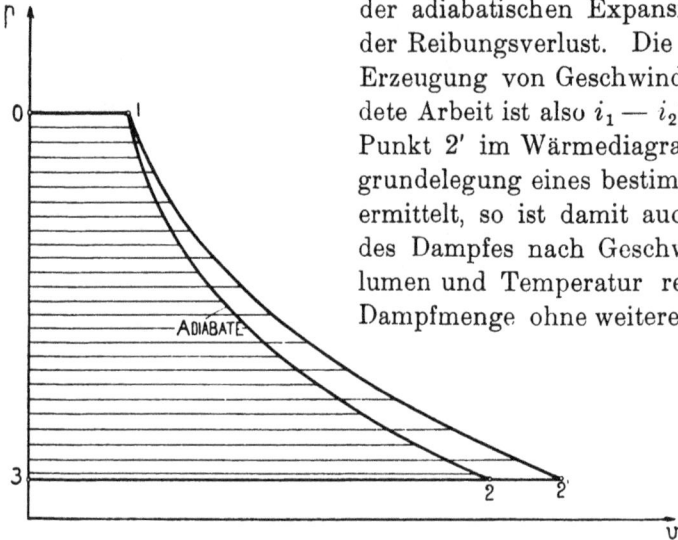

Fig. 32.

Wir können die Reibungsverluste statt in Prozenten der Energie
in solchen der Geschwindigkeit ausdrücken; es ist, wenn w die theoretische, w' die durch Reibung verminderte Geschwindigkeit bedeutet,
$w - w'$ der Geschwindigkeitsverlust und $\dfrac{w^2}{2\,g} - \dfrac{w'^2}{2\,g}$ der Energieverlust.
Es wird für einen Geschwindigkeitsverlust in Prozenten der theo-
retischen Geschwindigkeit

$$\frac{w - w'}{w} \cdot 100 = \quad 5 \quad\quad 10 \quad\quad 15 \quad\quad 20 \quad\quad 25 \quad\quad 30\,\%,$$

der Energieverlust

$$\frac{w^2 - w'^2}{w^2} \cdot 100 = 9{,}75 \quad 19 \quad 27{,}75 \quad 36 \quad 43{,}75 \quad 51\,\%.$$

Beispiel: Expansion überhitzten Dampfes von 300 °C und 10 kg/qcm
auf 1 kg/qcm mit 10 % Energie- oder $\sim$ 5 % Geschwindigkeitsverlust
durch Reibung in der Düse.

Wir ziehen im i—s-Diagramm Tafel 2 — vgl. Fig. 33 — von dem
Schnittpunkt »1« der Kurven $t = 300$ und $p = 10$ eine Vertikale nach

unten bis zum Schnitt »2« mit der Kurve $p = 1$. Der vertikale Abstand der beiden Punkte, die auf den Linien $i_1 = 719$ und $i_2 = 611$ liegen, ergibt die zur Geschwindigkeitserzeugung verfügbaren 108 Wärmeeinheiten $i_1 - i_2$ und mit dem beigegebenen Geschwindigkeitsmaßstab die theoretische Geschwindigkeit $w_2 = 939$ m/Sek. Ziehen wir davon die 5 % Geschwindigkeitsverlust ab, so kommen wir mit der tatsächlichen Geschwindigkeit $w'_2 = 892$ m/Sek. auf den Punkt 2' des Diagramms, der auf der Linie $i_2' = 624$ liegt. Den Zustand des Dampfes gibt der auf dieser Linie und der Kurve $p = 1$ liegende Punkt 2'' mit

$$v_2'' = 1,65$$
$$x_2'' = 0,975.$$

Die Temperatur ist die dem Drucke entsprechende Sättigungstemperatur.

Der pro kg Dampf notwendige Querschnitt berechnet sich mit

$$F = 1 \cdot \frac{v_2''}{w_2'} = \frac{1,65}{892} = 0,00185 \text{ qm.}$$

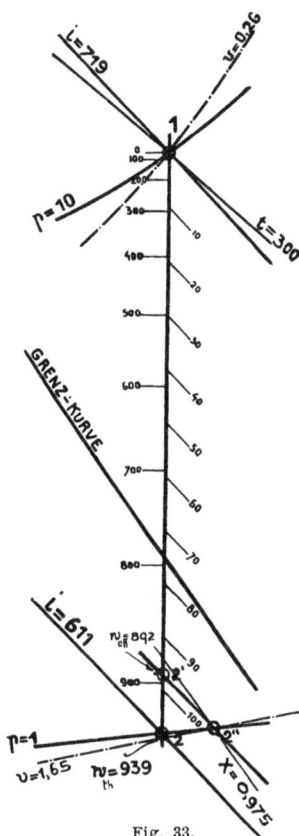

Fig. 33.

Über die Größe der Reibungsverluste in Düsen hat Stodola[1]) an Hand von Druckmessungen innerhalb einer erweiterten Düse bei Expansion schwach überhitzten Dampfes von ca. 10 kg/qcm Anfangsdruck gefunden, daß der Energieverlust bei 1 Atm. Spannung und ca. 800 m/Sek. Geschwindigkeit etwa 10 %, bei 0,2 Atm. und etwa 1000 m/Sek. Geschwindigkeit 20—25 % der gesamten umgesetzten Energiemenge beträgt.

Es geht hieraus in Übereinstimmung mit anderen Versuchen hervor, daß die Energieverluste in höherem Maße als die umgesetzte Energie oder als das Quadrat der Geschwindigkeit wachsen. Bei Geschwindigkeiten bis zu 400 m/Sek. betragen die Reibungsverluste bei rationell konstruierten Düsen kaum 5 % an Energie oder 2—3 % an Geschwindigkeit.

---

[1]) Zeitschrift des Vereins Deutscher Ingenieure, 1903, S. 6.

Eyermann, Die Dampfturbine. 4

Wir können annähernd voraussetzen, daß der Energieverlust der dritten Potenz der Geschwindigkeit proportional ist. Es ergeben sich hieraus für 20% bei 1000 m/Sek. bei

$$w = 200 \quad 400 \quad 600 \quad 800 \quad 1000 \quad 1200 \text{ m/Sek.}$$

$$100\,\frac{w^2 - w'^2}{w^2} = 0,2 \quad 1,2 \quad 4,3 \quad 10,2 \quad 20 \quad 34,5 \text{ \% Energie}$$

$$100\,\frac{w - w'}{w} = 0,1 \quad 0,6 \quad 2,2 \quad 5,2 \quad 10,5 \quad 19 \text{ \% Geschwindigkeit.}$$

Diese Werte gelten für gerade, glatte, runde Düsen. Bei gebogenen Kanälen treten noch Wirbelverluste hinzu, die den Wirkungsgrad erheblich beeinflussen können. Auf die Strömungsverhältnisse in gekrümmten Kanälen wird unter »Schaufeln« noch näher eingegangen werden.

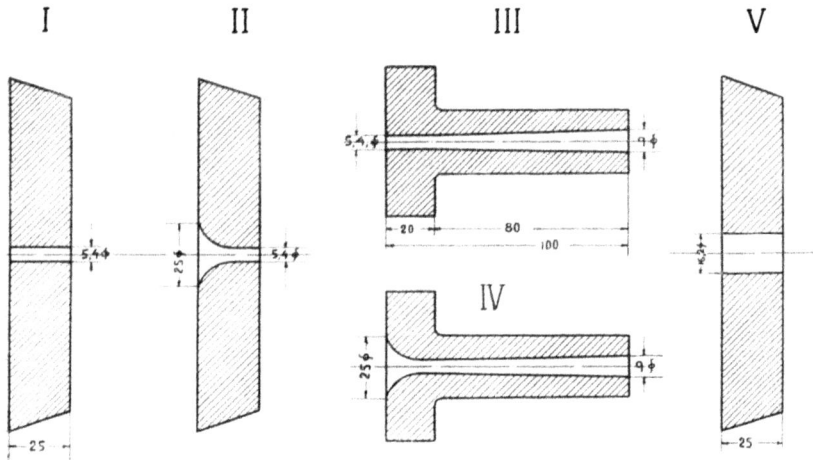

Fig. 34.

Über die Einwirkung der Reibung und Strahlkontraktion auf die Durchflußmengen liegen von Prof. Guthermuth sehr interessante Versuche vor.[1]) Es wurden u. a. die in Fig. 34 dargestellten Mündungen untersucht, indem die Durchflußmengen bei veränderlichen Drücken vor und hinter der Ausflußöffnung bestimmt wurden. In Fig. 35 sind die Resultate dieser Versuche für 9 kg/qcm Anfangsdruck (trocken gesättigt) und verschiedene Gegendrücke von 9—0 kg/qcm dargestellt. Die gestrichelte Kurve (Th. K) stellt die theoretische Ausflußmenge unter den gleichen Verhältnissen dar. Die beiden Kurven I und V, welche den gleichbenannten Mündungen Fig. 34

---

[1]) Zeitschrift des Vereins Deutscher Ingenieure, 1904, S. 75 ff.

entsprechen, zeigen den Einfluß, der infolge der scharfen Kante an der Einströmstelle auftretenden Kontraktion. Der Charakter der Kurven stimmt mit demjenigen der theoretischen Kurve überein, die Durchflußmengen sind jedoch infolge der Verengung des tatsächlichen Querschnitts durch die Kontraktion, bezogen auf den vorhandenen Öffnungsquerschnitt, durchwegs kleiner als die theoretischen. Die Düse II zeigt infolge des Fortfalls der Kontraktion

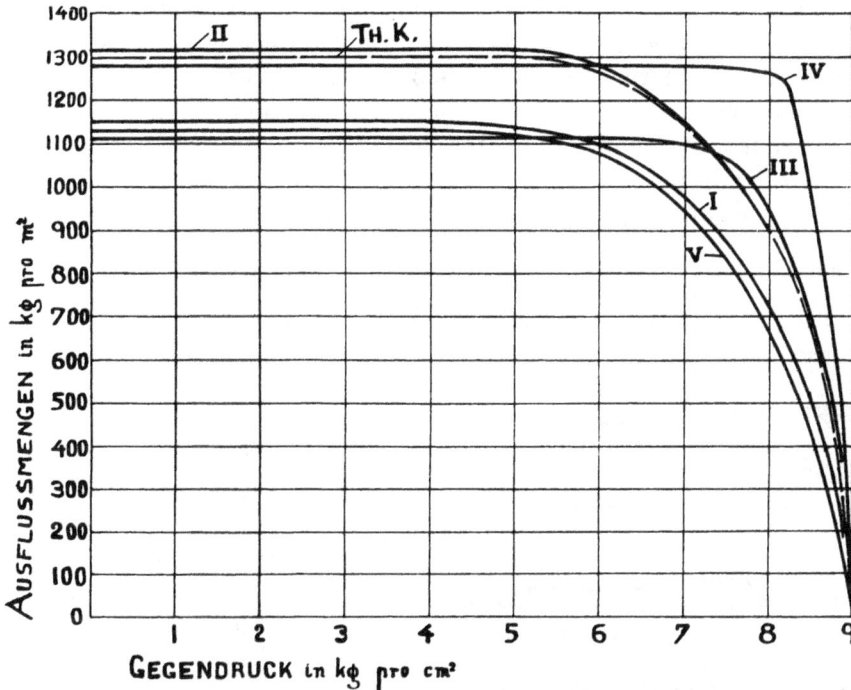

Fig. 35.

fast vollkommene Übereinstimmung mit der theoretischen Ausflußmenge. Daraus läßt sich auf die Geringfügigkeit der Geschwindigkeits- und Energieverluste in der Düse bei der vorliegenden Geschwindigkeit von ca. 440 m/Sek. schließen.

Die Kurve IV illustriert sehr deutlich den Einfluß der konischen Erweiterung. Die Durchflußmenge steigt über die theoretische; dies rührt daher, daß an der engsten Stelle, die für die Durchflußmenge maßgebend ist, tatsächlich nicht der im Diagramm verzeichnete Mündungsdruck, sondern ein niedrigerer vorhanden ist, wie dies schon auf S. 45 besprochen worden ist.

4*

Kurve III endlich zeigt dieselbe Erscheinung: bei kleinen Druckdifferenzen Erhöhung der Ausflußmenge, verbunden mit deren Verminderung durch die Kontraktion infolge der scharfen Einlaufkante. Die Verminderung der Durchflußmenge durch die Reibung ist bei I und IV schon merklich (ca. 3% Geschwindigkeitsverlust).

Konstruktive Ausführung der Düsen.

Düsen für große Druckgefälle werden wegen des mit der großen Geschwindigkeit verbundenen hohen Energieverlustes durch Reibung und Wirbelung bei Ablenkungen am besten gerade und mit möglichst einfachem rundem oder annähernd quadratischem Querschnitt ausgeführt, um die reibende Oberfläche im Verhältnisse zum Querschnitt möglichst klein zu halten.

Die Kanten bei der Dampfeintrittstelle sind abzurunden; bei runden Düsen genügt eine Abrundung der Kante von $r = \dfrac{d}{2}$, wobei r der Abrundungshalbmesser und d der Durchmesser des engsten Querschnitts der Düse ist, um die Kontraktion unmerklich

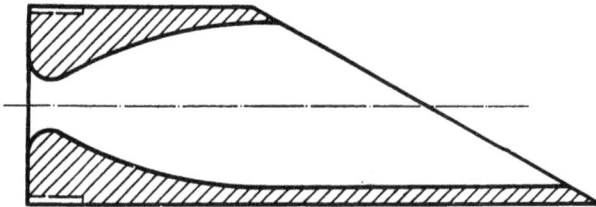

Fig. 36.

zu machen. Der Winkel der kegelförmigen Erweiterung wird, um eine genügend kurze Düse und doch einigermaßen parallele Strahlführung zu erhalten, zweckmäßig zu etwa 10° angenommen. Auch eine Erweiterung nach Fig. 36 hat gute Resultate ergeben, sie erlaubt eine erhebliche Verkürzung der Düse, ist aber schwieriger herzustellen als die konische.

Düsen von rundem Querschnitt beaufschlagen die Schaufeln in einer elliptischen Fläche; die Schaufeln werden daher nicht gleichmäßig mit Dampf ausgefüllt. Sie werden infolgedessen nicht voll ausgenützt und außerdem wird die Dampfwirkung — infolge der geringen Dicke der Dampfschicht beim Ein- und Austritt der Schaufel in das Beaufschlagungsgebiet — verschlechtert. Eine rechteckige Mündungsform bietet den Vorteil, daß die Düsen, dicht aneinandergesetzt, einen kontinuierlichen Dampfstrom gleicher Breite ergeben. Da die Innenseite der Düsen glatt bearbeitet sein muß,

so bietet die Herstellung des rechteckigen
Kanals aus einem Stück Schwierigkeiten.
Bei Verwendung sehr zähen Materials kann
die Düse zunächst rund gedreht und aus-
gebohrt, und sodann die Mündung durch
Pressen oder Ziehen in rechteckige Form
gebracht werden, ohne daß dadurch die
innere Glätte leidet. Die der Formänderung
unterworfenen Teile sind auf etwa 1 mm
Wandstärke, die Kantenabrundung auf 3 mm
Radius zu bringen.

Da im erweiterten Teile die Dampfgeschwindigkeit und damit auch die Reibungsverluste bedeutend sind, so empfiehlt
es sich, diesen Teil so kurz wie möglich
zu machen. Erfordert die Düsenbefestigung
eine größere Gesamtlänge, so wird vor
der engsten Stelle eine weitere zylindrische
Bohrung angebracht, in der eine Dampfgeschwindigkeit bis zu 80 m/Sek. ohne
Schaden zugelassen werden kann. Dies
entspricht etwa einer Bohrung von dem
dreifachen des Durchmessers der engsten
Stelle.

Die Befestigung der Düsen kann
am einfachsten — wie bei De Laval —
durch Einpressen der außen schlank
konisch gedrehten Düse in eine entsprechende Bohrung des Gehäuses geschehen,
jedoch so, daß der Dampfdruck die Düse
festdrückt (Fig. 37). Die Düse muß in
diesem Falle von außen durch eine Bohrung in der Wandung des Dampfzuleitungs-
kanals eingeführt werden. Dies ist konstruktiv oft unbequem oder unmöglich;
dann können Flanschen und Überwurf-
muttern in gleicher Weise wie bei Rohr-
verbindungen Anwendung finden. Wegen der genauen Montage
empfiehlt sich metallische Dichtung ohne Zwischenlage defor-
mierbarer Körper.

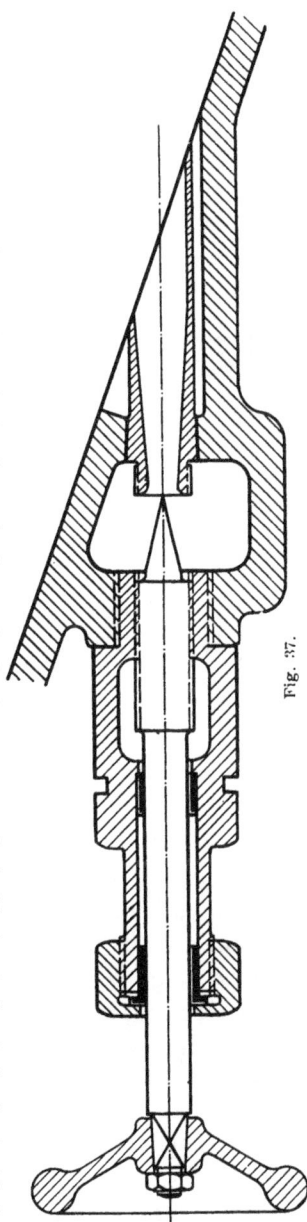

Fig. 37.

Da Düsen von eckigem Querschnitt eine günstigere Beaufschlagung geben als runde, aber deren Ausführung in einem Stück
Schwierigkeiten bietet, so ist man zur mehrteiligen Konstruktion
geschritten.

Die einfachste Lösung dieser Art ist folgende: In die eine
von zwei metallisch dichtend aufeinander geschliffenen Platten werden die Kanäle eingefräst
(Fig. 38). Werden die
Platten aufeinandergepreßt,
so bilden sie zusammen
die Düsen.[1]) Statt der
ebenen Flächen, die eine
radiale Beaufschlagung ergeben, können auch —
für achsiale Beaufschla-
gung — Zylinderflächen
Anwendung finden. Die
Kanäle werden dann in
die Außenfläche des inne-
ren Ringes eingefräst und
dann der äußere aufge-
schrumpft.[2])

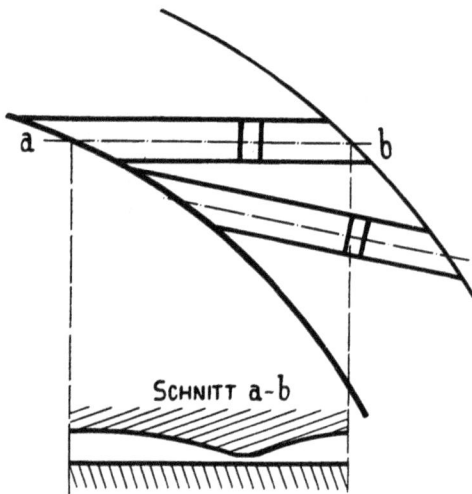

SCHNITT a-b

Fig. 38.

Ein Beispiel für die Bildung des Düsenkanals durch Einsetzen
von Leitschaufeln zwischen zwei Wände gibt die Leitvorrichtung
der Zoelly-Turbine (Fig. 39). Die Schaufeln sind aus Stahlblech gebogen; der verbreiterte ebene Teil wird in Schlitze des Düsenkörpers
eingeschoben und dort durch in letzteren eingelegte Ringe festgehalten. Der gebogene Teil steht frei mit kleinem Spielraum
zwischen den Wänden des Düsenkörpers. Dies ist unbedenklich,
da bei der gewählten Düsenform eine; erhebliche Druckdifferenz
erst in der Nähe der Mündung auftritt. Um auch bei ge-
krümmter Schaufelform eine seitliche Dichtung zu erzielen, wie
dies z. B. bei der Düse Fig. 40, welche nach der Mündung hin
eine Erweiterung besitzt, notwendig ist, werden die Bleche abwechselnd mit Paßstücken aufeinander geschichtet und in geeigneter Weise (z. B. durch Lötung verbunden) in den Düsenkörper
eingesetzt.

---

[1]) Schweiz. Pat. 25 333.
[2]) Schweiz. Pat. 25 441.

Fig. 40 zeigt eine der Zoellyschen verwandte Lösung dieser
Art. Die nach der Form *a* gestanzten und nach dem Profil *b* gebogenen Blechschaufeln werden mit den Paßstücken *c* abwechselnd

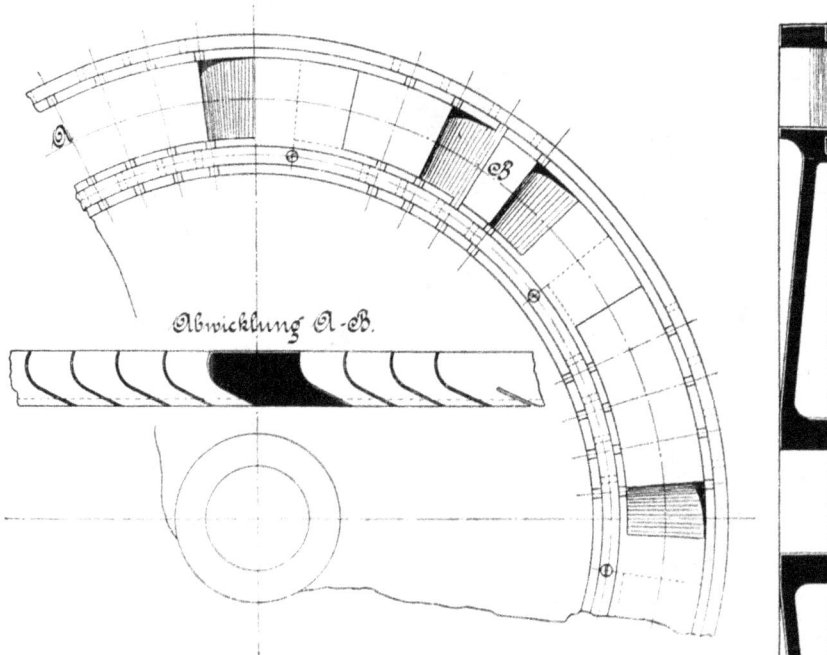

Fig. 39.

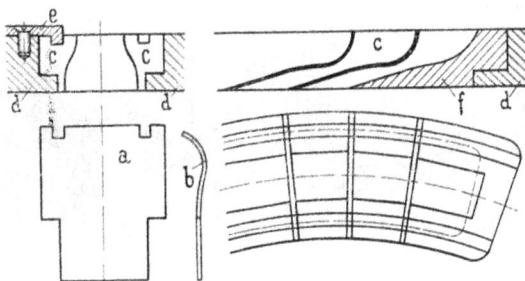

Fig. 40.

in einem entsprechenden Ausschnitt des Düsenkörpers *d* eingelegt
und durch die Klemmplatte *e* in ihrer Lage gehalten. Ist die
Beaufschlagung partiell, so müssen natürlich besondere Endpaß-
stücke *f* eingefügt werden.

Durch Zusammenlöten gepreßter Bronzeblechplatten sind die Leitschaufeln der Rateau-Oerlikon-Turbine gebildet. Fig. 41 stellt mit Leitschaufelsektoren versehene Zwischenwände dar. Die Sektoren

Fig. 41.

werden durch übergezogene Bänder auf der — beiderseits mit Blech verkleideten — Stahlgußscheibe festgehalten. Fig. 42 zeigt eine neuere Ausführung derselben Firma. Hier ist die Zwischenwand in der Mitte durchgeteilt. Die beiden Hälften greifen zur besseren Dichtung mit Nut und Feder ineinander.

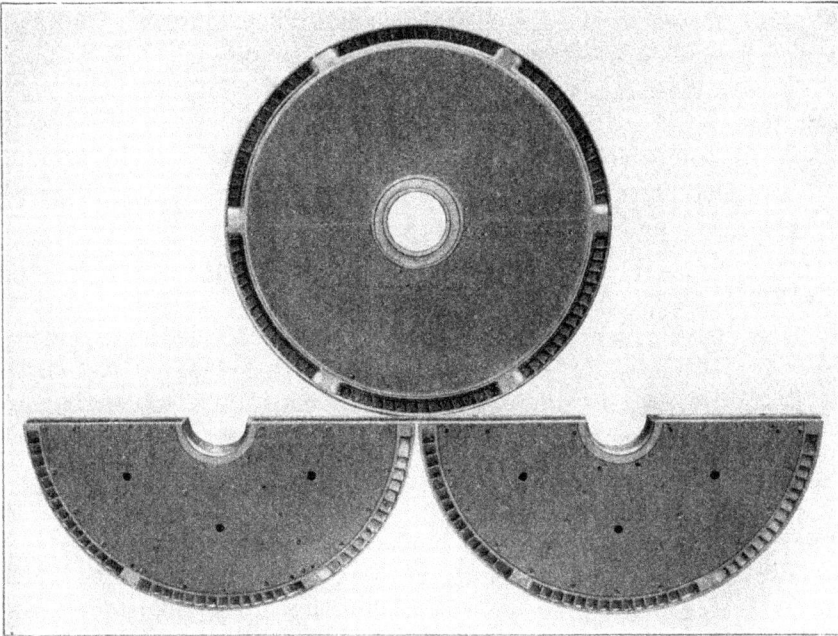

Fig. 42.

Ein Einklemmen einzeln hergestellter Schaufeln findet auch bei der Hamilton-Holzwarth-Turbine Anwendung. Die

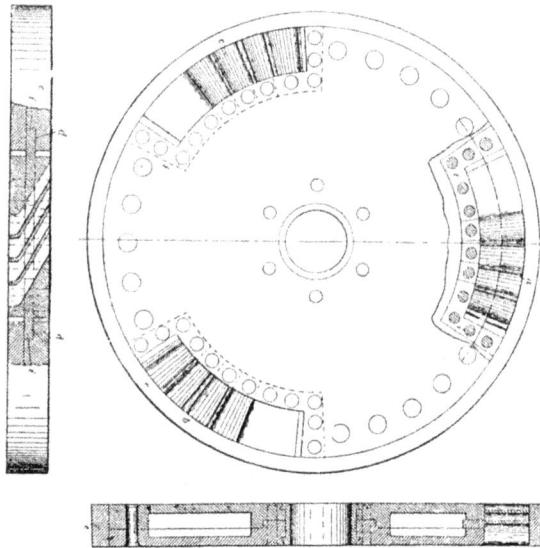

Schaufeln von ungefähr konstanter Stärke haben innen einen Lappen, welcher in einer Aussparung der einen Hälfte der aus zwei Teilen zusammengenieteten Zwischenwand Platz findet und dort durch einen Niet gesichert wird. Die äußere Wand des Schaufelkanals wird durch einen übergeschrumpften Ring gebildet. (Fig. 43.)

Fig. 43.

Die einfachste Methode zur Erzeugung beliebiger Kanalformen ist das Eingießen der fertiggestellten Schaufeln in den Düsenkörper wie es für Wasserturbinen üblich ist. Die Schwierigkeit liegt einstweilen noch in der Rauheit der gegossenen Wände, jedoch sind in dieser Richtung wohl Erfolge erzielbar.

Die Düsenformen der vielstufigen Turbinen werden noch unter Schaufeln behandelt werden.

Verstellbare Düsen.

Der Betrieb der Turbinen bringt es mit sich, daß das in einer Düse zu verarbeitende Gefälle veränderlich ist, einmal, indem durch Drosseln bei der Regulierung der Admissionsdruck schwankt, der Gegendruck aber nahezu konstant bleibt, oder daß dieselbe Düse bei Auspuff- und Kondensationsbetrieb arbeiten soll.

Wenn die Düse bei veränderlichem Druckgefälle mit gleichem Wirkungsgrad arbeiten soll, so muß sie ein veränderliches Erweiterungsverhältnis besitzen. Soll anderseits zum Zweck der Regulierung bei unverändertem Admissions- und Gegendruck die durchfließende Dampfmenge verändert werden, so muß der engste Querschnitt veränderlich, das Erweiterungsverhältnis aber konstant sein.

Bei runden Düsen kann durch Einführung eines zentralen konischen Dornes (De Laval), Fig. 37, S. 53, der engste Querschnitt, nicht aber der Mündungsquerschnitt verändert werden. Es ändert sich also gleichzeitig — bei gleichem Admissionsdruck — die Durchflußmenge und das Erweiterungsverhältnis. Dies ist erwünscht, wenn bei gleichem Admissionsdruck bald mit Auspuff, bald mit Kondensation gearbeitet wird, und die Leistung in beiden Fällen die gleiche sein soll, da dem Auspuffbetrieb größerer Dampfverbrauch und kleineres Erweiterungsverhältnis entspricht als dem Kondensationsbetrieb.

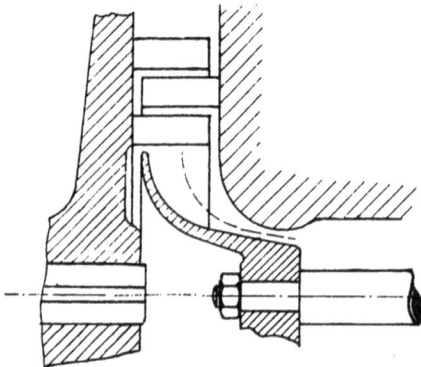

Fig. 44.

Fig. 44 zeigt eine Düse[1]) für variablen Querschnitt und konstantes Erweiterungsverhältnis. Die Düse ist ringförmig und durch

---

[1]) D. R.-P. 137 586.

zwei Rotationsflächen gebildet, das Profil der inneren Wandung ist so gestaltet, daß durch achsiale Verschiebung (gestrichelte Linie) der engste und Mündungsquerschnitt im gleichen Verhältnis verändert werden.

Eine Ausführungsform für rechteckigen Düsenquerschnitt zeigt Fig. 45 (Gesellschaft für elektrische Industrie, Karlsruhe).

Der Dampf strömt von einem äußeren Ringraume aus nach innen. An die zylindrische Innenwand dieses Ringraumes ist der Düsenblock genau angepaßt und durch zwei Schrauben dort befestigt. In eine schwache konische Bohrung des Blockes ist ein ebenfalls

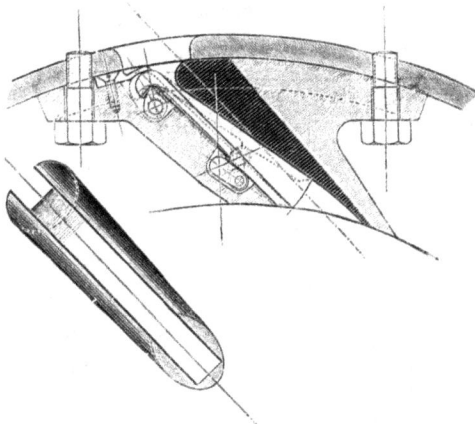

Fig. 45.

konischer Bolzen dicht passend eingetrieben. Die eigentliche Düse wird gebildet durch eine Nut in diesem Bolzen und eine bewegliche Zunge, welche zwischen die parallelen Wände der Nut genau eingepaßt ist. Die Stellung dieser Zunge ist bestimmt, einmal durch eine drehbare Schneide (oben in der Fig.) und einen drehbaren Hebel mit Rolle (unten). Die drehbare Schneide verändert die engste Öffnung und damit die Durchflußmenge, der Hebel die Mündungsöffnung und das Expansionsverhältnis.

Ist der Gegendruck wenig veränderlich, wie dies im Kondensationsbetriebe bei wechselnder Kühlwassertemperatur (Sommer und Winter) vorkommt, so empfiehlt es sich, das Erweiterungsverhältnis unveränderlich, und zwar für den höchsten im regelmäßigen Betriebe vorkommenden Gegendruck zu bemessen. Die durch zu geringe Expansion in der Düse auftretenden Verluste (Streuung an der Mündung) sind in diesem Falle so gering, daß sich eine Komplikation der Düsenkonstruktion zu ihrer Vermeidung nicht rechtfertigt.

2. Schaufeln.

Bei gewissen mehrstufigen Turbinen ist der Charakter der Dampfwirkung in den Kanälen des Leitapparates — soweit sie nicht als Düsen behandelt sind — und denjenigen des rotierenden Teils im wesentlichen der gleiche: wir haben es mit einem gekrümmten Kanal zu tun, der vom Dampf mit verhältnismäßig großer Geschwindigkeit durchflossen wird.

Die Dampfwirkung in der Schaufel.

Während wir bei den Düsen den Dampfzustand in einer Ebene quer zur Strömungsrichtung als konstant annehmen konnten, sind beim gekrümmten Kanal und beträchtlicher Strömungsgeschwindig-

keit infolge der Fliehkraft erhebliche Unterschiede des Dampfzustandes in Ebenen quer zum Kanal vorhanden. Streng mathematisch läßt sich ein Gesetz der Dampfströmung nicht aufstellen. Es soll aber im folgenden der Versuch gemacht werden, unter vereinfachten Voraussetzungen ein ungefähres Bild des Vorgangs zu geben.

Nehmen wir an, ein Dampfstrahl rotiere kontinuierlich derart, daß die Umfangsgeschwindigkeit c aller Teilchen die gleiche sei; es sei Beharrungszustand vorausgesetzt. Der Strahl sei begrenzt durch zwei Ebenen im Abstande b (Fig. 46) und zwei Zylinderflächen vom Halbmesser r_a und r_i.

Schneiden wir aus dem Strahl einen Ringsektor mit dem innern Radius r, dem Zentriwinkel φ, der Breite b und der radialen Dicke dr heraus, so ist Gleichgewicht vorhanden, wenn sämtliche auf das Sektorelement wirkenden Kräfte sich gegenseitig aufheben.

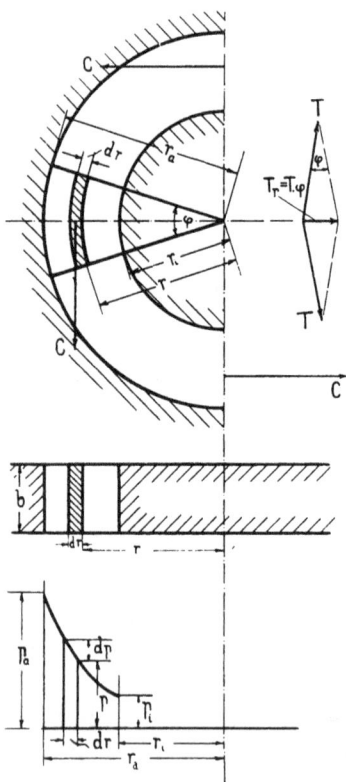

Fig. 46.

Es wirken: Radial nach außen: der statische Druck auf die innere Zylinderfläche — wenn p den spezifischen Druck bezeichnet

$$R = p \cdot b \cdot r\varphi;$$

die Radialkomponente des tangential gerichteten statischen Druckes auf die Keilfläche des Elements

$$T_r = p \cdot b \cdot dr \cdot \varphi \text{ (vgl. Nebenfigur)};$$

die Fliehkraft des Sektorelements — wenn $\dfrac{\gamma}{g}$ die Masse der Volumeneinheit, c die Umfangsgeschwindigkeit bezeichnet,

$$C = \frac{\gamma}{g} \cdot b \cdot r\varphi \cdot dr \, \frac{c^2}{r};$$

radial nach innen der statische Druck auf die äußere Zylinderfläche mit dem spezifischen Drucke $(p + dp)$

$$R + dR = (p + dp) \cdot b \cdot (r + dr) \varphi$$

also, wenn wir die beiden ersten Größen zusammenfassen

$$p \cdot b \cdot \varphi \, (r + dr) + \frac{\gamma}{g} \cdot b \cdot \varphi \cdot dr \, c^2 = (p + dp) \cdot b \, (r + dr) \, \varphi \quad 1)$$

oder nach Kürzung mit $b \cdot \varphi$

$$\frac{\gamma}{g} c^2 \, dr = (r + dr) \, dp;$$

und da dr gegenüber r vernachlässigt werden kann

$$\frac{\gamma}{g} c^2 \, dr = r \, dp. \quad . \quad . \quad . \quad . \quad . \quad . \quad 2)$$

Das spezifische Gewicht γ des Dampfes ist nun von seinem
Zustand abhängig. Nehmen wir eine Zustandsgleichung

$$p \cdot v = k = \text{einer Konstanten} \quad . \quad . \quad . \quad . \quad . \quad 3)$$

als giltig an, so ergibt sich, da

$$\gamma = \frac{1}{v}$$

die einfache Beziehung:

$$\gamma = \frac{p}{k} \quad . \quad . \quad . \quad . \quad . \quad . \quad . \quad 4)$$

und

$$\frac{p}{gk} \cdot c^2 \cdot dr = r \, dp$$

oder

$$\frac{c^2}{g \cdot k} \cdot \frac{dr}{r} = \frac{dp}{p}. \quad . \quad . \quad . \quad . \quad . \quad 5)$$

Die Integration der Gleichung zwischen den Grenzen r_i und r,
resp. den zugehörigen p_i und p ergibt:

$$\frac{c^2}{g \cdot k} \, ln \left(\frac{r}{r_i}\right) = ln \left(\frac{p}{p_i}\right) \quad . \quad . \quad . \quad . \quad 6)$$

$$\left(\frac{r}{r_i}\right)^{\frac{c^2}{g \cdot k}} = \frac{p}{p_i} \quad . \quad . \quad . \quad . \quad . \quad 7)$$

und speziell

$$\left(\frac{r_a}{r_i}\right)^{\frac{c^2}{g \cdot k}} = \frac{p_a}{p_i}. \quad . \quad . \quad . \quad . \quad . \quad 8)$$

Hiermit ist das Gesetz der Veränderlichkeit des Druckes mit dem Radius gegeben, wenn die Konstante k, die Werte r_i und p_i und c bekannt sind; nun ist mit der Schaufelkrümmung wohl der äußere, nicht aber der innere Radius des Strahles gegeben; dagegen ist es möglich, den äußeren spezifischen Druck p_a zu ermitteln, wenn die Durchflußmenge pro Sekunde bekannt ist. Die Dampfmenge G pro Sekunde übt bei einer Geschwindigkeit von c und einer Umlenkung um 180^0, also einer Änderung der Geschwindigkeit — in der Anfangsrichtung gemessen — um $2c$, auf die halbkreisförmige Bahn vom Radius r_a und der Breite b einen Druck von

$$P = \frac{G^{\,\mathrm{kg}}}{g} \cdot 2c \text{ m/Sek.}$$

ebenfalls nach der Anfangsrichtung aus. Diesem Druck entspricht ein spezifischer Druck auf die äußere Bahn von

$$p_a = \frac{P}{b \cdot 2r} + p_i = \frac{G \cdot 2c}{g \cdot b \cdot 2r_a} + p_i. \quad\quad . \quad . \quad . \quad 9)$$

Die sekundliche Dampfmenge läßt sich nun noch anders darstellen: Ist δ die Stärke des homogen gedachten Strahles vor dem Eintritt in die Schaufel vom Drucke p_i, der bei Freistrahlturbinen mit dem Drucke an der innern Begrenzung des Strahles in der Schaufel identisch ist, so wird, ebenfalls die Geschwindigkeit c vorausgesetzt, sein

$$G = b \cdot \delta \cdot c \cdot \gamma = b \cdot \delta \cdot c \cdot \frac{p_i}{k}, \quad\quad . \quad . \quad . \quad . \quad 10)$$

also

$$p_a = \frac{b \cdot \delta \cdot c \cdot p_i \cdot 2c}{g \cdot b \cdot 2 \cdot r_a \cdot k} + p_i \quad\quad . \quad . \quad . \quad . \quad 11)$$

oder

$$\frac{p_a - p_i}{p_i} = \frac{c^2}{k \cdot g} \cdot \frac{\delta}{r_a}$$

$$\frac{p_a}{p_i} = \frac{c^2}{k \cdot g} \cdot \frac{\delta}{r_a} + 1. \quad\quad . \quad . \quad . \quad . \quad 12)$$

Die Kontraktion des Dampfes in der Schaufel, d. h. die Verminderung der Stärke δ auf $(r_a - r_i)$ ergibt sich durch Gleichsetzung der Werte für $\frac{p_a}{p_i}$. (Gl. 8 und 12.)

$$\frac{p_a}{p_i} = \left(\frac{r_a}{r_i}\right)^{\frac{c^2}{g \cdot k}} = \frac{c^2}{k \cdot g} \frac{\delta}{r_a} + 1. \quad\quad . \quad . \quad . \quad . \quad 13)$$

Die Konstante k ist abhängig von dem Dampfzustand; sie ist z. B. für gesättigten Dampf von

0,1 Atm. abs. $= 1000$ kg/qm
$$k = 15000$$

1 Atm. abs. $= 10000$ kg/qm
$$k = 17160$$

10 Atm. abs. $= 100000$ kg/qm
$$k = 19700$$

In Fig. 47 sind die Beziehungen Gl. 8 und 12 graphisch aufgetragen, und zwar für einen Mittelwert von $k = 17500$; die strichpunktierten Linien geben die zusammengehörigen Werte von $\frac{r_i}{r_a}$ und $\frac{p_a}{p_i}$ für verschiedene Geschwindigkeiten c, die ausgezogenen im gleichen Maßstab diejenigen von $\frac{\delta}{r_a}$ und $\frac{p_a}{p_i}$; $\frac{r_i}{r_a}$ ist an Stelle von $\frac{r_a}{r_i}$ wegen der bequemen Darstellung gewählt.

Fig. 48 zeigt ein Beispiel: Es sei Teilung, Eintrittswinkel und Krümmungsradius r_a der Schaufeln so gewählt, daß sich $\delta = 0,6\, r_a$ ergibt; $c = 500$. Das Diagramm zeigt ein Druckverhältnis $\frac{p_a}{p_i} = 1,875$ an, dem eine Strahldicke in der Schaufel von

$$r_a - r_i = 0,35\, r_a$$

entspricht.

Die vorstehende Entwicklung kann natürlich, da die Voraussetzungen konstanter Rotation

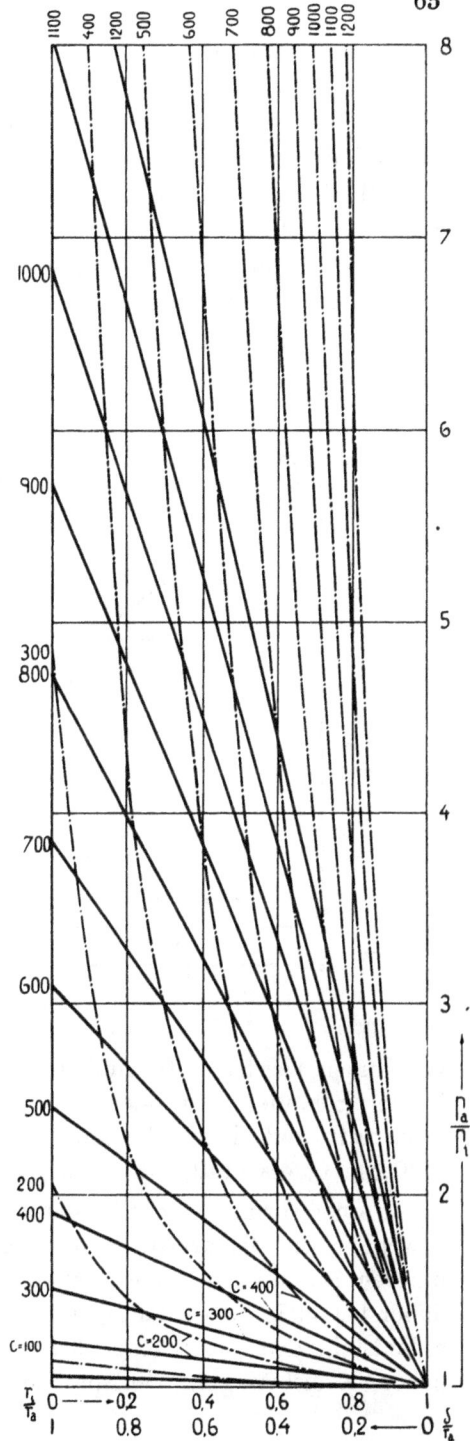

Fig. 47.

des Dampfes nicht erfüllt sind, keinen Anspruch auf strenge Rich-
tigkeit machen. Indessen dürfte sie doch den Charakter des Vorganges erklären und für die konstruktive Gestaltung der Schaufeln
einen Anhalt geben.

Die hauptsächlichsten Abweichungen des wirklichen Vorganges
von den oben vorausgesetzten sind folgende:

Zur Erzeugung der Kompression des Dampfes ist Arbeit notwendig und diese kann nur aus der Bewegungsenergie des Dampfes

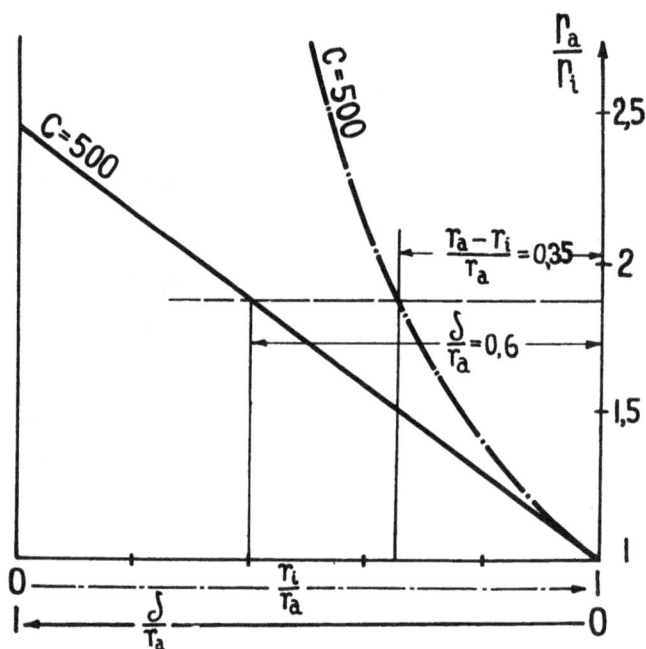

Fig. 48.

genommen werden. Es muß deshalb eine Verzögerung des Dampfes
in der Schaufel stattfinden, die natürlich wiederum einerseits die
Fliehkraft und damit die Kompression verringert, anderseits einen
größeren Querschnitt, also eine größere Strahlstärke hervorruft.

Ferner bringt der Übergang von der geradlinigen Eintritts-
bewegung in die kreisförmige eine Störung hervor (Fig. 49). Die
inneren Stromfäden haben einen kleineren Krümmungsradius und
daher bei gleicher Umfangsgeschwindigkeit eine größere Fliehkraft;
es entsteht demgemäß eine stärkere Kompression, als der kontinuierlichen Kreisbewegung entspräche. Es tritt daher eine Wellen-

bewegung, entsprechend den Schwingungen einer angestoßenen
Feder ein, die sich nach den Gesetzen der Schallschwingungen voll-
ziehen wird.

Ist die Schaufel bis zur Austrittsstelle des Strahles gekrümmt
(Fig. 49), so haben die äußeren Stromfäden beim Verlassen der Schaufel
einen höheren Druck als die Umgebung; infolgedessen tritt ein Streuung
des Strahles ein, die eine Vergrößerung des Austrittswinkels und eine
Verschlechterung der Strahlwirkung zur Folge hat. Besonders nach-
teilig ist diese Erscheinung, wenn eine erhebliche Austrittsgeschwindigkeit als solche in einer weiteren Schaufelung nutzbar gemacht werden
soll, also bei Turbinen mit Geschwindigkeitsstufen. Eine Abhilfe

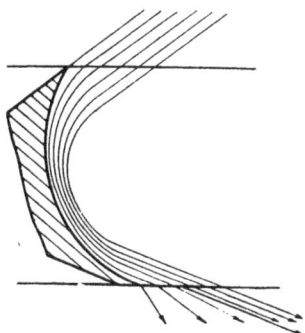

Fig. 49.   Fig. 50.

läßt sich dadurch schaffen, daß man die Schaufelkrümmung in die
Gerade überführt; es entsteht dann die in Fig. 50 skizzierte Erscheinung. Der Dampfstrahl expandiert im Schaufelkanal und
verläßt diesen mit einem kleineren Winkel als dem Endwinkel der
Schaufel, sofern dies der Rücken der folgenden Schaufeln zuläßt.
Bei geeigneter Dimensionierung wird dies sich mit Vorteil erreichen
lassen.

Die obigen Bemerkungen beziehen sich auf konstante Breite
des Schaufelkanals. Verbreitert sich die Schaufel, so vermindert sich
dementsprechend die Strahldicke, ohne daß sich der Charakter des
Vorganges ändert, sofern diese Verbreiterung allmählich erfolgt und
verhältnismäßig gering ist.

Wenn jedoch die Schaufel seitlich nicht begrenzt oder sehr viel
breiter als der eintretende Strahl ist, so weichen die durch die
Fliehkraft gepreßten, zunächst der Schaufelfläche liegenden Teilchen
dem Drucke seitlich aus. Der Strahl nimmt auf der in die Ebene

abgewickelt gedachten Schaufelfläche die Gestalt Fig. 51 an. Die quer zur Bewegungsrichtung der Schaufel gerichtete Komponente S der am Rande des Strahls austretenden Dampfteilchen geht verloren.

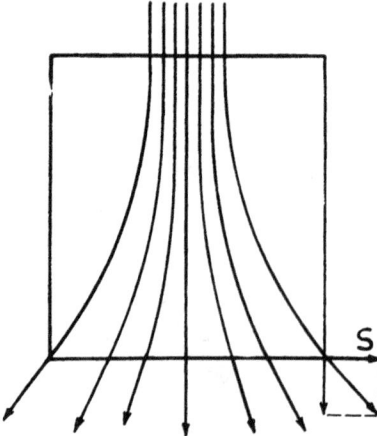

Fig. 51.

Der Betrag dieses Verlustes ist jedoch bei kleiner Dicke des Dampfstrahls (kleiner Schaufelteilung) nicht sehr bedeutend; die Konstruktion der Schaufel vereinfacht sich durch den Wegfall einer Seitenwand erheblich (Zoelly-Turbine Fig. 65).

Bis hierher war vorausgesetzt, daß an der Eintritts- und Austrittsseite der Schaufel gleiche Spannung herrsche, daß also eine reine Aktionswirkung vorliege. Ist jedoch eine Spannungsdifferenz zwischen Ein- und Austrittsstelle vorhanden, so tritt eine Beschleunigung des Dampfes relativ zum Schaufelkanal ein, wie in einer Düse. Ob der fragliche Kanal rotiert oder nicht ist für die Berechnung gleichgültig; es ist nur im ersteren Falle die relative, im letzteren die absolute Geschwindigkeit einzuführen.

Wir können die Schaufel zunächst wie eine gerade Düse behandeln, und nachträglich die durch die Krümmung nötig werdende Korrektur einführen.

Ist die Eintrittsgeschwindigkeit relativ zur Schaufel c_e, der Dampfzustand beim Eintritt gegeben durch zwei der Größen: p_e, t_e, v_e, i_e, t_e resp. x_e, z. B. durch p_e und t_e, und soll der Druck beim Austritt p_a sein, so ergibt die Wärmetafel (II) durch die Adiabate (Vertikale) durch den Punkt p_e, t_e die dem Druck p_a entsprechende Erzeugungswärme i_a. Die theoretische Austrittsgeschwindigkeit ermittelt sich aus der Energiegleichung:

$$\frac{c_a^2}{2g} - \frac{c_e^2}{2g} = i_e - i_a.$$

Diese Geschwindigkeit kann mit dem beigegebenen Maßstabe direkt abgelesen werden; wenn der Punkt c_e des Maßstabes auf den Punkt p_e t_e der Tafel gelegt wird, so zeigt die Skala an der Schnittstelle der Adiabate mit der p_a-Kurve die Geschwindigkeit c_a.

Beispiel:　　　$c_e = 200$ m/Sek.

$p_e = 5$ kg/qcm, $t_e = 195^0$

$$\text{für } p_a = 4 \text{ kg/qcm}$$

ergibt der Maßstab:

$$w_a = 360 \text{ m/Sek.}$$

Der theoretische Dampfzustand beim Austritt ist nach Tafel:

$$p_a = 4 \text{ kg/qcm}$$
$$v_a = 0{,}505 \text{ cbm/kg}$$
$$t_a = 168^0 \text{ C}$$
$$i_a = 663 \text{ WE.}$$

Ein Energieverlust in der Schaufel setzt sich wie in der Düse in Wärme um und wird als solche dem Dampfe wieder zugeführt. Wir können diesen Verlust wieder in Geschwindigkeit ausdrücken (vgl. S. 48). Nehmen wir in unserem Beispiel einen Verlust von 10% der theoretischen Austrittsgeschwindigkeit an, so erhalten wir statt $w_a = 360$

$$w_a' = 0{,}9 \cdot 360 = 325 \text{ m/Sek.}$$

Wir gehen nun von dem Punkt 325 des Maßstabes auf der Linie konstanter Erzeugungswärme (unter 45^0 nach rechts unten) bis zur Kurve $p = 4$ und erhalten so den wirklichen Dampfzustand mit

$$p_a' = p_a = 4 \text{ kg/qcm}$$
$$v_a' = 0{,}51 \text{ cbm/kg}$$
$$t_a' = 176^0$$
$$i_a' = 667 \text{ WE.}$$

Aus v_a' und w_a' ist nun der für einen homogenen Strahl notwendige Austrittsquerschnitt des Schaufelkanals zu bestimmen, wenn pro Sekunde G kg Dampf die Schaufel durchströmen.

$$F_a = \frac{G \cdot v_a'}{w_a'}.$$

Der Energieverlust in der Schaufel setzt sich zusammen aus
1. dem Reibungsverlust,
2. den Umlagerungs- (Kompressions- und Wirbel-) Verlusten,
3. dem Stoßverlust,
4. dem Streuungsverlust.

Der Reibungsverlust ist abhängig von der Oberflächenentwicklung des Kanals im Verhältnis zur Querschnittsgröße. Bis genügend sichere Zahlen experimentell ermittelt sind, wird man diejenigen für unter gleichen Umständen arbeitende Düsen zugrunde legen können.

Die Umlagerungsverluste sind im wesentlichen vom Verhältnis der Strahlstärke zum Krümmungsradius der Schaufel und der Relativgeschwindigkeit abhängig. Zur Schätzung derselben gibt Fig. 47 (S. 63) einigen Anhalt. Es soll hier noch bemerkt werden, daß die mit

dem Druck veränderliche Größe K einen merkbaren Einfluß auf
die Gestaltung der Kurven Fig. 47 hat, und diese daher nur für
gesättigten Dampf von ca. 1 Atm. abs. gilt. Der Betrag des Um-
lagerungsverlustes dürfte bei 800 m Relativgeschwindigkeit und einem
anfänglichen Verhältnis der Strahlenstärke zum Radius $\dfrac{\delta}{r_a} = 0{,}4$ etwa
20 % der anfänglichen Geschwindigkeit erreichen. Dies ist so zu
verstehen, daß die relative Austrittsgeschwindigkeit 640 m beträgt.
Der daraus sich ergebende Energieverlust hängt davon ab, ob
die Austrittsgeschwindigkeit weiter verwertet wird oder nicht. Fig. 52
zeigt oben mit, unten ohne
Schaufelverlust das Diagramm
einer Turbine mit zwei
Geschwindigkeitsstufen. Der
prozentuelle Geschwindigkeitsverlust in den Schaufeln ist,
den Geschwindigkeiten selbst
proportional gesetzt, bei

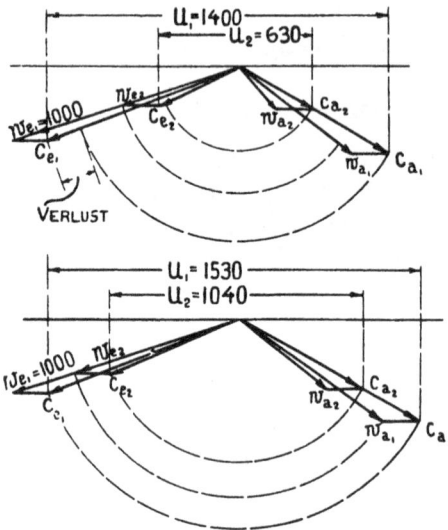

Fig. 52.

800 m	20 %	
600 »	15 »	
400 »	10 »	
200 »	5 »	.

Das Diagramm läßt er-
kennen, daß der Verlust an
Umfangsdruck (U_1) und daher
bei gleicher Geschwindigkeit
an Arbeit im ersten Rade nur
etwa 10 % beträgt, daß aber
dieser vom ersten Rade herrührende Geschwindigkeitsverlust auch
die Leistung der folgenden Räder in sehr erheblichem Maße vermindert. Dies erklärt sich daraus, daß der von einer Schaufel herrührende Geschwindigkeitsverlust für diese Schaufel selbst nur die
Austrittsgeschwindigkeit, für alle folgenden jedoch Ein- und Austrittsgeschwindigkeit vermindert, und daß zu diesem sich in jeder
Schaufel wiederholenden Minderbetrag an Umfangskraft noch der
Verlust einer jeden Schaufel hinzukommt. Es geht hieraus hervor,
daß Geschwindigkeitsstufen nicht vorteilhaft in größerer Zahl hintereinander angeordnet werden können. In der Tat ist auch Curtis,
der das Prinzip der Geschwindigkeitsstufen zuerst in die Praxis
eingeführt hat, auf 2—3 Stufen zurückgegangen.

Der Stoßverlust wird dadurch hervorgerufen, daß die Schaufel-
richtung nicht mit der relativen Richtung des eintretenden Strahles
übereinstimmt.

Die Relativgeschwindigkeit c_e Fig. 53 zerfällt beim Auftreffen des
Strahles in eine Komponente parallel dem ersten Schaufelelement c_e'
und eine dazu normale, die »Stoßkomponente«. Letztere Geschwindig-
keitskomponente verschwindet als solche; sie erzeugt an der Stoßfläche einen erhöhten Druck und setzt sich je nach Umständen

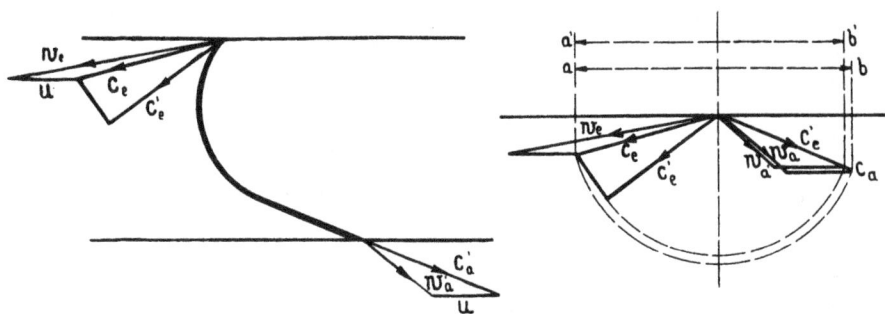

Fig. 53.

mehr oder weniger in Wirbelbewegungen und in der Folge in Wärme-
schwingungen um. Für den Schaufeldruck kommt der Stoßverlust
als Differenz von $c_e - c_e'$ genau so wie die oben behandelten Ge-
schwindigkeitsverluste in Rechnung. Er beträgt in Bruchteilen der
Anfangsgeschwindigkeit bei einem Stoßwinkel α, da

$$c_e' = c_e \cos \alpha,$$

also die Geschwindigkeitsdifferenz

$$c_e (1 - \cos \alpha)$$

ist,

$$\frac{c_e (1 - \cos \alpha)}{c_e} = 1 - \cos \alpha$$

für $\alpha =$ 5° 10° 15° 20° 25° 30° 35° 40° 45°

$1 - \cos \alpha =$ 0,004 0,015 0,034 0,06 0,094 0,135 0,18 0,235 0,30.

Aus dieser Tabelle geht hervor, daß die Stoßverluste erst bei
ziemlich großen Stoßwinkeln beträchtlich werden.

Das Schaufelprofil.

Für die Wahl der Winkel sind folgende Gesichtspunkte maßgebend:

Der hydraulische Wirkungsgrad ist um so größer, je größer die
Ablenkung des Strahles ist, und zwar (vgl. Fig. 14, S. 16) ist bei

gegebener Umfangsgeschwindigkeit die Leistung dem Umfangsdruck und für eine bestimmte Dampfmenge G pro Sek. der Strecke ab des Diagramms proportional, d. h. der Summe der Tangential(haupt)komponenten der relativen Ein- und Austrittsgeschwindigkeiten.

$$P = \frac{G}{g} \left(c_e \cos \beta_e + c_a \cos \beta_a\right).$$

Demgemäß wäre möglichste Kleinheit des Winkels wünschenswert.

Der Eintrittswinkel β_e für stoßfreien Eintritt ist durch die Richtung der absoluten Eintrittsgeschwindigkeit und die Umfangsgeschwindigkeit gegeben. Es wird mit Rücksicht auf die Vereinfachung der Herstellung ein Stoßwinkel zugelassen werden können, dessen Größe unter Berücksichtigung des im vorigen Abschnitt Gesagten festzulegen ist. Ein Stoß auf die Rückseite der Schaufel ist zu vermeiden, da dabei eine Verengung des Durchgangsquerschnittes und eine Rückstauung eintreten würde. Der Anfangswinkel des Schaufelrückens kann daher zweckmäßig in Richtung der theoretischen Relativgeschwindigkeit gelegt werden.

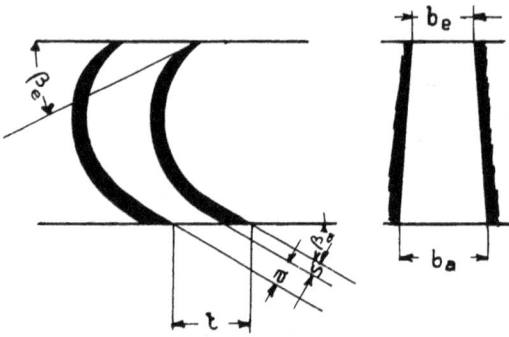

Fig. 54.

Der Austrittswinkel muß so groß sein, daß sich der nötige Ausflußquerschnitt ohne zu große Kanalbreite b_a ergibt. Ist a (Fig. 54) die Kanaltiefe, s die Wandstärke der Schaufel am Austrittsende, t die Schaufelteilung, b_a die Kanalbreite, z die Anzahl der Kanäle und $G \cdot v$ das gesamte das Rad beaufschlagende Dampfvolumen, so ist der Ausflußquerschnitt

$$a \cdot b_a = F_a = \frac{G}{z} \cdot \frac{v}{c_a};$$

nun ist

$$\frac{a + s}{t} = \sin \beta_a,$$

also

$$F_a = (t \sin \beta_a - s) \cdot b_a.$$

Die Schaufeldicke s kann je nach der Größe und Konstruktion der Schaufel 2—0,5 mm betragen. Es ist zweckmäßig, sie möglichst klein zu halten, um Wirbelräume zwischen zwei benachbarten Strahlen zu vermeiden.

Die Größe b_a findet ihre untere Grenze durch die Rücksicht auf die Dampfreibung, etwa bei 5 mm, ihre obere Grenze ist durch die Festigkeit gegeben. Bei Axialturbinen sind schon Schaufelbreiten bis 200 mm ausgeführt worden.

Die Länge l der Schaufelung, normal zur Bewegungsrichtung gemessen, beeinflußt einerseits den Dampfreibungsverlust, anderseits — bei vielstufigen Turbinen — die Baulänge der Turbine. Mit Rücksicht hierauf ist es wünschenswert, l klein zu halten. Nun muß aber, wie aus den Erörterungen über die Umlagerungsverluste hervorgeht, die Strahldicke δ im Verhältnis zum Krümmungsradius r möglichst klein sein. Bei gegebenen Winkeln ist aber r proportional zu l, und δ proportional zu t, also muß t zu l in einem Verhältnis stehen, das um so kleiner ist, je mehr — infolge hoher Dampfgeschwindigkeit — die Umlagerungsverluste im Vordergrund stehen. Ein brauchbarer Mittelwert ist:

$$\frac{t}{l} \sim \frac{1}{2}.$$

Die Teilung ist bis zu $t = 4$ mm herunter ausgeführt worden. Für mittlere Verhältnisse empfiehlt sich

$$t \sim 6 \div 10 \text{ mm}.$$

Volle und teilweise Beaufschlagung.

Je nachdem der Dampf dem Laufradkranze auf dem ganzen Umfange oder einem Teile desselben zugeführt wird, unterscheidet man volle oder teilweise (partielle) Beaufschlagung.

Hinsichtlich der Dampfwirkung in der Schaufel ist die volle Beaufschlagung der partiellen überlegen; denn erstens muß beim Eintritt eines vorher nicht beaufschlagten Schaufelkanals in die Beaufschlagungszone ein Teil der Energie des einströmenden Dampfes zur Beschleunigung des in dem Schaufelkanal mitgeführten Dampfes aufgewendet werden, zweitens wird der Kanal erst nach einem Weg von der Größe der Teilung innerhalb der Beaufschlagungszone ganz gefüllt. Ferner entstehen bei der Bewegung der Schaufeln durch den nicht beaufschlagten Raum Nebenbewegungen (Wirbelungen), die den sog. Ventilationsverlust verursachen. Welche Beträge hierbei in Betracht kommen, soll weiter unten an einem Beispiele gezeigt werden.

Die partielle Beaufschlagung wird aber trotzdem in der Praxis angewandt. Die Einfachheit des Aufbaues der Turbine macht eine kleine Stufenzahl wünschenswert. Diese bedingt ein erhebliches

Druckgefälle und damit beträchtliche Dampfgeschwindigkeit, die ihrerseits zur rationellen Ausnützung große Umfangsgeschwindigkeit und — bei praktikabler Umdrehungszahl — große Durchmesser erfordert. Nun ist (vgl. Fig. 54, S. 70), der Ausflußquerschnitt gegeben durch

$$F_a = z \cdot a \cdot b_a,$$

oder, wenn durch das Schaufelprofil und die Wandstärke das Verhältnis $\dfrac{a}{t}$ festgelegt ist,

$$F_a = z \cdot \frac{a}{t} \cdot t \cdot b_a.$$

Es ist aber bei **voller** Beaufschlagung

$$z\,t = D\pi,$$

also

$$F_a = D\pi \cdot \frac{a}{t} \cdot b_a.$$

Da man mit b_a nicht unter eine gewisse Größe (etwa 5 mm) heruntergehen kann, so muß, wenn das Gefälle und damit F_a und D festliegt, die Beaufschlagung auf einen Bruchteil des Umfanges beschränkt werden.

Axiale, radiale, gemischte Beaufschlagung.

Zuführung des Dampfes in den Schaufelkanal und Austritt aus ihm müssen in solcher Richtung geschehen, daß
1. eine möglichst große Komponente der Bewegung in Richtung der Eigenbewegung der Schaufel fällt, da diese Hauptkomponente den nützlichen Schaufeldruck ergibt,
2. eine genügend große Seitenkomponente bleibt, um die Dampfmenge bei konstruktiv günstigen Kanaldimensionen zu- und abströmen zu lassen.

Diese beiden Bedingungen müssen bei **allen** Schaufelungen erfüllt sein. Es ist also nicht möglich, etwa die **ganze** absolute Dampfgeschwindigkeit durch Umkehrung um 180 ⁰ für die Leistung der Schaufel nutzbar zu machen, wie dies von vielen Erfindern, im besondern durch peltonartige Schaufelanordnungen erstrebt wird.

Je nach der Richtung der Seitenkomponente unterscheiden wir axiale, radiale oder gemischte Beaufschlagung.

Axiale Beaufschlagung.

Die axiale Beaufschlagung ergibt die solideste Schaufelbefestigung und die geringsten Beanspruchungen der Schaufel selbst, da, abgesehen von den seitlichen (hier zylindrischen) Kanalwänden (vgl. z. B. Fig. 62, De Laval-Schaufel) die Fliehkraft nur Zug-, nicht aber Biegungsbeanspruchung hervorruft. Infolgedessen ist auch eine sehr große Kanalbreite b (Schaufellänge radial gemessen) ausführbar. Ein zweiter Vorteil der Axialschaufelung liegt darin, daß der aktive Teil der Radkonstruktion, eben die Schaufelung, ganz außen liegt und demnach die größte Geschwindigkeit hat.

Für Turbinen mit wenig Stufen, also großen Umfangsgeschwindigkeiten, ist daher die axiale Beaufschlagung die einzig richtige.

Ein Nachteil der axialen Beaufschlagung ist bei vielstufigen Turbinen die durch die vielen nebeneinander liegenden Kränze bedingte große axiale Länge des Turbinenkörpers, wie sie besonders bei den Parsons-Turbinen in Erscheinung tritt.

Radiale Beaufschlagung.

Die radiale Beaufschlagung bietet den Vorteil, daß mehrere Schaufelkränze an einer Scheibe konzentrisch in einander angebracht werden können. Dadurch wird die Baulänge vielstufiger Maschinen erheblich reduziert; auch ist die Vergrößerung des Durchmessers der Schaufelkränze von innen nach außen bei innerer Zuführung des Dampfes mit Rücksicht auf die notwendige Vergrößerung der Querschnitte der unteren Stufen konstruktiv günstig.

Diesen Vorteilen stehen folgende Nachteile gegenüber: Die Schaufelbefestigung ist schwierig und die Schaufel selbst infolge der Fliehkraft hohen Biegungsbeanspruchungen unterworfen. Große Kanalbreiten (axiale Schaufellängen) sind daher ausgeschlossen, und damit auch, da die Durchmesser der Scheiben konstruktiv begrenzt sind, die Anwendung der radialen Schaufelung auf verhältnismäßig kleine Dampfmengen und somit k l e i n e L e i s t u n g e n beschränkt. Ist die Scheibe nur einseitig mit Schaufeln besetzt, so ruft deren Fliehkraft ein Biegungsmoment hervor, das auf Wölbung der Scheibe wirkt; die damit einhergehenden Formänderungen können bei kleinen Spielräumen den Betrieb solcher Turbinen gefährden.

Eine Montageschwierigkeit liegt bei Radialturbinen mit mehreren Scheiben darin, daß Lauf- und Leitkränze nur a x i a l auseinander gebaut werden können, also, um zu einer mittleren Schaufelung zu gelangen, ein Abnehmen aller davor sitzenden Lauf- und Leiträder nötig ist, während bei Axialturbinen ein Abheben der Hälfte des durch eine Axialebene geteilten Gehäuses zu diesem Zwecke genügt.

Gemischte Beaufschlagung.

Gemischte Beaufschlagung haben vor allem die Peltonschaufe-
lungen und die damit verwandten. Die meisten Schaufelungen
dieser Art zeigen Zuführung in der zur Achse normalen Ebene,
Ablenkung in der Schaufel nach der axialen Richtung und Austritt in einer der Eintrittsebene parallelen Ebene (z. B. D.R.P. 131816,
D.R.P. 156014, oder Ein- und Austritt in zwei parallelen Tangential-
ebenen und Ablenkung in der Laufschaufel in radialer Richtung
(D. R. P. 156273).

Alle derartigen Schaufelungen haben große Teilungen und große
Strahlstärken, die ihrerseits große Krümmungsradien und damit
überhaupt große Dimensionen der Schaufelung bedingen. Ihre Vorteile liegen in der Einfachheit der Ausführung und der Möglichkeit,
die Schaufelung aus dem vollen Radkranz herauszuarbeiten. Der
hauptsächlich angestrebte Vorteil der Vermeidung der Seitenkomponente der Dampfgeschwindigkeit wird, wie schon oben bemerkt,
nicht erreicht.

Konstruktive Ausführung der Schaufeln.

Herstellung aus dem vollen Radkranz.

Da die Verbindungen der Maschinenteile in bezug auf Festigkeit die größten Schwierigkeiten machen, so bietet die Vermeidung
solcher Verbindungen besonders bei hohen Umdrehungsgeschwindigkeiten Vorteil.

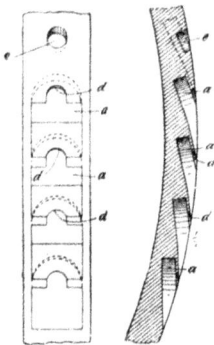

Fig. 55.

Die Einarbeitung der Kanäle in den Radkranz kann durch Fräsen oder Hobeln geschehen. Das Fräsen wird hauptsächlich bei
Schaufelungen gemischter Beaufschlagung angewendet. Fig. 55 zeigt die Herstellung einer solchen Schaufelung nach D.R.P. 156014 der
Maschinenbau-Akt.-Ges. Union in Essen a. Ruhr.
Es wird zunächst ein Loch e entsprechend dem
Durchmesser der Fräserspindel gebohrt und sodann der Kanal a (die »Schaufeltasche«) mittels
Scheibenfräsers unter Vorschub des letzteren in
seiner Rotationsebene ausgehoben. Fig. 56 zeigt ein nach einem
ähnlichen Verfahren (D.R.P. 131816) hergestelltes Laufrad, wie es
die Allgemeine Elektrizitäts-Gesellschaft, Berlin, früher ausführte.

Eine Vereinigung zweier nach dem Geschwindigkeitsstufen-system arbeitender Radkränze an einer Radscheibe ist in Fig. 57 (Patent der Maschinenfabrik Grevenbroich) dargestellt; aus der Düse c strömt der Dampf durch eine Schaufel-tasche b der Radhälfte a, dann durch einen fest-stehenden Kanal d, der die Richtung des Strahles wieder an-nähernd um 180⁰ um-kehrt, sodann in die zweite Schaufeltasche b', die auf der inneren Stirnseite der anderen Rad-hälfte a' eingearbeitet ist, und ent-weicht dann.

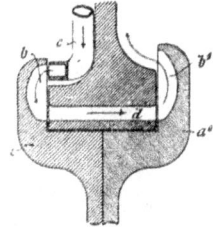

Fig. 57.

Die Herstellung einer Axialschaufelung kann bei geringer Tiefe (b) durch einen Fingerfräser erfolgen; jedoch ergibt sich hierbei mit Rücksicht auf die Festigkeit des Fräsers eine erhebliche Teilung und Strahldicke. Solche Schaufelungen wer-den daher besser durch Hobeln hergestellt. Das Verfahren, wie es Curtis anwendet, ist schematisch durch Fig. 58 dargestellt.

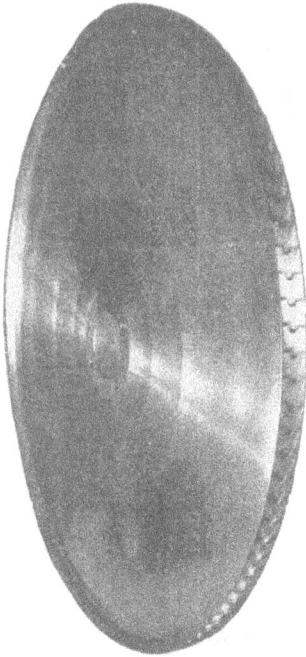

Fig. 56.

Der Hobelstahl wird auf einer Schablone unter gleichzeitiger Drehung auf einer geschlossenen Kurve geführt, und zwar so, daß er zum Schnitte gegen das Werkstück vorgeschoben, nach dem Schnitte, um über den Rand der Scheibe wegzukommen, vom Werkstück zurückgezogen wird.

Die Führung des Stahls er-folgt durch eine Schablone, das Vorschieben und Zurückziehen durch eine Kurvenscheibe. In

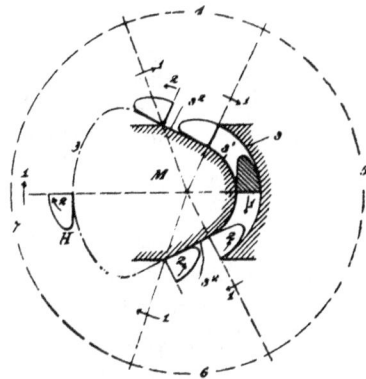

Fig. 58.

ähnlicher Weise würden sich auch radiale Schaufelungen her-stellen lassen.

Durch gerades Hobeln oder Fräsen mit nachträglicher Form-
änderung durch Pressen werden nach Fig. 59/60 (D. R. P. ang.) Leit- und
Laufschaufeln gebildet. Fig. 59 zeigt einen Teil eines Leitrades,
Fig. 60 eines Laufrades dieser Art in verschiedenen Stadien der

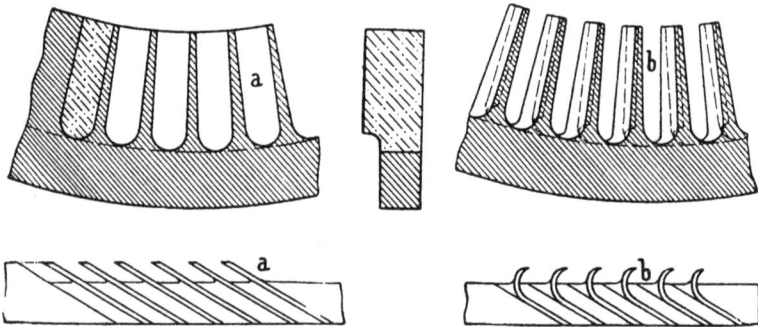

Fig. 59.

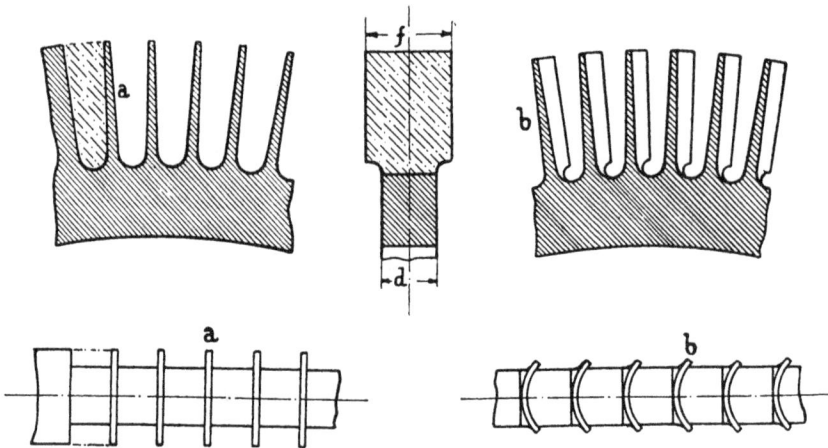

Fig. 60.

Bearbeitung. Zunächst werden gerade, schräg oder parallel zur
Achse gerichtete Kanäle eingefräst, wie die Figur bei a zeigt. Die
stehenbleibenden Wände werden sodann in Gesenken in der bei b
gezeigten Weise gebogen.

Die Schaufelkanäle bleiben bei diesen Herstellungsarten seitlich
offen. Soll das seitliche Ausweichen des Strahles verhindert werden,
was immer wünschenswert ist, so ist dies durch ein übergezogenes
Band, das durch kleine Vorsprünge der Schaufeln festgenietet ist,

zu erreichen. Fig. 61 zeigt ein derart hergestelltes Rad mit zwei Kränzen (Allgemeine Elektrizitätsgesellschaft).

Ein Nachteil dieser Herstellung liegt in der Unmöglichkeit, schadhaft gewordene Schaufeln auszuwechseln.

Einzeln hergestellte Schaufeln.

Der Schaufelkanal kann gebildet werden einmal durch Bearbeitung der Schaufel, zweitens durch Zusammensetzung verschiedener Profile. Die erste Art der Schaufelung ist im allgemeinen teurer, aber solider als die zweite. Welche von beiden den Vorzug verdient, ist nur im speziellen Fall zu entscheiden.

Fig. 61.

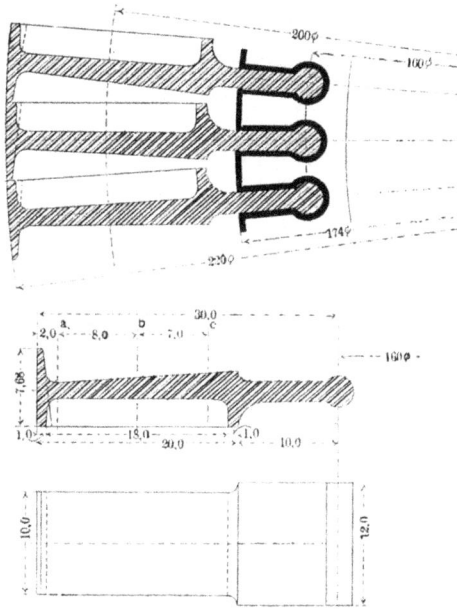

Fig. 62.

In Fig. 62 ist die Schaufel einer 20 PS - Dampfturbine von De Laval dargestellt. Die Schaufel wird aus Flußstahl gepreßt und sodann durch Fräsen nach Schablone auf genaue Form gebracht. Die stehenbleibenden Außenränder sind so breit, daß sie sich zu einem geschlossenen Kranze zusammenschließen. Die Befestigung an der Scheibe geschieht durch Einschieben der innen verdickten Platte der Schaufel in radiale, der Achse parallele Schlitze der Radscheibe und Verstemmen. Eine Auswechslung jeder einzelnen Schaufel ist leicht möglich.

Eine Befestigung ähnlicher Art ist diejenige mittels Einsetzen der Schaufel in Schwalbenschwanznuten, die in die Zylinderfläche eingedreht sind. An einer oder mehreren Stellen ist die Nut erweitert, so daß die Schaufeln dort eingeführt und durch Verschieben längs der Nut aufgereiht werden können. Die Erweiterung wird durch ein eingepaßtes Füllstück verschlossen. In dieser Weise ist das in Fig. 63 dargestellte Laufrad einer Schulz-Turbine aufgebaut.

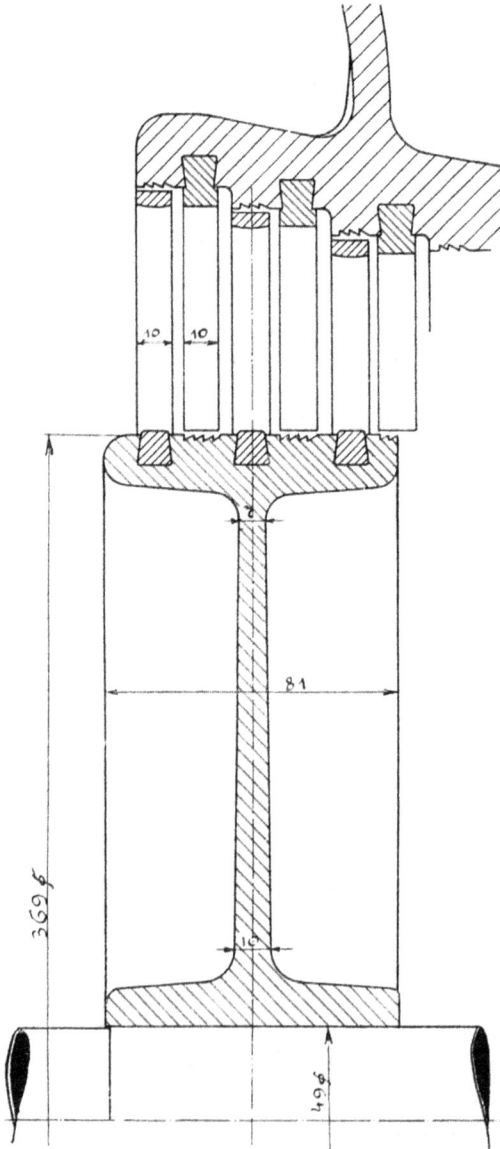

Fig. 64.

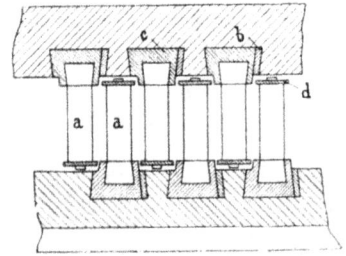

Fig. 63.

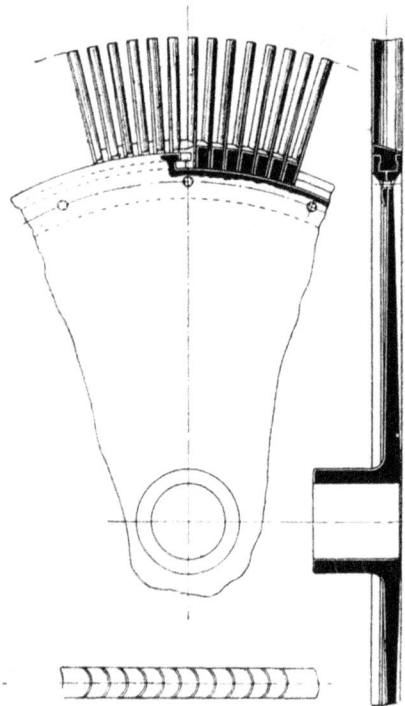

Fig. 65.

Die in derselben Figur dargestellten Leitkränze sind durch abwechselndes Aufreihen von langen Stäben vom Profil der Schaufel, und kurzen Stäben vom Profil der Lücken gebildet. Das gleiche Verfahren wendet auch Parsons an.

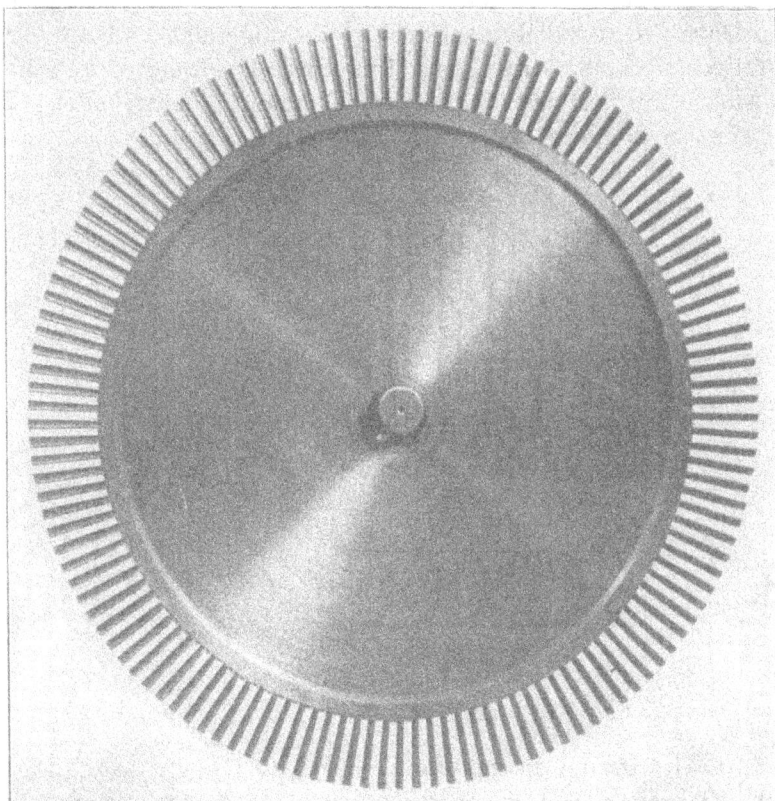

Fig. 66.

Fig. 64 zeigt ein neueres Patent von Parsons, nach welchem die Schaufeln a mit Zwischenstücken in einen zunächst geraden Metallstreifen a eingereiht und durch seitliches Zusammenpressen festgeklemmt werden. Der Streifen wird sodann zum Kreis zusammengebogen, in die Nut der Walze eingelegt und dort durch einen Stemmring b gesichert. Zum Schlusse werden die Bandagen d aufgezogen und mit an den Schaufeln stehen gelassenen Zapfen festgenietet.

Die Befestigung mittels Schwalbenschwanznut ist einfach und für kleinere Umfangsgeschwindigkeiten, besonders bei leichten Schaufeln, vollkommen ausreichend.

Eine auch für größere Fliehkräfte genügend sichere Befestigung zeigt die Konstruktion von Z o e l l y (Escher, Wyß & Co., Zürich), Fig. 65. Die Schaufeln sind ebenfalls mit — hier schräg abgeschnittenen — Füllstücken abwechselnd aufgereiht und mit ihrem T-förmigen Fuß zwischen dem hinterdrehten Rand der Scheibe und einem mit letzterer vernieteten Klemmring festgehalten. Ein Bild eines so hergestellten Zoelly-Rades gibt Fig. 66.

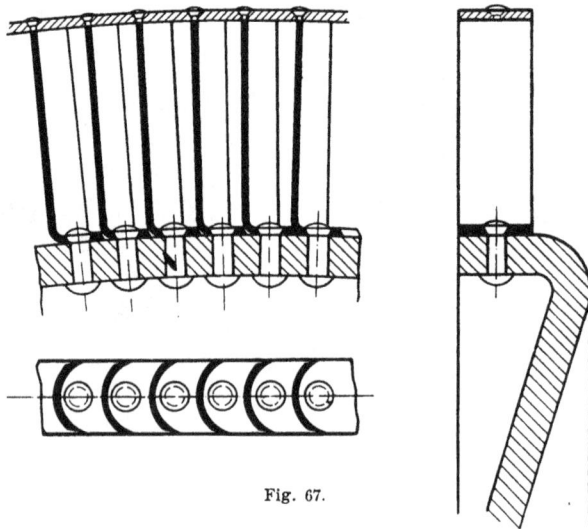

Fig. 67.

R a t e a u befestigt die aus Blech gepreßten Schaufeln nach Fig. 67 durch Nietung auf den umgekümpelten Rand der ebenfalls aus Blech hergestellten Radscheibe. Ein äußerer Abschluß wird in bekannter Weise durch eine aufgenietete Bandage erzielt. Wie aus der Figur ersichtlich, ist der für die Vernietung benötigte Raum von Einfluß auf die Teilung.

Eine auf D e f o r m a t i o n d e r S c h a u f e l beruhende Befestigung zeigt das Laufrad der Hamilton-Holzwarth-Turbine (Fig. 68). Die aus dünnwandigem Rohr gepreßten Schaufeln werden mit ihren unteren Enden in zwei Nuten je eines Blockes eingeschlagen und durch Auseinandertreiben des innerhalb des Rohres stehenden Teiles des Blockes verstemmt. Die Blöcke werden durch je zwei Niete

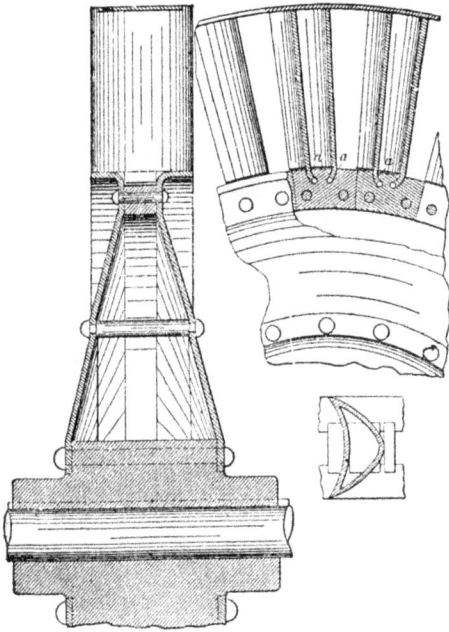

zwischen zwei die Radscheiben bildenden Blechen befestigt. Auch hier wird der äußere Abschluß des Schaufelkanals durch ein übergezogenes Band gebildet. Dasselbe ist in diesem Falle aufgeschrumpft. Ein Beispiel einer radialen Schaufelung gibt das in Fig. 69 in Ansicht dargestellte Laufrad der Elektra-Dampfturbine (System Kolb, gebaut von der Gesellschaft für elektrische Industrie, Karlsruhe).

Fig. 68.

Die Schaufeln sind durch Stäbe vom Profil der arbeitenden Schaufelfläche gebildet, in deren Rücken der Kanal nach einer Schablone eingefräst wird (vgl. auch Fig. 123). Diese Stäbe werden auf der Zylinderfläche der Radscheibe aufgereiht und dort durch einen übergeschrumpften Ring festgehalten. Die Herstellung ist einfach, billig und genau, und die Befestigung bei den in Betracht kommenden Umdrehungsgeschwindigkeiten genügend solide.

Fig. 69.

Im Anschluß hieran möge eine Bemerkung über

Schrumpfringe

Platz finden.

Der Schrumpfring ist das einfachste Mittel, um aneinander gereihte Körper, wie Turbinenschaufeln, auf einer zylindrischen Fläche festzupressen. Seine Anwendung bei rasch laufenden Rädern erheischt aber einige Vorsicht. Die Fliehkraft des Ringes selbst ruft nämlich in ihm eine Spannung und damit eine Dehnung hervor, die unter Umständen genügt, um der Schrumpfspannung das Gleichgewicht zu halten, so daß die Verbindung locker wird. Unter welchen Umständen dies eintreten wird, soll folgende Überlegung zeigen.

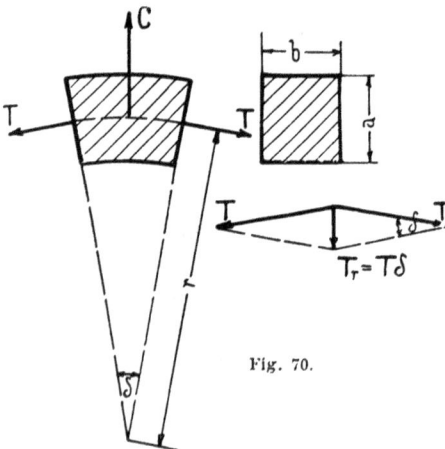

Fig. 70.

Ein frei rotierender Ring vom spezifischen Gewicht γ, von der Breite b und der im Verhältnis zum Durchmesser $2r$ geringen Stärke a (Fig. 70) entwickelt bei einer Winkelgeschwindigkeit w für den Sektor vom Zentriwinkel δ, also der tangentialen Länge $r\delta$, eine Fliehkraft von

$$C = \frac{a \cdot b \cdot r\delta \cdot \gamma}{g} \cdot \omega^2 \cdot r \ . \quad 1)$$

Diese Fliehkraft muß aufgenommen werden durch die Flächen, durch welche der Sektor mit dem übrigen Ringe zusammenhängt. Ist die Spannung in diesen Flächen σ_0 (bei der geringen Größe von a konstant anzunehmen), so wirkt auf jede der beiden Keilflächen die Kraft

$$T = a \cdot b \cdot \sigma_0 \ . \quad . \quad . \quad . \quad . \quad . \quad 2)$$

Diese beiden Kräfte bilden miteinander den Winkel $180^0 - \delta$; sie setzen sich nach dem Parallelogramm der Kräfte zusammen zu einer radial nach innen gerichteten Resultante, die bei kleinem Winkel δ ausgedrückt werden kann durch

$$T_r = T \cdot \delta \ . \quad . \quad . \quad . \quad . \quad . \quad . \quad 3)$$

Diese Radialkraft nun muß der Fliehkraft das Gleichgewicht halten, also

$$C = T_r \ . \quad . \quad . \quad . \quad . \quad . \quad . \quad 4)$$

oder

$$\frac{a \cdot b \cdot r\delta \cdot \gamma}{g} \cdot \omega^2 \cdot r = a \cdot b \cdot \sigma_0 \cdot \delta.$$

Nach Abkürzung bleibt

$$r^2 \cdot \omega^2 \cdot \frac{\gamma}{g} = \sigma_0,$$

oder da die Umfangsgeschwindigkeit

$$u = r \cdot \omega,$$

$$\sigma_0 = \frac{\gamma}{g} \cdot u^2 \quad \ldots \ldots \ldots \ldots \quad 5)$$

Es ist demnach in einem frei rotierenden Ring von geringer radialer Dicke die Spannung nur abhängig vom spezifischen Gewicht und der Umfangsgeschwindigkeit und unabhängig vom Ringquerschnitt.

Hat der Ring außer seiner eigenen Fliehkraft noch diejenige anderer Körper z. B. Schaufeln aufzunehmen, und kommt auf die Einheit des Ringumfanges das Schaufelgewicht G, am Radius r_1 wirkend, so wird die zusätzliche Fliehkraft für den Zentriwinkel δ:

$$C_1 = \frac{G}{g} r_1 \omega^2 \cdot \delta r \quad \ldots \ldots \ldots \quad 6)$$

und die zusätzliche, von den Schaufeln herrührende Spannung

$$\sigma_1 = \frac{G \, \omega^2 \cdot r_1 \cdot r}{g \quad a \cdot b}, \quad \ldots \ldots \ldots \quad 7)$$

also die Gesamtspannung des Ringes

$$\sigma = \sigma_0 + \sigma_1 = \frac{\gamma}{g} u^2 + \frac{G}{g} \cdot \frac{\omega^2 \cdot r_1 \cdot r}{a \cdot b}.$$

Der Spannung σ entspricht eine Dehnung des Ringumfanges pro Längeneinheit von

$$\varepsilon = \frac{\sigma}{E},$$

wenn E den Elastizitätsmodul des Materials bezeichnet, also eine Gesamtdehnung des Umfanges von

$$\varepsilon \cdot 2\, r\pi.$$

Der gedehnte Ring hat also den Umfang $(1 + \varepsilon)\, 2\, r\pi$ und den Radius $(1 + \varepsilon)\, r$, und die Dehnung des Radius beträgt

$$\varepsilon \cdot r = \frac{\sigma}{E} \cdot r \quad \ldots \ldots \ldots \ldots \quad 8)$$

Diese Dehnung, welche der Spannung σ entspricht, läßt sich dadurch erzielen, daß man den Ring durch Erwärmung ausdehnt und beim Erkalten seine Zusammenziehung durch die hineingesteckte Scheibe verhindert. Nehmen wir an, die Radscheibe sei so stark, daß sie durch den Druck des Schrumpfringes nur unmerklich zusammengedrückt werde, so muß der innere Radius r des Schrumpfringes nach

6*

dem Aufziehen mit dem äußeren der Scheibe zuzüglich der Dicke des Schaufelkörpers identisch sein. Vor dem Aufziehen muß er — wenn die Spannung σ erzeugt werden soll, um die Größe $\frac{\sigma}{E} \cdot r$ kleiner sein.

Die Schrumpfspannung muß, um ein Lockerwerden der Verbindung zu vermeiden, größer sein als die größte durch die Fliehkraft hervorgerufene Spannung. Sie kann, da die Beanspruchung gleichbleibend ist, sehr hoch gewählt werden.

Beispiel:

Äußerer Durchmesser des Schaufelkranzes	1000 mm,	
mittlerer » » Schrumpfringes ca. $2\,r = 1010$ »		
» » » Schaufelkranzes $2\,r_i = 980$ »		

axiale Stärke des Schaufelkranzes und Breite
des Schrumpfringes . . . . 15 mm,
Umdrehungszahl . . . . 1500 Umdr./Min.,
Spezifisches Gewicht des Materials . . . . . 7,8 kg/cdm,
Schaufelgewicht pro cm mittleren Umfangs des
    Schrumpfringes . . . . 20 g.

Unsere Aufgabe ist zunächst die Ermittlung des Schrumpfringquerschnittes. Wir müssen also eine Annahme über die zulässige Spannung σ machen. Wir gelangen hierzu durch die Überlegung, daß die Konstruktion bei Überschreitung der normalen Umdrehungszahl — etwa um die Hälfte — noch genügende Sicherheit bieten muß. Die Beanspruchung wächst nun mit dem Quadrat der Umdrehungszahl, also unter genannter Bedingung auf das $1,5^2 = 2,25$-fache der normalen. Es kann hierfür, bei der Sicherheit des Ausschlusses zufälliger Nebenbeanspruchungen und gutem zähen Stahl, 3000 kg/qcm als obere Grenze angenommen werden.

Sollen die Spannungen in kg/qcm eingeführt werden, so müssen wir auch alle anderen Größen auf cm beziehen.

Die Umfangsgeschwindigkeit berechnet sich gemäß der Beziehung

$$u = \frac{D \pi n}{60}$$

oder ist aus Fig. 91, S. 118, welche die Umfangsgeschwindigkeiten u in m/Sek. als Funktion der Umdrehungszahl pro Minute n und des Durchmessers in m (schräge Geraden) angibt, direkt zu entnehmen.

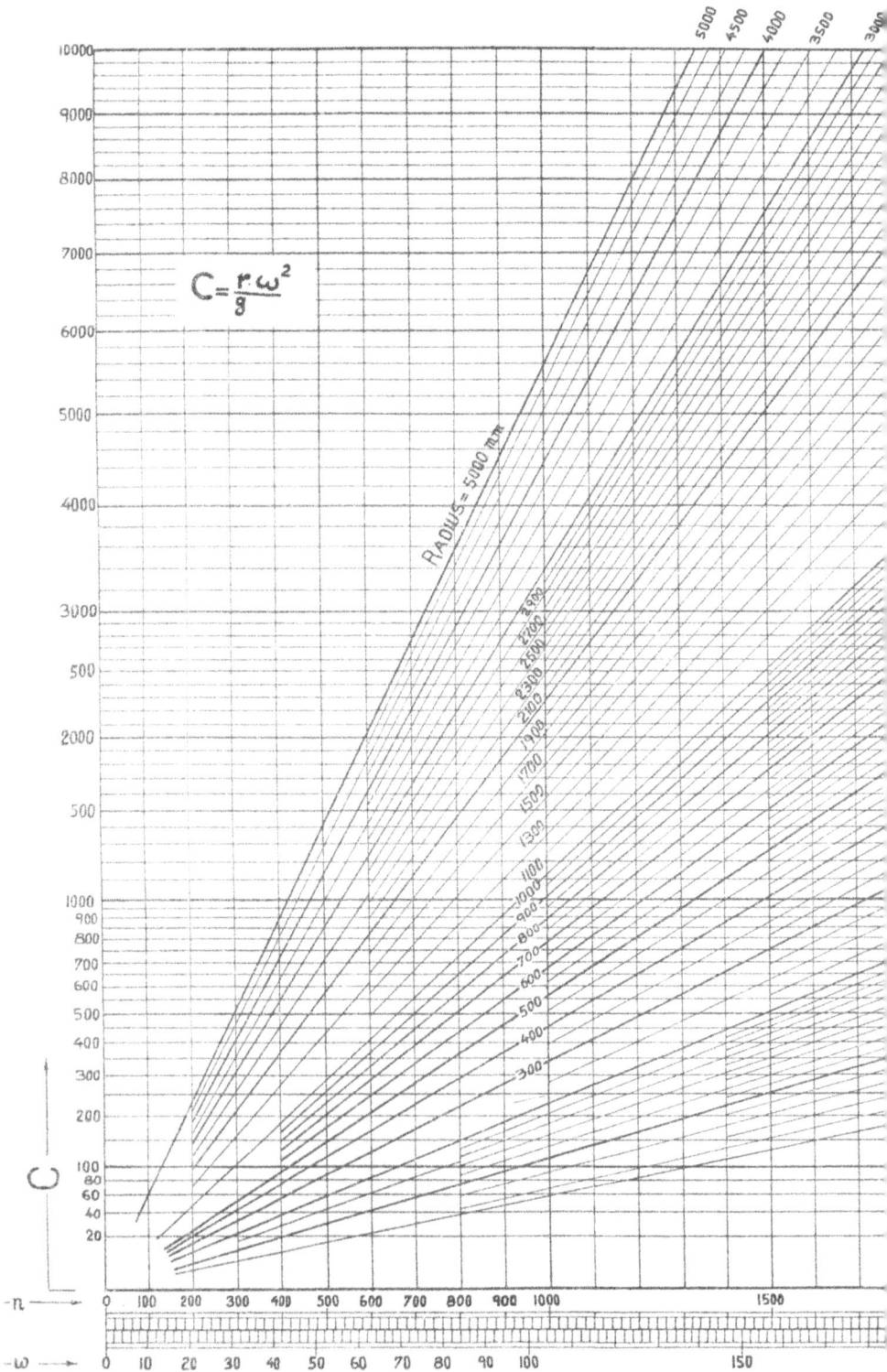

Fliehkraft eines Kilogra...

in kg pro

$$C = \frac{r}{g}\omega^2$$

RADIUS = 5000 mm

5000 4500 4000 3500 3000

2800 2700 2600 2300 2100 1900 1700 1500 1300 1100 1000 900 800 700 600 500 400 300

10000
9000
8000
7000
6000
5000
4000
3000
500
2000
500
1000
900
800
700
600
500
400
300
200
100
80
60
40
20

C

−n

0 100 200 300 400 500 600 700 800 900 1000   1500

−ω

0 10 20 30 40 50 60 70 80 90 100   150

esättigten Wasserdampfes

lußöffnung.

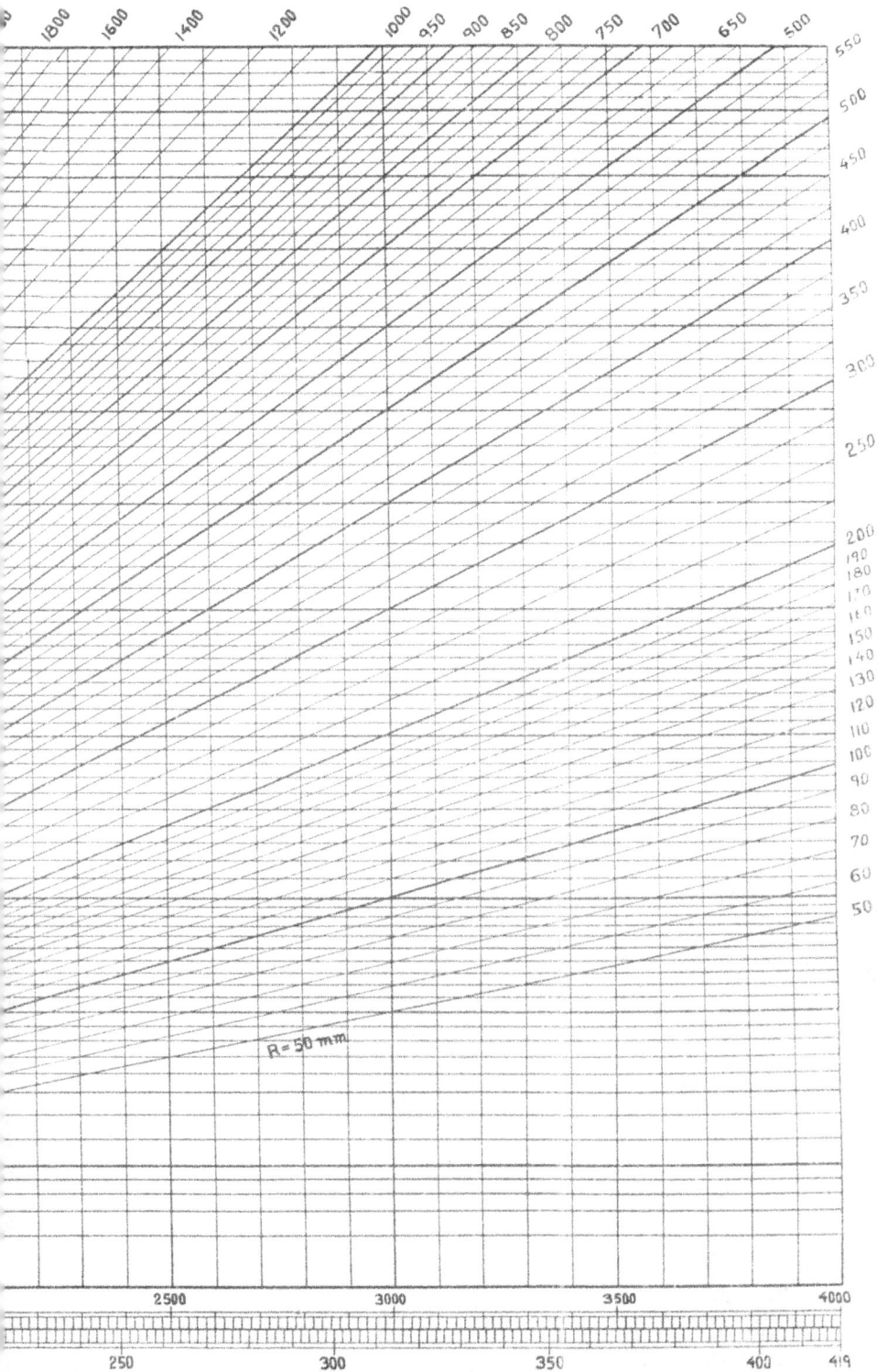

R = 50 mm

Verlag von R. Oldenbourg, München und Berlin 1905.

Es wird für den Schrumpfring bei $n = 2250$ und $D = 1010$

$$u = 118,5 \text{ m/Sek.}$$

und nach Gl. 5 (S. 83) die Beanspruchung des Ringes durch die eigene Fliehkraft

$$\sigma_0 \cdot = \frac{0,0078 \text{ kg/ccm} \cdot 11\,850^2 \text{ (cm/Sek.)}^2}{981 \text{ cm/Sek.}^2} = 1110 \text{ kg/qcm.}$$

Es bleiben also von der zulässigen Gesamtbeanspruchung für den Anteil der Schaufeln

$$\sigma_1 = 3000 - 1110 = 1890 \text{ kg/qcm.}$$

Der Querschnitt des Schrumpfringes $a \cdot b$ wird nach Gl. 7 (S. 83)

$$a \cdot b = \frac{G}{\sigma_1} \cdot \frac{\omega^2 \cdot r_1}{g} \cdot r.$$

Die Größe $\dfrac{\omega^2 \cdot r_1}{g}$ kann aus Tafel IV entnommen werden; $n = 2250$ und $r_1 = 490$ mm zeigen auf $C = 2800$, also

$$a \cdot b = \frac{0,02 \text{ kg/ccm}}{1890 \text{ kg/qcm}} \cdot 2800 \cdot 50,5 \text{ cm}$$

$$= 1,5 \text{ qcm.}$$

Da die axiale Ringbreite b mit 15 mm angenommen ist, ergibt sich die radiale Ringdicke zu

$$a = \frac{1,5 \text{ qcm}}{1,5 \text{ cm}} = 1 \text{ cm} = 10 \text{ mm.}$$

Da der Ring sich bei der höchstmöglichen Umdrehungszahl 2250 noch nicht von der Scheibe lösen soll, so muß sein innerer Durchmesser bei dieser Umdrehungszahl und der entsprechenden Beanspruchung von 3000 kg/qcm noch nicht größer sein als der Außendurchmesser des Schaufelkranzes (1000 mm). Die Dehnung des Radius beträgt aber, wenn der Elastizitätsmodul E für Flußstahl zu $2\,200\,000$ kg/qcm angenommen wird, nach Gl. 8 (S. 83)

$$\varepsilon \cdot r = \frac{3000 \cdot 500 \text{ mm}}{2\,200\,000} = 0,682 \text{ mm} \backsim 0,7 \text{ mm.}$$

Es ist demnach der Schrumpfring innen auf einen Durchmesser $1000 - 2 \cdot 0,7$ mm $\backsim 998,6$ mm auszudrehen.

Die Erwärmung des Ringes, welche zum Aufbringen auf das Rad notwendig ist, berechnet sich bei einem Wärmeausdehnungskoeffizienten von 0,0011 für 100^0 und einem radialen Spielraum beim Überschieben von 0,5 mm im Radius, also einer Dehnung des Durchmessers von $2 \cdot (0,7 + 0,5) = 2,4$ mm zu mindestens

$$100 \cdot \frac{2,4 \cdot 1}{0,0011 \cdot 1000} = 218^0 \, C$$

über der Temperatur der Scheibe.

3. Schaufelträger.

Der Träger der Laufschaufeln kann eine zylindrische oder kegelförmige Trommel oder ein oder mehrere Scheibenräder sein.

Die Trommel wird zu wählen sein bei großer Stufenzahl und kleinem Druckgefälle zwischen den einzelnen Stufen und bei geringer Drehungsgeschwindigkeit, die Scheibe bei kleiner Stufenzahl und höheren Ansprüchen an Festigkeit. Hierfür liegen zwei Gründe vor, erstens die Rücksicht auf Dampfverluste durch Undichtigkeiten zwischen Räumen verschiedener Spannung, zweitens Festigkeitsrücksichten.

Die Trommel gibt einen einfachen Aufbau der Maschine. Sie bedingt aber eine große Umfangslänge des Spaltes zwischen dem Leitrade und dem rotierenden Teil, durch welchen Dampf unbenutzt hindurch gehen kann. Um diesen Dampfverlust möglichst zu reduzieren, sind die Spalte so klein als möglich zu machen, außerdem aber das Druckgefälle zu beiden Seiten des Spaltes möglichst gering. Dies führt einerseits zu einer großen Stufenzahl, anderseits zur Anwendung des Reaktionsprinzips, d. h. zu einer Verteilung des auf eine Stufe entfallenden Druckgefälles auf Leit- und Laufrad.

Dem einfachen Aufbau steht die sehr große Anzahl — allerdings gleichartiger Teile — der Schaufeln gegenüber. Durch geeignete Fabrikationsmethoden läßt sich aber dieser Nachteil erheblich reduzieren.

Eine weitere Eigenschaft der Trommelturbinen ist der erhebliche, vom statischen Dampfdruck auf die Trommelstirnflächen herrührende Axialdruck. Von dessen Ausgleichung wird weiter unten noch die Rede sein.

Die Beanspruchung der Trommel durch die eigene Fliehkraft und diejenige der Schaufeln und Befestigungsteile berechnet sich in gleicher Weise wie oben (S. 82 ff.) beim Schrumpfring angegeben. Die mit Rücksicht auf Festigkeit zulässigen Umfangsgeschwindigkeiten sind bei weitem geringer als bei Scheibenrädern; allerdings ist auch, infolge der aus den kleinen Teildruckgefällen resultierenden kleinen Dampfgeschwindigkeit, keine sehr hohe Umfangsgeschwindigkeit erforderlich.

Die Anordnung von Radscheiben gestattet Verminderung der undichten Spaltlänge zwischen Leitkranz und rotierendem Teil durch Heranführung von Zwischenwänden bis an die Welle (vgl. Fig. 40 ff., S. 56), und damit Vergrößerung des Teildruckgefälles zwischen zwei Stufen. Damit ist eine Erhöhung der Dampfgeschwindigkeit und Umdrehungsgeschwindigkeit verbunden, der die größere Festigkeit der Scheibe gegenüber der Trommel wieder zu statten kommt. Diese Turbinen werden zweckmäßig das ganze Gefälle in den Leitschaufeln umsetzen, also mit Aktionswirkung arbeiten. Der Axialdruck fällt dabei bis auf den kleinen dynamischen Schaufeldruck (Wirkung der Seitenkomponenten) fort.

Die Eigenschaften der mehrstufigen Trommel- und Scheibenturbinen lassen sich folgendermaßen zusammenfassen: Die Trommel bedingt einfachen Aufbau, große Schaufelzahl, großen Axialdruck, die Scheibe komplizierteren Aufbau, kleinere Schaufelzahl, kleinen oder keinen Axialdruck.

Festigkeit der Radscheiben.

Denken wir uns aus einer Radscheibe ein Sektorelement herausgeschnitten (Fig. 71), begrenzt von zwei Radialebenen, die den

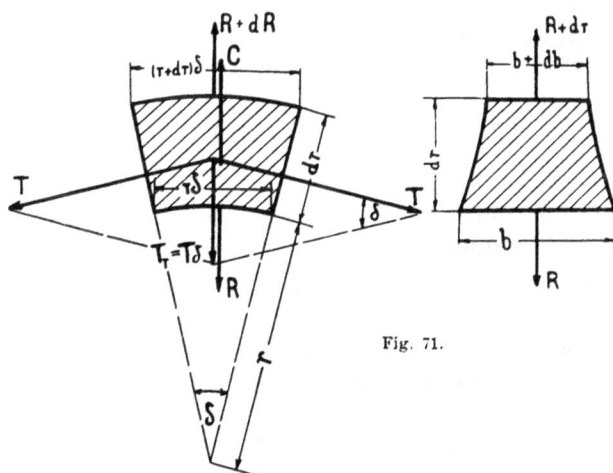

Fig. 71.

Winkel δ miteinander bilden, zwei Zylinderflächen vom Radius r und $r + dr$ und von den Stirnflächen der Scheibe. Die Dicke der Scheibe betrage b beim Radius r, $b + db$ beim Radius $r + dr$.

Rotiert die Scheibe, so entwickelt das Sektorelement die Fliehkraft C; außerdem wirken noch auf seine Begrenzungsflächen in radialer Richtung die Kräfte R und $R + dR$, in tangentialer Richtung die Kräfte T. Die beiden Tangentialkräfte T bilden den Winkel $180^0 - \delta$ miteinander; sie setzen sich zusammen zu einer radial gerichteten Kraft T_r, die für einen sehr kleinen Winkel δ die Größe hat

$$T_r = T \cdot \delta \quad . \quad . \quad . \quad . \quad . \quad . \quad . \quad 1)$$

Da auf die Stirnflächen der Scheibe keine Kräfte wirken, haben wir es nach Ersetzung der Tangentialkräfte durch ihre radiale Mittelkraft nur noch mit radial gerichteten Kräften zu tun. Es wirkt

nach außen $R + dR$ und C,

nach innen $R + T \cdot \delta$.

Nennen wir die Spannung der Scheibe pro Flächeneinheit in radialer Richtung σ_r, in tangentialer Richtung σ_t, so ergeben sich für die Spannungskräfte die Ausdrücke:

$$R = r \cdot \delta \cdot b \cdot \sigma_r \quad . \quad . \quad . \quad . \quad . \quad . \quad 2)$$
$$R + dR = (r + dr) \cdot \delta \cdot (b + db) \cdot (\sigma_r + d\sigma_r) \quad . \quad . \quad 3)$$
$$T = b \cdot dr \cdot \sigma_t \quad . \quad . \quad . \quad . \quad . \quad . \quad . \quad 4)$$
$$T_r = b \cdot dr \cdot \sigma_t \cdot \delta \quad . \quad . \quad . \quad . \quad . \quad . \quad 5)$$

Die Fliehkraft ist bei einem spezifischen Gewicht γ und einer Winkelgeschwindigkeit ω, da das Volumen des Sektors $b \cdot r\delta \cdot dr$ ist:

$$C = b \cdot r\delta \cdot dr \cdot \frac{\gamma}{g} \cdot \omega^2 \cdot r \quad . \quad . \quad . \quad . \quad 6)$$

Die Gleichgewichtsbedingung ist nun

$$R + dR + C = R + T \cdot \delta \quad . \quad . \quad . \quad . \quad . \quad 7)$$

oder $(r + dr)(b + db)(\sigma_r + d\sigma_r)\delta + \omega^2 \cdot \frac{\gamma}{g} \cdot b \cdot \delta \cdot r^2 dr =$

$$r \cdot b \cdot \delta \cdot \sigma_r + b dr \cdot \delta \cdot \sigma_t \quad . \quad . \quad . \quad . \quad . \quad 8)$$

Wir erhalten also nach Kürzung mit δ und unter Vernachlässigung der unendlich kleinen Größen zweiter Ordnung:

$$r (b d\sigma_r + \sigma_r db) + b dr (\sigma_r - \sigma_t) + \omega^2 \cdot \frac{\gamma}{g} \cdot b \cdot r^2 dr = 0 \quad . \quad 9)$$

Diese allgemein gültige Gleichung läßt sich durch spezielle Annahmen bedeutend vereinfachen.

Scheibe konstanter Dicke.

Ist b konstant, so wird $db = 0$ und daher, nach Kürzung mit b

$$r d\sigma_r + (\sigma_r - \sigma_t) dr + \omega^2 \cdot \frac{\gamma}{g} \cdot r^2 dr = 0 \quad . \quad . \quad 10)$$

oder

$$\frac{d\sigma_r}{dr} + \frac{\sigma_r - \sigma_t}{r} + \omega^2 \cdot \frac{\gamma}{g} \cdot r = 0 \quad . \quad . \quad . \quad 11)$$

Eine Beziehung zwischen den Spannungen σ_r und σ_t läßt sich durch Berücksichtigung der mit ihnen verbundenen Deformationen aufstellen.

Wird ein Zylinder vom Radius r einer Tangentialspannung σ_t unterworfen, so dehnt sich sein Umfang von $2\,r\pi$ um $2\,r\pi \cdot \dfrac{\sigma_t}{E}$, wobei E den Elastizitätsmodul bezeichnet. Gleichzeitig hat sich natürlich der Radius r um

$$\frac{2\,r\pi}{2\,\pi} \cdot \frac{\sigma_t}{E} = r\,\frac{\sigma_t}{E} = \varDelta r \quad \ldots \quad 12)$$

gedehnt.

Unterliegt ferner das Sektorelement von der radialen Länge dr einer Radialspannung von σ_r, so ist seine Dehnung $dr \cdot \dfrac{\sigma_r}{E} = \varDelta dr$.

Dies ist aber die Zunahme der Gesamtdehnung beim Übergang von r auf $r + dr$ oder $\varDelta dr = d\varDelta r$

$$dr \cdot \frac{\sigma_r}{E} = d\varDelta r \quad \ldots \ldots \quad 13)$$

Aus 12 und 13 ergeben sich die Werte

$$\sigma_t = \frac{\varDelta r}{r} \cdot E \quad \ldots \ldots \quad 14)$$

und

$$\sigma_r = \frac{d\varDelta r}{dr} \cdot E \quad \ldots \ldots \quad 15)$$

Aus 14, 15 und 11 kommt die Differentialgleichung:

$$\frac{d^2\varDelta r}{dr^2} + \frac{1}{r} \cdot \frac{d\varDelta r}{dr} - \frac{\varDelta r}{r^2} + \frac{\gamma \cdot \omega^2}{g \cdot E} \cdot r = 0 \quad \ldots \quad 16)$$

Die Integration dieser Differentialgleichung ergibt

$$\varDelta r = -\frac{\gamma}{g} \cdot \frac{\omega^2}{E} \cdot \frac{r^3}{8} + c_1 \cdot r + \frac{c_2}{r} \quad \ldots \quad 17)$$

c_1 und c_2 sind Konstanten, die von den Drücken auf die zylindrischen Begrenzungsflächen der Scheiben abhängen.

17 in 14 und 15 eingesetzt:

$$\sigma_t = -\frac{\gamma}{g}\frac{\omega^2}{8} \cdot r^2 + E\left(c_1 + \frac{c_2}{r^2}\right) \quad \ldots \quad 18)$$

$$\sigma_r = -\frac{3}{8}\frac{\gamma}{g} \cdot \omega^2 \cdot r^2 + E\left(c_1 - \frac{c_2}{r^2}\right) \quad \ldots \quad 19)$$

Setzen wir die Radialspannungen in den zylindrischen Begrenzungsflächen für die innere $(r = r_i)$ $\sigma_r = \sigma_{ri}$, für die äußere $(r = r_a)$ $\sigma_r = \sigma_{ra}$, so wird

$$\sigma_{ri} = -\frac{3}{8} \cdot \frac{\gamma}{g} \cdot \omega^2 \cdot r_i^2 + E\left(c_1 - \frac{c_2}{r_i^2}\right) \quad \ldots \quad 20)$$

$$\sigma_{ra} = -\frac{3}{8} \cdot \frac{\gamma}{g} \cdot \omega^2 \cdot r_a^2 + E\left(c_1 - \frac{c_2}{r_a^2}\right) \quad \ldots \quad 21)$$

Hieraus lassen sich, wenn σ_{ri} und σ_{ra} gegeben sind, c_1 und c_2 berechnen; ihre Werte in Gl. 18 und 19 eingesetzt liefern die Gleichungen:

$$\sigma_t = \frac{\gamma}{g}\frac{\omega^2}{8}\left\{3\left(r_i^2 + r_a^2 + \frac{r_i^2 r_a^2}{r^2}\right) - r^2\right\} --$$
$$\frac{\sigma_{ri}r_i^2\,(r^2 + r_a^2) - \sigma_{ra}\,r_a^2\,(r^2 + r_i^2)}{r^2\,(r_a^2 - r_i^2)} \quad \ldots \quad 22)$$

$$\sigma_r = \frac{3}{8}\frac{\gamma}{g}\cdot\omega^2\left\{r_i^2 + r_a^2 - r^2 - \frac{r_i^2 r_a^2}{r^2}\right\} +$$
$$\frac{\sigma_{ri}\cdot r_i^2\,(r_a^2 - r^2) + \sigma_{ra}\,r_a^2\,(r^2 - r_i^2)}{r^2\,(r_a^2 - r_i^2)} \quad \ldots \quad 23)$$

Die Ausdrücke für σ_t und σ_r setzen sich, wie ersichtlich, aus zwei Teilen zusammen, von denen der erste den Einfluß der Fliehkraft, der zweite — wieder in zwei Ausdrücken getrennt — denjenigen der inneren und äußeren radialen Randspannung darstellt.

In Fig. 72 sind die Werte von σ_t und σ_r, wie sie sich für eine Scheibe von 1000 mm Außendurchmesser, 100 mm Bohrung, einem spezifischen Gewicht von 7,8 kg/cdm und 3000 Umdrehungen pro Minute $(\omega = 314)$ ergeben, als Abszissen bezogen auf die Scheibenradien als Ordinaten aufgetragen. Die beiden ausgezogenen Kurven geben die Spannungsverteilung für den Fall, daß radiale Randspannungen fehlen.

Ist der Rand der Scheibe mit nach De Lavalscher Art befestigten Schaufeln im Gewichte von 20 g auf den qcm Umfangsfläche besetzt, so entwickelt dies Gewicht bei $r = 50$ cm und $\omega = 314$ eine Fliehkraft von

$$\frac{G}{g}\cdot w^2 \cdot r \curvearrowright 100 \text{ kg (Tafel IV)}.$$

Dadurch entsteht also eine äußere Radialspannung von

$$\sigma_{ra} = 100 \text{ kg/qcm}.$$

Es sei noch an die Scheibe innerhalb eine Nabe von solcher Stärke angesetzt, daß sie an ihrer Verbindungsstelle mit der Scheibe ($r = 5$ cm) eine Radialspannung von 600 kg/qcm erzeugt, also

$\sigma_{ri} = 600$ kg/qcm.

Auf Grund dieser An- nahmen ergibt sich eine Spannungsverteilung, wie sie durch die gestrichel- ten Kurven der Fig. 72 dargestellt ist. Das Re- sultat ist gegenüber der Scheibe ohne Randspan- nungen eine Ausglei- chung der Spannungs- verteilung.

Die Berechnung der Nabe, wie sie der Bedin- gung $\sigma_{ri} = 600$ kg/qcm genügt, läßt sich folgen- dermaßen durchführen. Die Scheibe möge 1 cm stark sein; dann kommt also auf 1 cm Bohrungs- umfang eine Radialkraft von 600 kg, die aufzu- nehmen ist durch die Tangentialkraft der Nabe; diese beträgt aber, wenn q der Querschnitt der Nabe ist,

$$T = q \cdot \sigma_{ti}$$

und

$$T_r = q \cdot \sigma_{ti} \cdot \delta.$$

Nun ist σ_{ti} nach Fig. 72 etwa 1050 kg/qcm, $\delta = \dfrac{1 \text{ cm}}{r_i} = \dfrac{1}{5}$, und $T_r = 600$ kg, also

$$q = \frac{T_r}{\sigma_{ti} \cdot \delta} = \frac{600 \cdot 5}{1050} = 2{,}86 \text{ qcm.}$$

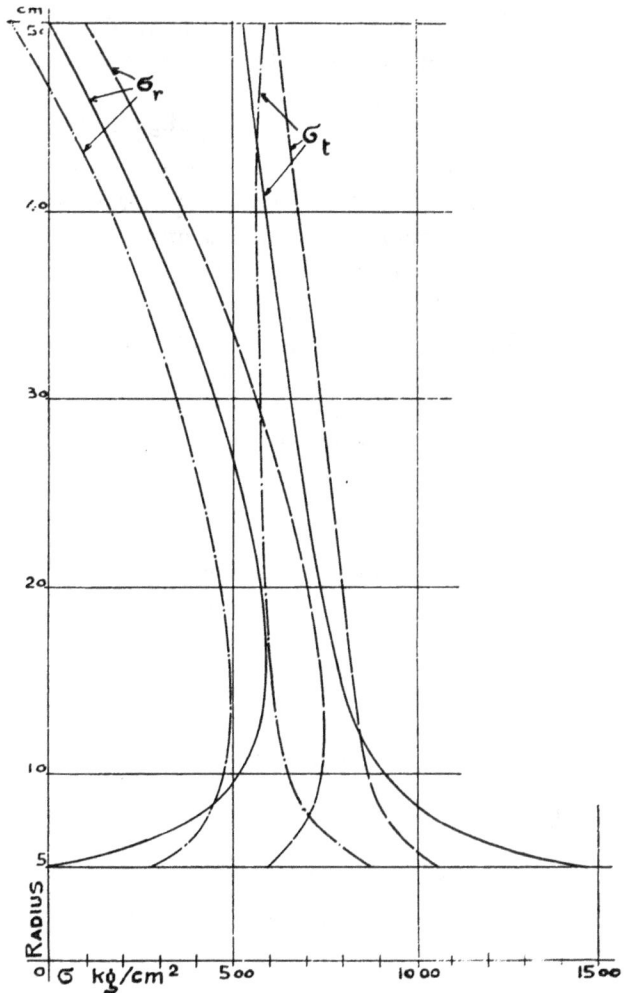

Fig. 72.

Diese Berechnung der Nabe setzt konstante Spannung in der Nabe voraus; da dies nicht zutrifft, so ist die Rechnung nicht ganz genau. Sie genügt aber für den praktischen Fall vollkommen.

Die vorstehende Entwicklung gibt infolge der Vernachlässigung der Querspannung nur ein annäherndes Resultat. Der Einfluß der letzteren soll im folgenden näher untersucht werden.

Berücksichtigung der Querspannung.

Wirken auf einen Körper zwei normal zu einander gerichtete Kräfte A und B, deren zugehörige Spannungen und Dehnungen wir durch die Zeiger a und b angeben wollen, so ergibt sich die dadurch hervorgerufene Formänderung des Körpers folgendermaßen.

Würde die Kraft A allein wirken, so würde eine Dehnung in Richtung der Kraft A und eine Zusammenziehung in jeder darauf normalen Richtung, also auch in Richtung B stattfinden. Der Betrag ε der Dehnung pro Längeneinheit ist proportional der Spannung für die Flächeneinheit σ und außerdem vom Material abhängig und gegeben durch

$$\varepsilon = \frac{\sigma}{E},$$

wobei E eine Materialkonstante, der Elastizitätsmodul ist. Die Zusammenziehung in der Querrichtung ist ebenfalls proportional der Spannung σ, und zwar

$$\varepsilon_q = \frac{\varepsilon}{m} = \frac{\sigma}{E \cdot m};$$

m kann für homogene Metalle zu $\frac{10}{3}$, also

$$\frac{1}{m} = 0,3$$

angenommen werden.

Es ruft also hervor: Kraft A

in Richtung A die Dehnung . . . . . $\varepsilon_a = \dfrac{\sigma_a}{E}$,

in Richtung B die Zusammenziehung . . $\varepsilon_{qa} = -\dfrac{\sigma_a}{E} \cdot 0,3$.

Die Kraft B

in Richtung A die Zusammenziehung . . $\varepsilon_{qb} = -\dfrac{\sigma_b}{E} \cdot 0,3$,

in Richtung B die Dehnung . . . . . $\varepsilon_b = \dfrac{\sigma_b}{E}$.

Es findet also insgesamt eine Formänderung statt nach Richtung

A eine Dehnung von $\varepsilon_a + \varepsilon_{qb} = \dfrac{\sigma_a}{E} - \dfrac{\sigma_b}{E} \cdot 0,3$ . . . 3)

B eine Dehnung von $\varepsilon_b + \varepsilon_{qa} = \dfrac{\sigma_b}{E} - \dfrac{\sigma_a}{E} \cdot 0,3$ . . . 4)

Sind beide Spannungen gleich, so ist die Dehnung nach jeder Richtung nur 0,7 des Betrages, der sich ohne Querspannung ergeben würde, oder die Dehnung entspricht einer Spannung von 0,7 der wirklichen.

Da die Festigkeit im selben Maße zunimmt, wie die Dehnung durch die Querspannung vermindert wird, so können wir die der tatsächlichen Dehnung entsprechende ideelle Spannung, wie sie sich aus Gleichung 3 und 4 ergibt, in die Rechnung einführen. Es wäre also in zweiter Annäherung in Fig. 72 von den Spannungen σ_r das zugehörige $0,3\,\sigma_t$ und von σ_t das zugehörige $0,3 \cdot \sigma_r$ zu subtrahieren. Die hieraus ermittelte Kurve ist strichpunktiert eingezeichnet, und zwar für den Fall einer äußeren radialen Belastung von 100 kg/qcm und einer inneren von 600 kg/qcm. Es zeigt sich, daß am äußeren Rande noch eine radiale Zusammenziehung, sonst in der ganzen Scheibenebene nur Dehnung stattfindet. Die Wirkung der Querspannung hat eine weitere Ausgleichung der Spannungsverteilung zur Folge.

Scheibe gleicher Festigkeit.

Soll eine Scheibe an allen Stellen gleiche Festigkeit besitzen, so muß

$$\sigma_t = \sigma_r = \sigma = \text{konstant} \quad . \quad . \quad . \quad . \quad . \quad . \quad 1)$$

sein.

Führen wir diese Bedingung in Gl. 9 (S. 88) ein, so erhalten wir, da $d\sigma = 0$

$$r \cdot db\,\sigma + \omega^2 \cdot \frac{\gamma}{g} \cdot b \cdot r^2\,dr = 0$$

$$\frac{db}{b} + \omega^2 \cdot \frac{\gamma}{g} \cdot \frac{r}{\sigma}\,dr = 0 \quad . \quad . \quad . \quad . \quad 2)$$

durch Integration zwischen den Grenzen $r_o = 0$, (b_o) und r, (b) wird

$$b = b_0 \cdot e^{-\frac{w^2}{2\sigma} \cdot \frac{\gamma}{g} \cdot r^2} \quad . \quad . \quad . \quad . \quad . \quad 3)$$

oder

$$b = b_0 \cdot e^{-\frac{1}{2\sigma} \cdot \frac{\gamma}{g} \cdot u^2} \quad . \quad . \quad . \quad . \quad . \quad 4)$$

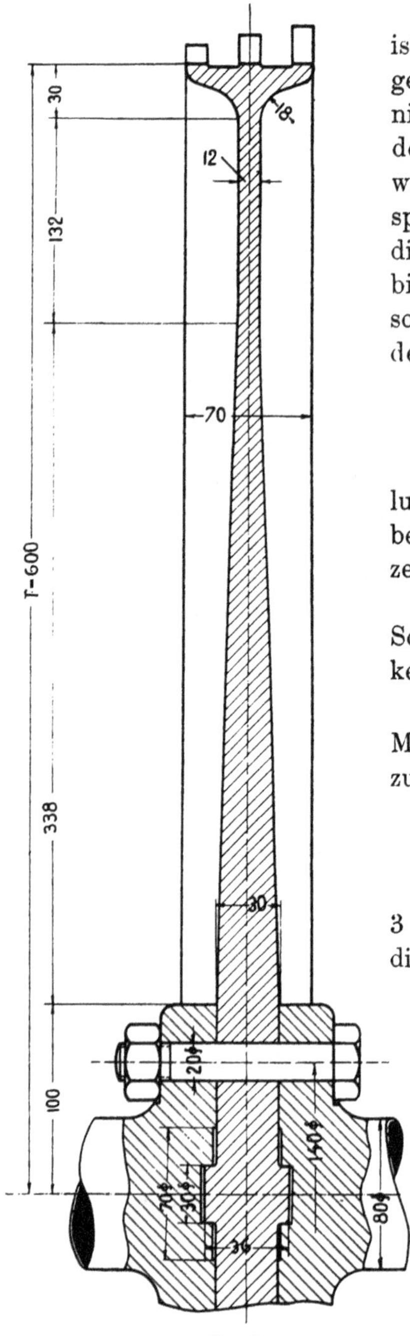

Fig. 73.

Als untere Grenze der Integration ist $r = 0$ angenommen, da naturgemäß eine Bohrung in der Scheibe nicht vorhanden sein kann; denn an der Bohrungswandung würde $\sigma_r = 0$ werden, was der Bedingung Gl. 1 widerspräche. Aus demselben Grunde kann die Bedingung gleicher Festigkeit nicht bis zum äußeren Rande der Scheibe, sondern nur für einen gewissen Teil derselben gelten.

Berechnungsbeispiel.

Die Anwendung obiger Entwicklungen auf die praktische Scheibenberechnung soll folgendes Beispiel zeigen.

Fig. 73 zeigt den Schnitt einer Scheibe, wie sie für eine Geschwindigkeitsstufenturbine gebaut werden kann.

Als Grundlagen sind gegeben: Material der Scheibe: zäher Flußstahl; zulässige Beanspruchung:

$\sigma = 1500$ kg/qcm

$D = 1200$ mm

$n = 4000$ Umdr. pro Min.;

3 Schaufelkränze, in den Scheibenrand direkt eingefräst, in den Abständen, wie sie Fig. 73 zeigt, und im Gewicht von 4,6 g pro cm Scheibenumfang.

Der Scheibenrand ist als Träger konstanter Festigkeit unter Vermeidung schroffer Querschnittsübergänge nach innen soweit zusammengezogen, als es die Rücksicht auf das Durchfedern der Scheibe bei der Bearbeitung gestattet (12 mm). Dann ist die

Scheibe soweit in gleicher Stärke nach innen geführt, bis die Radialspannung den Normalbetrag 1500 kg/qcm erreicht. Von hier aus
weiter nach innen ist die Scheibenstärke annähernd mit den Größen,
wie sie Gl. 3 für die Bedingung konstanter Radial- und Tangentialspannung ergibt, ausgeführt. Da dies, wie wir sehen werden, ohne
erheblichen Fehler möglich ist, so ist das Profil, weil in der Bearbeitung bequemer, von $r = 438$
bis $r = 100$ geradlinig (konisch)
und von $r = 100$ bis zur Scheibenmitte eben. Nahe der Mitte ist
ein kleiner Zapfen zur Zentrierung
im Wellenflansch angedreht.

Der Berechnungsgang ist in
Fig. 74—77 graphisch dargestellt,
und zwar sind alle in Betracht
kommenden Größen als Funk-
tionen des Radius r aufgetragen.
Kurve 1 zeigt die Scheibenstärke B. Die Fläche links der
Kurve $= \int B\,dr$ ist diejenige,
welche sich den Tangentialspan-
nungen darbietet.

Es ist bei der graphischen
Darstellung ein Sektor von 1 cm
äußerer Umfangslänge in Betracht
gezogen, also $r_a \cdot \varphi = 1$ cm. Die
Umfangslänge des Sektors bei
beliebigem r zeigt die Gerade 2.
Die den Radialspannungen an
jeder Stelle des Radius gebotenen
Flächen des Sektors, $B \cdot r \cdot \varphi$
sind durch Kurve 3 gegeben.
Die Maßstäbe für die 3 Kurven
sind in der Figur unten in gleicher
Strichart angegeben.

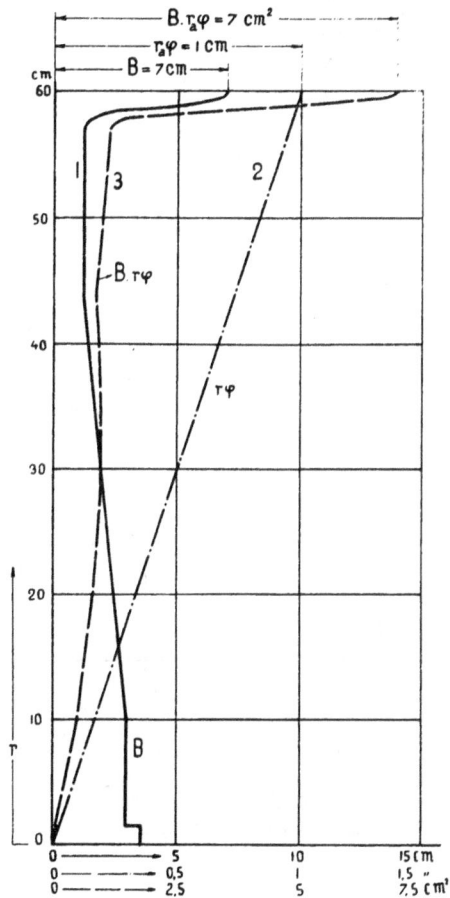

Fig. 74.

Fig. 75 zeigt die in der Scheibe auftretenden Kräfte, und zwar
Kurve 4 die Fliehkraft eines Sektorelements von der radialen Länge
1 cm an dem Radius r (oberer Maßstab). Kurve 5 beginnt mit dem
äußeren Rande der Schaufeln und hat am Scheibenrand den Betrag
150 kg (unterer Maßstab), entsprechend der Fliehkraft der Schaufeln,

erreicht. Von hier an ist sie die Integralkurve von **4**; sie stellt die gesamte Fliehkraft des Sektors, von außen bis zum Radius r gerechnet, dar. Der Wert für $r = 0$ (3120 kg) ist die Fliehkraft des ganzen Sektors.

Ist σ_t die Tangentialspannung, so ist $\sigma_t \cdot B \cdot dr$ die Tangentialkraft, welche auf das Element der Keilfläche von der radialen Länge dr

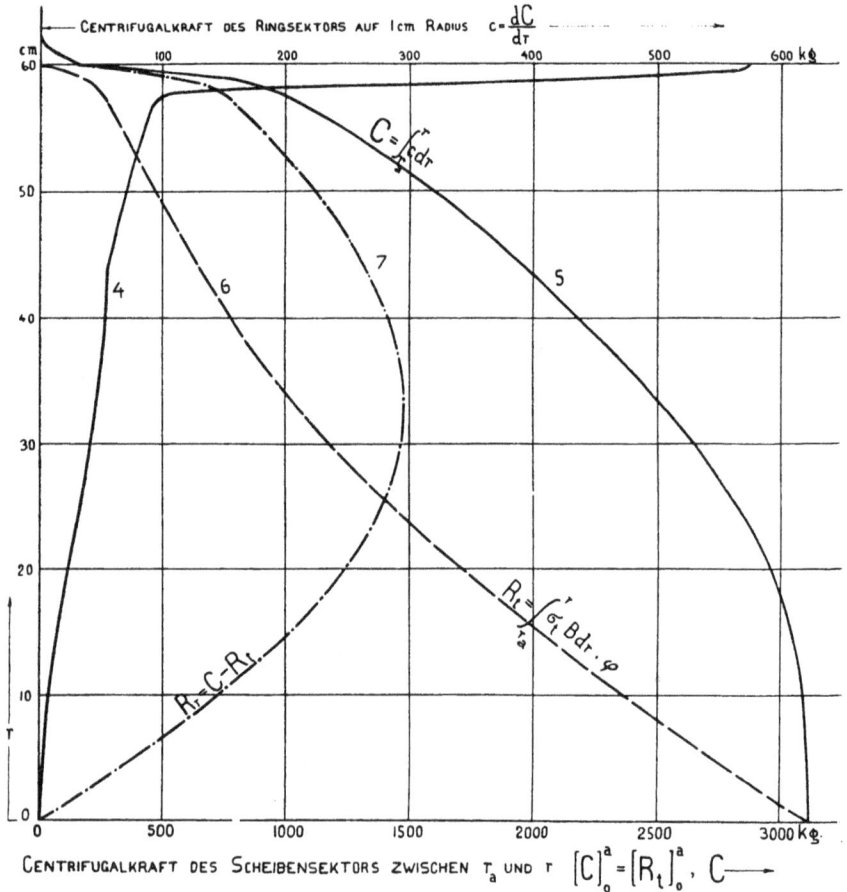

Fig. 75.

wirkt und $\int\limits_{r_a}^{r} \sigma_t \cdot B dr \cdot \varphi$ die aus diesen Tangentialkräften, von r_a bis r genommen, resultierende Radialkraft R_t. Für $\sigma_t = 1520$ kg/qcm ergibt sich hierfür die Kurve **6**. Eine vorläufige Konstruktion mit $\sigma_t = 1500$ führt auf einen Endwert von 3080 kg, infolgedessen ist σ_t, um auf 3120 kg ($= C_0$) zu kommen, auf 1520 zu erhöhen.

Bei einem beliebigen Radius r ist also von der Fliehkraft des außerhalb liegenden Sektorteils C der Anteil R_t durch die Tangentialkräfte aufgenommen worden. Der Rest

$$C - R_t = R_r$$

muß von der Zylinderfläche $B \cdot r \cdot \varphi$ durch Radialspannung getragen werden. Die Radialkräfte R_r sind in Kurve 7 aufgetragen.

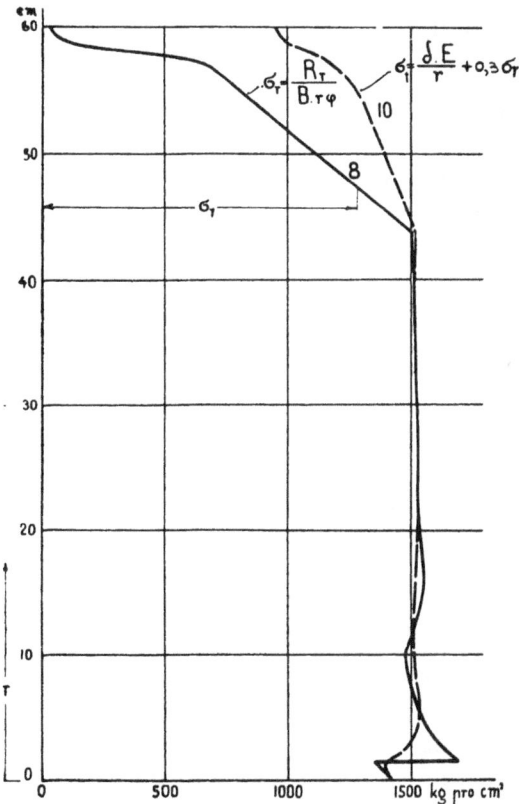

Fig. 76.

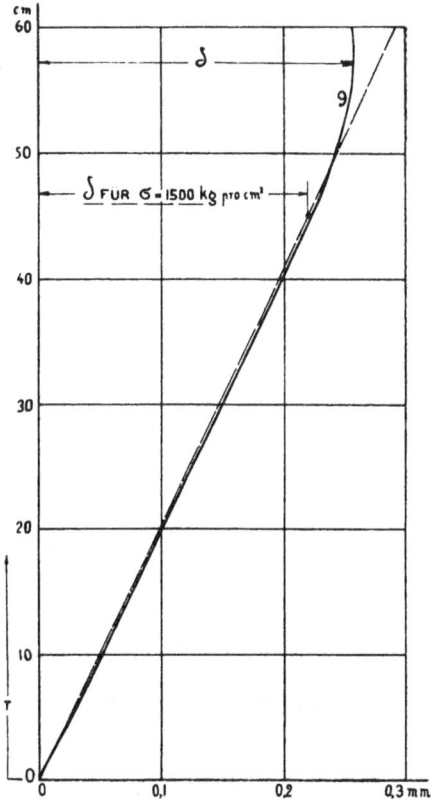

Fig. 77.

Die Radialspannungen ergeben sich durch Division der Radialkräfte R_r durch die Zylinderfläche $B \cdot r \cdot \varphi$, also

$$\sigma_r = \frac{R_r}{B \cdot r \cdot \varphi},$$

in Fig. 76 durch Kurve 8 dargestellt. Den Werten σ_r abzüglich $0,3\,\sigma_t$ (Querspannung) proportional ist die spezifische Dehnung des Radius:

$$\frac{d\delta}{dr} = \frac{\sigma_r - 0,3\,\sigma_t}{E}.$$

Die Gesamtdehnung des Radius ist

$$\delta = \int \frac{\sigma_r - 0{,}3\,\sigma_t}{E}\, dr.$$

Die Kurve 9 (Fig. 77) ist unter Annahme eines konstanten $\sigma_t = 1520$ aus den Werten σ_r der Kurve 8 durch graphische Integration entwickelt. Es muß nun aber $\sigma_t - 0{,}3\,\sigma_r$ proportional der Dehnung des Umfangs, also auch derjenigen des Radius sein:

$$\frac{\delta}{r} = \frac{\sigma_t - 0{,}3\,\sigma_r}{E},$$

also

$$\sigma_t = \frac{\delta}{r}\, E + 0{,}3\,\sigma_r.$$

Hiernach ist die Kurve 10 (Fig. 76) gezeichnet. Die Figur zeigt, daß in vorliegendem Beispiel die ursprüngliche Voraussetzung $\sigma_t = $ konst. $= 1520$ kg/qcm mit großer Annäherung erfüllt ist, also die Rechnung als genügend genau gelten darf. Wäre dies nicht der Fall, so müßten Dimensionsänderungen vorgenommen werden, deren Wirkung sich an Hand der graphischen Darstellung leicht beurteilen läßt.

Einfluß von Bohrungen in der Scheibe.

Zur Befestigung der Scheibe auf der Welle sind vielfach Bohrungen notwendig. Diese liegen dann naturgemäß nahe der Scheibenmitte, an einer Stelle, an welcher die Fliehkraft gering und die Scheibe — wenigstens in der Ausführung nach Art der Fig. 71 — annähernd gleichstark ist. Die Spannungsverteilung in der Nähe der Bohrung läßt sich annäherungsweise ermitteln, wenn man sich aus der Scheibe ein mit der Bohrung konzentrisch kreisrundes Stück herausgeschnitten denkt, und dieses als ruhende Scheibe konstanter Dicke mit einer äußeren radialen Zugbeanspruchung von σ kg/qcm behandelt. Die Spannungen ergeben sich dann nach Gl. 22 und 23 (S. 90), wenn $\omega = 0$ gesetzt wird.

Nehmen wir den Durchmesser der Bohrung zu 20 mm, denjenigen des betrachteten Stückes zu 200 mm und die Randspannung σ desselben zu 1500 kg/qcm an, so ergeben sich die in Fig. 78 in der unteren Kurve aufgetragenen Werte für σ_t; die Radialspannungen, auf den Bohrungsmittelpunkt bezogen, sind nicht eingetragen, da sie nach der Bohrung hin abnehmen. Die Kurve zeigt, wie rasch die Spannungskurve abfällt und sich der konstanten Spannung σ asymptotisch nähert. Daraus geht auch die Zulässigkeit des Verfahrens hervor.

Die innere Randspannung σ_t der Bohrung beträgt etwa das Doppelte der konstanten Scheibenspannung σ. Diese hohe Beanspruchung ist aber unbedenklich, wie aus einer Betrachtung der Verhältnisse bei einer abnormen Steigerung der Umdrehungszahl und der Scheibenspannung σ hervorgeht. Dieser Fall ist in Fig. 78 in der oberen Kurve dargestellt.

Nehmen wir der Einfachheit halber an, daß mit Erreichung der Proportionalitätsgrenze, z. B. bei 6500 kg/qcm Beanspruchung, plötzlich ein Fließen des Materials einträte (in Wirklichkeit nimmt zunächst der Elastizitätsmodul allmählich ab), so würde eine höhere Spannung als 6500 kg im Material nicht auftreten können. Es würde also auch die auf die innersten (ca. 5 mm) zunächst der Bohrung liegenden Fasern entfallende Kraft, gegeben durch die vertikal schraffierte Fläche, um die der schräg schraffierten Fläche entsprechende Kraft zu klein. Dieser Ausfall muß durch höhere Beanspruchung der weiter außen liegenden Teile der Scheiben aufgebracht werden; die Spannungskurve würde sich also im ganzen Verlaufe um soviel erhöhen, daß der Zuwachs an Fläche gleich dem Ausfalle ist. Dieser Betrag ist sehr gering.

Die bleibende Formänderung würde sich also auf die innersten Fasern zunächst der Bohrung beschränken. Bei Anwendung zähen Materials ist damit keine Gefahr verbunden. Wenn die Scheibe zur Ruhe kommt, also $\sigma = 0$ wird, so wird die bleibende Formänderung der Bohrungswandung sich in einer tangentialen Druckspannung äußern, in obigem Beispiele etwa im Maximum 2500 kg/qcm betragen. Diese Spannung würde bei weiterer normaler Rotation von der ursprünglich ermittelten Zugspannung in Abzug kommen.

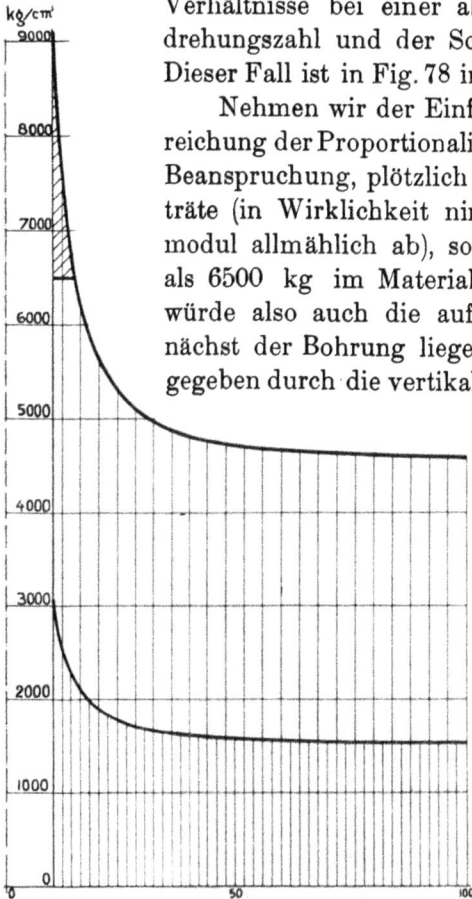

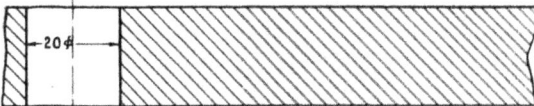

Fig. 78.

7*

Praktische Ausführung der Scheiben.

Für Scheiben hoher Umfangsgeschwindigkeit bietet Fig. 73 ein praktisches Beispiel für die Ausgestaltung des Scheibenprofils unter gleichzeitiger Berücksichtigung möglichst günstiger Spannungsverteilung und der Anforderungen, welche Anbringung der Schaufeln, Befestigung auf der Welle und Bearbeitung der Scheibe stellen. Das Beispiel zeigt, daß das Profil sehr wohl ohne Beeinträchtigung

Fig. 79.

der Festigkeit zum größten Teil durch gerade Linien gebildet werden kann, was das Abdrehen sehr vereinfacht. Die Flächen sind zur Verminderung der Dampfreibung möglichst glatt zu bearbeiten. Bei großen Scheiben ohne breiten äußeren Rand (De Laval, Zoelly) ist beim Abdrehen besonders darauf zu achten, daß die Scheiben nicht verspannt und, um das Durchfedern zu vermeiden, gut hinterlegt sind.

Um bei Scheiben mit hoher Beanspruchung ein Platzen der ganzen Scheibe, welches voraussichtlich bei einer zentralen Bohrung beginnen würde, zu vermeiden, hat De Laval eine Schwächung der Scheibe nahe innerhalb des äußeren Randes entweder durch Bohrungen oder, wie in Fig. 80 und 81 (S. 101) durch eine Eindrehung angeordnet. Es wird dann bei Überbeanspruchung nur ein kleines

Stück der Scheibe losgerissen, worauf sich die Scheibe durch Schleudern infolge der Exzentrizität des Schwerpunktes festbremst.

Für kleinere Umfangsgeschwindigkeiten kann die Scheibe mit konstanter Stärke, also aus Blech ausgeführt werden. Fig. 79 zeigt die Ansicht einiger Scheiben für eine Rateau-Turbine von der Maschinenfabrik Oerlikon, Zürich, ausgeführt. Die Scheiben sind zum Teil noch ohne die äußere Bandage. Der Querschnitt derselben ist aus der Tafel VI (S. 180) zu ersehen. Die Schaufeln sind (vgl. Fig. 67, S. 80) auf den umgekümpelten Rand der aus Stahlblech gepreßten

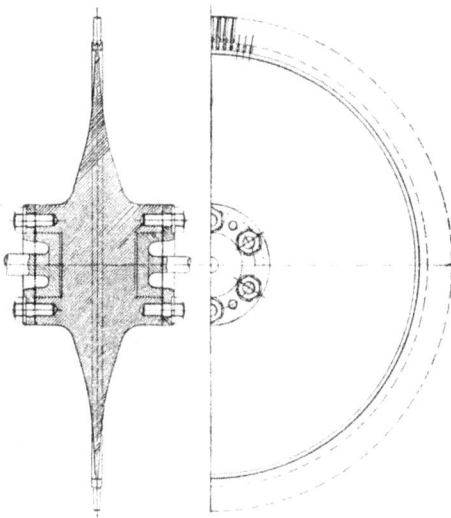

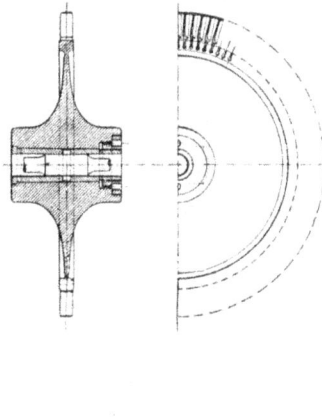

Fig. 80.　　　　　　　　　　Fig. 81.

Scheibe aufgenietet; die Nabe ist aus Stahlguß und ebenfalls mit der Scheibe vernietet.

Die Befestigung der Scheibe auf der Welle hat zwei Bedingungen zu erfüllen: Die Scheibe muß zentrisch und ihre Ebene normal zur Welle stehen, sodann muß das Drehmoment der Scheibe auf die Welle übertragen werden.

Bei kleinen Rädern mit sehr hoher Umdrehungszahl hat De Laval früher Aufpressen des Rades auf einen schlanken Konus der Welle mittels einer Schraubenmutter angewendet, eine Verbindung, die beiden genannten Bedingungen genügt. Bei zylindrischer Führung der Nabe auf der Welle muß die Welle genau in die Bohrung passen und die Nabenlänge mindestens gleich dem Wellendurchmesser sein. Bequemer ist vielfach eine kurze zylindrische

Zentrierung und ebene Führung an einem Absatz oder Flansch der Welle. Beide Arten zeigen zwei De Lavalsche Konstruktionen (Fig. 80 und 81). Fig. 80 zeigt das Rad einer 300 PS-Turbine; an die Welle sind Flanschen angeschmiedet und mit der Scheibe verschraubt. Eine Verbindung nach dem gleichen Prinzip ist auch bei Fig. 73 (S. 94) angewandt. Es ist dabei auf genügend großen Durchmesser der führenden Ebenen zu achten. Die Übertragung des Drehmoments müssen die Befestigungsschrauben übernehmen. Sie können zu diesem Zwecke eingepaßt werden, so daß sie auf Abscherung beansprucht sind.

In Fig. 81 ist das Rad einer 10 PS-De Laval-Turbine dargestellt. Die Führung ist zylindrisch; die Übertragung des Drehmoments erfolgt durch Reibung von der Scheibe auf eine durch Verschraubung in der Nabe festgezogene Büchse und von dieser auf die Welle mittels eines vor dem Einbringen der Welle und Büchse durch beide gesteckten Bolzens.

4. Die Welle.

Bei den für Dampfturbinen in Betracht kommenden hohen Drehgeschwindigkeiten nehmen die Fliehkräfte der rotierenden Massen auch bei sehr kleinen Exzentrizitäten erhebliche Beträge an (vgl. Tafel 6). Die Welle wird infolge der Fliehkraft durchgebogen und dadurch Exzentrizität und Fliehkraft vermehrt, bis die von der Durchbiegung wachgerufene elastische Gegenkraft der Welle der Fliehkraft das Gleichgewicht hält. Dieser Vorgang stellt sich rechnerisch folgendermaßen dar. Es bezeichne

G das Gewicht der rotierenden Massen,

e ihre ursprüngliche Exzentrizität,

x die Exzentrizität bei beliebiger Umdrehungszahl,

ω die Winkelgeschwindigkeit, und

P diejenige Kraft, welche, an der Stelle der Scheibe angreifend, die Welle um den Betrag 1 cm durchbiegen könnte, falls die Elastizitätsgrenze dies zuließe.

Dann ist die Fliehkraft

$$C = \frac{G}{g} \cdot \omega^2 \cdot x;$$

die Durchbiegung der Welle in diesem Zustande ist

$$f = x - e,$$

und die hierdurch hervorgerufene elastische Kraft

$$f \cdot P = (x - e) P = \frac{G}{g} \cdot \omega^2 \cdot x$$

daraus

$$x = \frac{e}{1 - \dfrac{G}{P} \cdot \dfrac{w^2}{g}} \quad . \quad . \quad . \quad . \quad . \quad 1)$$

Die Exzentrizität der Rotation x ist demnach proportional der Exzentrizität der Ruhe e und steigt mit zunehmendem ω. Bei einem bestimmten Wert von ω, nämlich, wenn

$$\frac{G}{P} \cdot \frac{\omega^2}{g} = 1,$$

wird $x = \infty$, d. h. die Welle würde, wenn sie nicht durch Begrenzung gehindert würde, brechen. Diese Winkelgeschwindigkeit und die ihr entsprechende Umdrehungszahl werden kritische genannt und mit ω_∞ und n_∞ bezeichnet. Es ist:

$$\omega_\infty = \sqrt{\frac{P \cdot g}{G}} \quad . \quad . \quad . \quad . \quad . \quad 2)$$

$$n_\infty = 300 \sqrt{\frac{P}{G}} \quad . \quad . \quad . \quad . \quad . \quad 3)$$

Steigt die Umdrehungszahl über diesen Betrag hinaus, so wird der Wert von x in Gl. 1 negativ, d. h. die Durchbiegung fällt auf die e entgegengesetzte Seite; x nimmt weiterhin mit steigendem w ab und wird bei $w = \infty$ gleich Null.

In Fig. 82 sind die Werte von x als Funktion der Umdrehungszahl n bei drei verschiedenen Werten der Exzentrizität der Ruhe e maßstäblich aufgetragen. Die vertikale Gerade bezeichnet die kritische Umdrehungszahl. Die Figur entspricht einer Welle von 12 mm Durchmesser, belastet durch eine Scheibe von 5 kg Gewicht bei einer Lagerentfernung von 400 mm. Die Welle ist in einem Lager gerade geführt, das andere durch eine kugelige Lagerung der Schale beweglich gedacht (einseitig eingespannter, anderseits frei aufliegender Balken). Es ist:

das Trägheitsmoment $J = \sim 0{,}1$ cm⁴

der Elastizitätsmodul (Stahl) $E = 2\,200\,000$ kg/qcm.

Es folgt daraus für die Durchbiegung $f = 1$ cm

$$P = \frac{f \cdot E \cdot J \cdot 768}{7 \cdot l^3} = 375 \text{ kg.}$$

und da $G = 5$ kg,

$$\frac{P}{G} = 75$$

und

$$n_\infty = 300 \sqrt{\frac{P}{G}} = 2570 \text{ Umdr./Min.}$$

Liegt die Welle horizontal, so wird sie sich durch das Gewicht der Scheibe durchbiegen, und zwar, da die Durchbiegung bei der Belastung $P = 75\,G$ 1 cm betragen würde, um

$$f = \frac{1\ \text{cm}}{75} = 0{,}0133\ \text{cm}.$$

Es liegt demnach die Rotationsachse der Scheibe um 0,133 mm unterhalb der Verbindungslinie der Lagermitten. Dieser Betrag ist nicht etwa als Exzentrizität aufzufassen, da ja das Gewicht der Scheibe stets, auch während der Rotation, nach unten wirkt und die Durchbiegung der Welle nach unten hervorruft. Zu dieser Durchbiegung addiert sich geometrisch die mit dem exzentrischen Schwerpunkt umlaufende von der Fliehkraft herrührende Durchbiegung.

Soll die Welle oberhalb der kritischen Umdrehungszahl laufen, so muß beim Durchgang durch sie eine zu große Durchbiegung verhindert werden. Dies geschieht bei der De Laval-Turbine durch Büchsen, welche die Nabe der Scheibe mit kleinem Spiel umschließen. Diese Büchsen müssen zentrisch zur Scheibenachse im Ruhezustand, also unterhalb der Lagermittellinie liegen. Die Grenzen der Umdrehungszahlen, bei welchen die Scheibe an den Büchsen zum Anliegen kommt, hängt ab von der Exzentrizität der Scheibe in Ruhe und von dem Spielraum zwischen Nabe und Büchse. Ist dieser Spielraum z. B. radial 1 mm, so liegt die Nabe, wie Fig. 82 zeigt, an

bei $e = 0{,}05$ mm zwischen $n = 2520$ und 2630
» » $= 0{,}1$ » » » $= 2430$ » 2750
» » $= 0{,}2$ » » » $= 2290$ » 2800.

Die größte dabei auftretende Biegungsbeanspruchung der Welle ergibt sich aus der größten Durchbiegung $0{,}133 + 1$ mm $= 0{,}1133$ cm. Dieser Durchbiegung entspräche eine Belastung von $\dfrac{0{,}1133}{1} \cdot 375$ kg $= 42{,}5$ kg, und eine Beanspruchung von

$$K_b = P \cdot \frac{3}{16} \cdot \frac{l}{W}.$$

Dabei ist W das Widerstandsmoment für 1,2 cm Durchmesser, also

$$K_b = \frac{42{,}5 \cdot 3}{16} \cdot \frac{40}{0{,}17} = 1870\ \text{kg/qcm}.$$

Dieser Wert ist natürlich nur bei allerbestem Material zulässig. In Wirklichkeit tritt bei raschem Anlassen der Turbine, da die Beschleunigung des Rades noch mit in Betracht kommt, ein Anliegen der Nabe an der Büchse nicht ein.

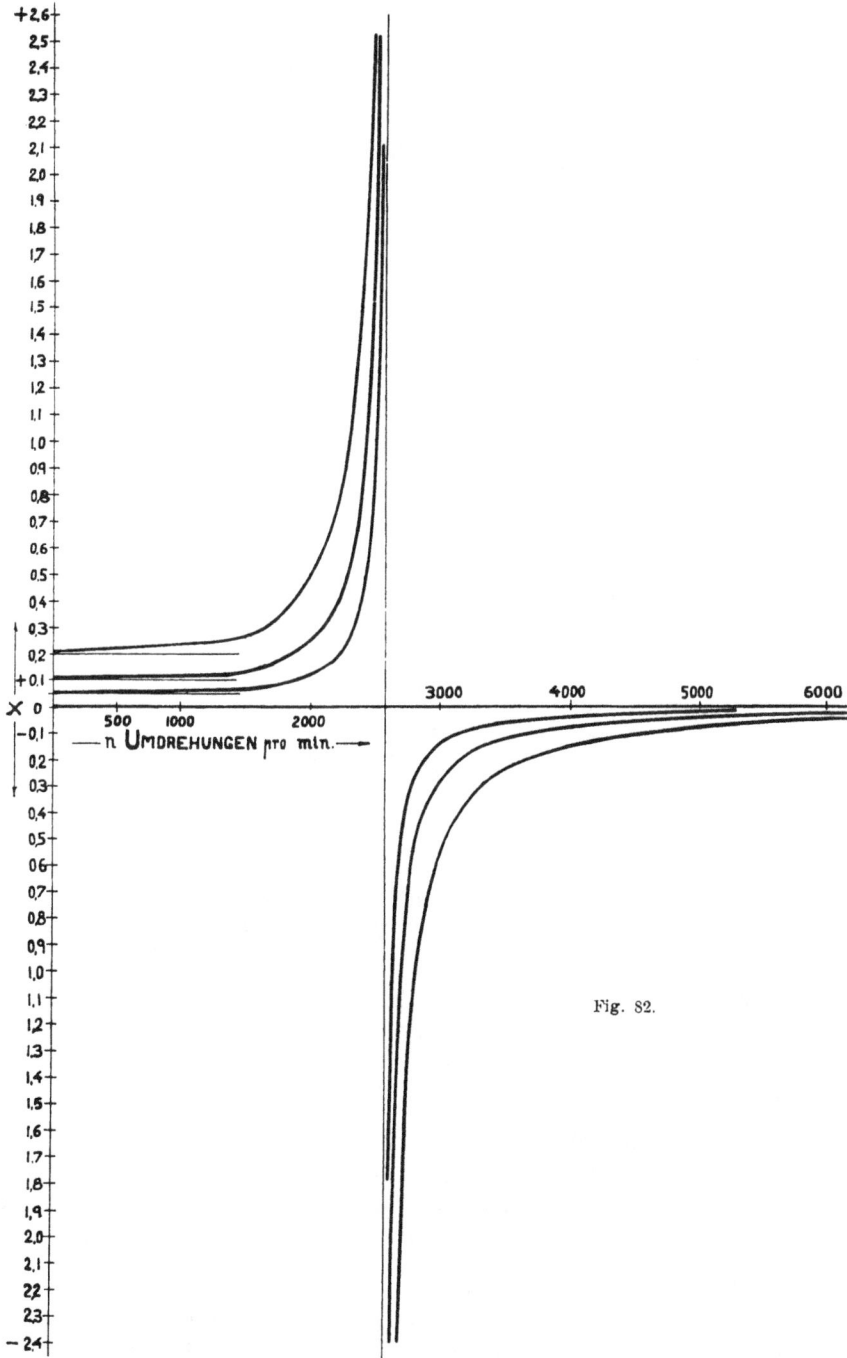

Fig. 82.

Als Betriebsumdrehungszahl wählt De Laval etwa das sieben-fache der kritischen.

Die Berechnung einer neuen Welle dieser Art hat auszugehen von der kritischen Umdrehungszahl einerseits und der zulässigen Beanspruchung anderseits. Es ist für eine bestimmte Belastungs-weise der Welle stets die Belastung, welche 1 cm Durchbiegung er-zeugen würde,

$$P = \frac{1 \text{ cm} \cdot J}{l^3} \cdot K, \quad \ldots \ldots \ldots \quad 4)$$

wobei K eine vom Elastizitätsmodul und der Belastungsweise der Welle abhängige Konstante, J das Trägheitsmoment der Welle dar-stellt. Anderseits ist die Beanspruchung der Welle durch das Scheiben-gewicht G bestimmt,

$$k_b = K_1 \cdot \frac{G \cdot l}{W}, \quad \ldots \ldots \ldots \quad 5)$$

K_1 ist wieder eine Konstante, W das Widerstandsmoment.

Nun ist n_∞ als bestimmter Bruchteil der normalen Umdrehungs-zahl, höchstens etwa $1/3$ (bei Laval $1/7$) anzunehmen. Damit ist aber auch für eine gegebene Beanspruchung und Belastungsweise die Größe $\frac{P}{G}$ bestimmt.

$$\frac{P}{G} = \left(\frac{n_\infty}{300}\right)^2.$$

Es ist aber aus Gl. 4 und 5, wenn wir $J = \frac{\pi d^4}{64}$ und $W = \frac{\pi d^3}{32}$ einsetzen,

$$\frac{P}{G} = \frac{\pi \cdot d^4 \cdot K \cdot 32 \cdot K_1 \cdot l}{64 \cdot l^3 \cdot k_b \cdot \pi \cdot d^3}$$

oder

$$\frac{P}{G} = \frac{K \cdot K_1}{2 \cdot k_b} \cdot \frac{d}{l^2} \quad \ldots \ldots \ldots \quad 6)$$

Mit Hilfe von Gl. 5 ergeben sich hieraus bestimmte Werte von d und l.

Bei großen Scheibengewichten G werden die notwendigen Wellen-längen sehr groß, so daß sie zu unbequemen konstruktiven Verhält-nissen führen. Ein Beispiel, wie man dieser Schwierigkeit Herr werden kann, zeigt Fig. 83. (D. R.-P. 153951, s. Knorring und Nadrowski.)

Die vorstehende Berechnung der kritischen Umdrehungszahl und der Durchbiegungen der Welle ist nur bei einfachen und klaren

Belastungs- und Lagerungsverhältnissen möglich. Bietet z. B. das kugelbewegliche Lager der Einstellung einen erheblichen Widerstand, so wird dadurch die kritische Umdrehungszahl stark beeinflußt. Für mehrere Scheiben wird die Berechnung sehr kompliziert und unübersichtlich und wegen des Überwiegens unberechenbarer Nebeneinflüsse (Schrägstellung von Scheiben u. dgl.) unsicher. Man wird sich in diesen Fällen nur auf das Experiment verlassen können.

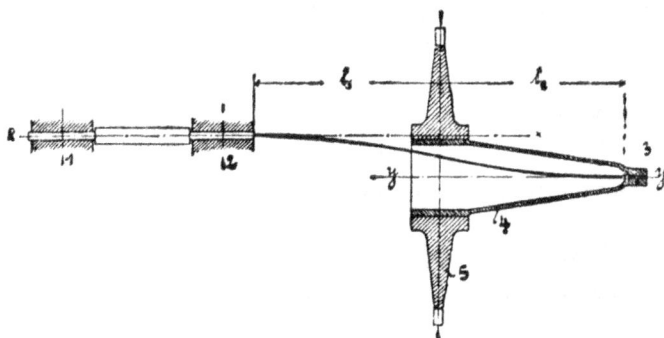

Fig. 83.

Der Zweck, den De Laval mit der Anordnung der dünnen Welle verfolgt, ist der, eine Entwicklung erheblicher Fliehkräfte des rotierenden Teils und deren Übertragung auf die Lager zu verhindern. Eine Fliehkraft kann nur dann entstehen, wenn der Schwerpunkt einer Masse zur Rotation um einen anderen festen Punkt gezwungen ist. Fehlt dieser Zwang, d. h. erlaubt die Befestigung durch ihre Nachgiebigkeit eine Rotation um den Schwerpunkt, so fällt mit der Exzentrizität auch die Fliehkraft und die dadurch hervorgerufene Lagerbelastung weg. Dies kann außer durch eine biegsame Welle durch verschiedene Mittel erzielt werden. Allen gemeinsam ist eine solche Verbindung zwischen rotierender Masse und Lagerkörper, die eine mit der Entfernung der Rotationsachse aus der Ruhelage wachsende Kraft auf Zurückführung derselben entwickelt, wobei aber die Größe dieser Kraft bei einer Entfernung aus der Mittellage um den Betrag der Scheibenexzentrizität möglichst klein ist. Das einfachste ist die schon lange bei Zentrifugen gebräuchliche gelenkige Aufhängung der Welle in vertikaler Lage. Die elastische Kraft der Welle, welche die Mittellage der Rotationsachse zu erhalten strebt, ist hier durch die Schwerkraft ersetzt. Auch die Einschaltung elastischer Verbindungen zwischen Scheibe und starrer Welle, oder bei starrer Welle zwischen Lagerschale und

Lagerkörper, führen zum gleichen Ziel. Bei den Lagern wird hierauf zurückzukommen sein.

Bei Turbinen mit mäßigen Umfangsgeschwindigkeiten und großem Gewicht der rotierenden Teile empfiehlt sich die Anwendung einer Welle mit unterhalb der kritischen liegender Umdrehungszahl nicht. Es ist in diesem Falle möglich, den Schwerpunkt durch Auswuchten so nahe an die Rotationsachse zu bringen, daß störende Erschütterungen und gefährliche Lagerbelastungen durch Fliehkraftwirkung nicht zu befürchten sind. Die Berechnung einer solchen Welle hat jedoch mit Rücksicht auf die elastische Durchbiegung durch die Fliehkraft zu geschehen.

Beispiel. Eine Radscheibe von 500 kg Gewicht soll fliegend angeordnet sein; zwischen den beiden Lagern befinde sich der Anker einer Dynamo. Die Welle sei zwischen den Lagern so stark, daß sie annähernd als starr angesehen werden kann. Die Entfernung des Scheibenschwerpunktes vom Lagermittel sei 250 mm. Die normale Umdrehungszahl soll 3000 pro Minute betragen.

Eine vorläufige Dimensionierung der Welle erhält man aus der Bedingung, daß die kritische Umdrehungszahl ein Vielfaches der normalen sein soll, derart, daß auch bei einem Durchgehen der Maschinen Überbeanspruchungen vermieden werden. Nehmen wir an, daß beim Durchgehen das $1\frac{1}{2}$ fache der normalen Umdrehungszahl erreicht werde. Nach Fig. 82 (S. 105) können wir die kritische Umdrehungszahl doppelt so hoch als die Maximalumdrehungszahl annehmen, ohne gefährliche Formänderungen und Beanspruchungen zu erhalten; also

$$n_\infty = 2 \cdot 1{,}5 \cdot 3000 = 9000 \text{ Umdr./Min.}$$

Dies ist aber nach Gl. 3 (S. 103)

$$n_\infty = 300 \sqrt{\frac{P}{G}}$$

und

$$P = \left(\frac{n_\infty}{300}\right)^2 \cdot G,$$

in unserm Falle

$$P = 30^2 \cdot 500$$
$$= 450\,000 \text{ kg.}$$

Nun ist aber die Durchbiegung des freitragenden einseitig eingespannten Trägers bei dem Elastizitätsmodul E, dem Trägheitsmoment J, der Belastung P und der Länge l

$$f = \frac{P}{E \cdot J} \cdot \frac{l^3}{3},$$

oder da für den oben ermittelten Wert $P\,f = 1$ sein soll,

$$J = \frac{P \cdot l^3}{E \cdot 3}$$

$$= \frac{450\,000 \cdot 15\,625}{2\,200\,000 \cdot 3} = 1064 \text{ cm}^4.$$

Dem entspricht fast genau ein Wellendurchmesser von 120 mm.

Eine anfängliche Exzentrizität des Schwerpunktes $e = 0,03$ mm ($= 0,003$ cm) würde sich nach Gl. 1 (S. 103) bei 4500 Umdr./Min. oder $\omega = 472$ erhöhen auf

$$x = \frac{e}{1 - \frac{G}{P} \cdot \frac{\omega^2}{g}}$$

$$= \frac{0,003}{1 - \frac{500}{450\,000} \cdot \frac{222\,000}{981}} = \frac{0,003}{0,748} = 0,00401 \text{ cm}$$

$$= \sim 0,04 \text{ mm}.$$

Bei 4500 Umdr./Min. und der Exzentrizität 0,04 mm entwickelt 1 kg eine Fliehkraft von nahezu 1 kg. Also ist die Maximalbelastung der Welle: Eigengewicht und Fliehkraft

$$G + F = 500 + 500 = 1000 \text{ kg}$$

und

$$k_b = \frac{(G + F) \cdot l}{W} = \frac{1000 \cdot 25}{170} = 147 \text{ kg/qcm}.$$

Diese Biegungsbeanspruchung ist in bekannter Weise mit der in der Welle herrschenden Drehungsbeanspruchung zu kombinieren.

5. Das Auswuchten der rotierenden Massen.

Die Vorbedingung für die Möglichkeit einer vollkommenen Ausgleichung der rotierenden Massen ist Homogenität des Materials, symmetrische Materialverteilung und starre Verbindung aller zusammengesetzten Teile, so daß also weder durch elastische Formänderung noch durch Bewegung der Teile gegeneinander eine unsymmetrische Verlegung der Schwerpunkte der Einzelteile und damit eine Verschiebung des Gesamtschwerpunktes eintreten kann.

Die Ermittlung der Schwerpunktslage kann auf statischem oder dynamischem Wege erfolgen. Für verhältnismäßig dünne Scheiben genügt die statische Ausgleichung; es ist nämlich die Fliehkraft C_1

einer Masse m_1, deren Schwerpunkt im Abstande e um die Achse rotiert, bei einer Winkelgeschwindigkeit ω

$$C_1 = m_1 \cdot e_1 \cdot \omega^2,$$

oder, da $m_1 \cdot e_1$ das statische Moment M_1 darstellt,

$$C_1 = M_1 \cdot \omega_2.$$

Wird also durch Auswägen in der Ruhe die Summe aller statischen Momente in bezug auf die Achse gleich Null gemacht, so ist damit auch eine vollkommene dynamische Auswuchtung erreicht.

Anders ist dies, wenn nicht alle rotierenden Massen in einer Ebene liegen, also bei einer Trommel oder einer Reihe auf einer Welle sitzenden Scheiben. Nehmen wir an, daß zwei ebene Scheiben im Abstande a auf einer zu ihren Ebenen normalen Welle sitzen. Die eine Scheibe möge die Masse m_1 und ihr Schwerpunkt den Abstand e_1 von der Achse, die zweite die Masse m_2 und die Exzentrizität e_2 haben. Ist $M_1 = m_1 \cdot e_1 = -m_2 \cdot e_2$, liegen die Exzentrizitäten sich also gerade gegenüber, so ist die Summe der beiden statischen Momente in bezug auf die Achse gleich Null; das System ist statisch ausgeglichen. Bei einer Rotation mit der Winkelgeschwindigkeit ω entwickeln aber beide Massen Fliehkräfte im Betrage von

$$M \omega^2 = m_1 e_1 \omega^2 = m_2 e_2 \omega^2,$$

die ihrem Betrage nach gleich und entgegengesetzt gerichtet sind und, da sie im Abstande a wirken, ein Kräftepaar von der Größe

$$M \omega^2 \cdot a$$

bilden. Die Ebene dieses Kräftepaares rotiert mit den Scheiben. Es muß aufgenommen werden durch die Lagerung der Welle; ist der Abstand der Lager b, so ist der Lagerdruck

$$M \cdot \omega^2 \cdot \frac{a}{b}.$$

Diese Beziehung gilt auch für mehrere und unendlich viele Scheiben, die wir an Stelle der Trommel annehmen könnten.

Ein Auswägen in der Ruhe würde also hier nicht zum Ziele führen; es ist vielmehr eine dynamische Ausgleichung notwendig, wie sie unten beschrieben werden soll.

Die statische Auswuchtung

beruht darauf, daß die Scheibe zentrisch in einem Punkte oder in zwei auf einer der Achse parallelen Geraden liegenden Punkten unterstützt wird. Die älteste Methode ist folgende:

Die Scheibe wird mittels eines genau zentrischen Dornes auf zwei genau horizontale Stahllineale gelegt. Gröbere Ungenauig- keiten zeigen sich dadurch, daß die Scheibe nur in einer bestimmten Lage ein stabiles Gleichgewicht zeigt. Durch Anbringen von Gegengewichten an dem in dieser stabilen Lage oberen Teile

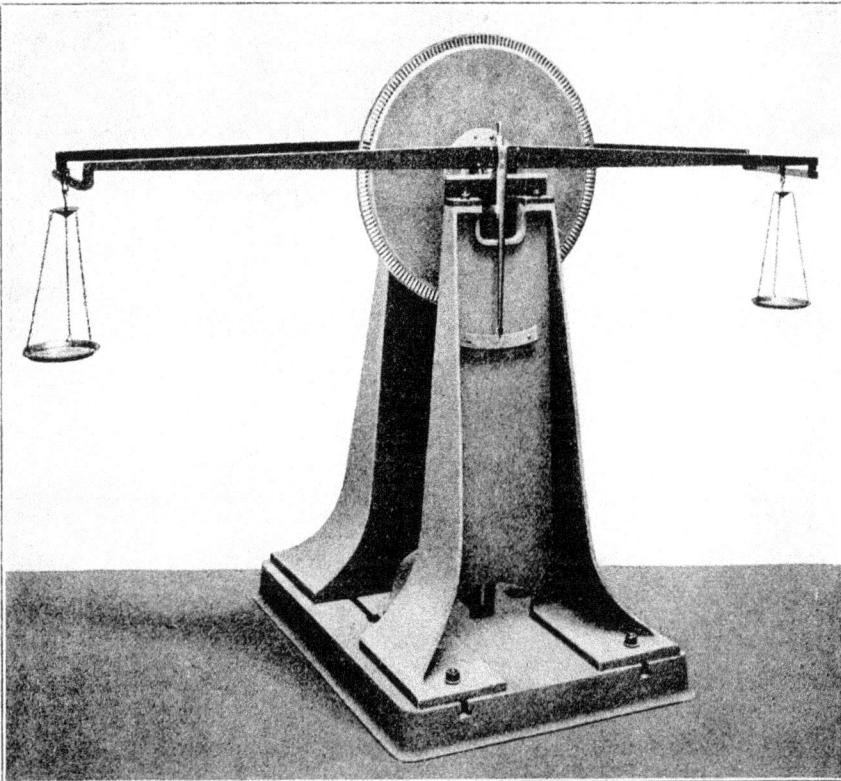

Fig. 84.

der Scheibe wird sie soweit ausgewuchtet werden können, daß sie in jeder Lage in Ruhe bleibt. Dieser Grad der Ausgleichung genügt aber für die starren Wellen noch nicht. Es muß die rol- lende Reibung der Welle auf den Linealen ausgeschaltet werden. Dies geschieht dadurch, daß man in bestimmtem Abstande r_1 von der Achse ein Übergewicht von bestimmter Größe G_1 anbringt. Wird die Scheibe nun aus der stabilen Lage gebracht und dann sich selbst überlassen, so wird sie mit abnehmenden Ausschlägen um die

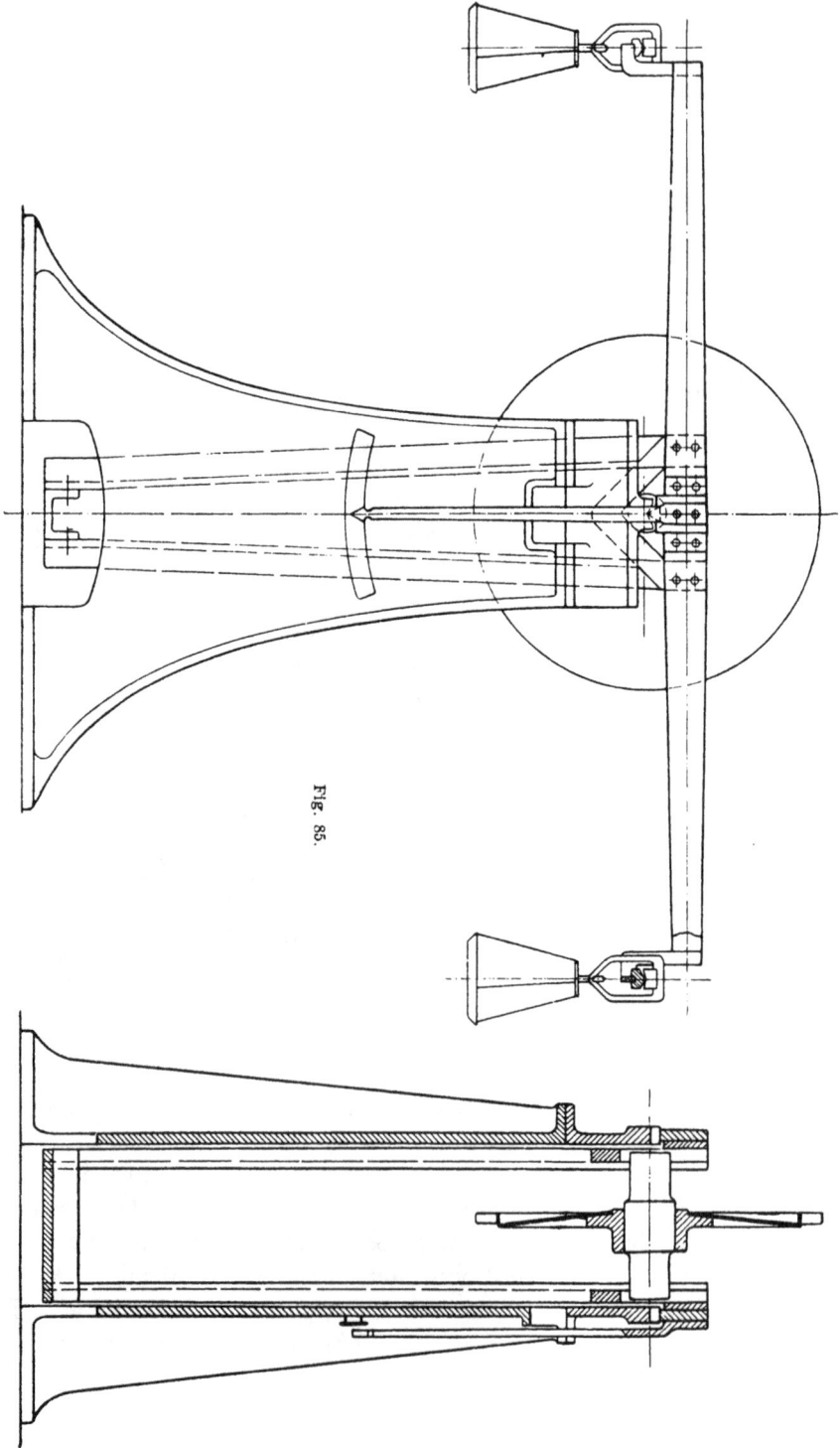

Fig. 85.

neue Gleichgewichtslage pendeln. Die Ausschläge werden markiert (z. B. durch Striche am Scheibenrand in Höhe der Achse im Moment der Bewegungsumkehr); die Richtung der neuen Exzentrizität ist zu ermitteln durch Halbierung der Strecke zwischen Marke 1 und 3 und Halbierung des Bogens zwischen diesem Halbierungspunkte und Marke 2. Die Größe der Exzentrizität wird annähernd $r_1 \cdot \dfrac{G_1}{G}$ sein, wenn G das Gewicht der Scheibe bedeutet. Nach dem Abstande der Schwingungsmittellinie von der Stelle des Übergewichtes läßt sich nach Wiederholung des Versuchs mit Anbringung des Übergewichtes an anderer Stelle, z. B. um 90^0 versetzt, die Stelle des Schwerpunktes und danach das notwendige Ausgleichsgewicht ermitteln.

Unter Zuhilfenahme von besonderen Apparaten gestaltet sich die Arbeit erheblich einfacher. Fig. 84 zeigt eine Photographie, Fig. 85 und 86 ein schematisches Bild des Auswuchtungsapparates, wie er von der Maschinenfabrik O e r l i k o n (Oerlikon bei Zürich) benützt wird.

Die auszuwuchtende Scheibe wird auf einen genau passenden Dorn A gesteckt und mit diesem in zwei Winkelstücke B gelegt, die an einem Rahmen C befestigt sind. Letzterer trägt zwei Schneiden D, die ganz wenig höher als die Achse des Dornes liegen, zwei Wageschalen und einen Zeiger. Der Rahmen ist durch eine kräftige untere Verbindung versteift. Die Schneiden ruhen in Pfannen E, die an einem kräftigen gußeisernen Gestell befestigt sind.

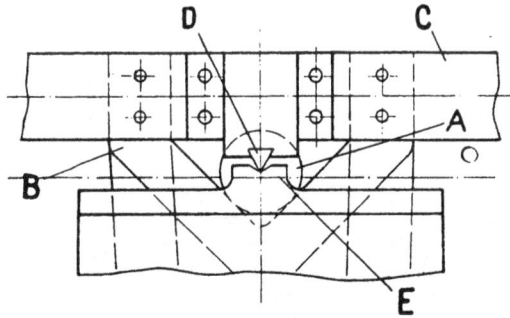

Fig. 86.

Eine Exzentrizität der Scheibe zeigt sich durch einen Ausschlag des Wagebalkens. Durch Auflegen von Gewichten auf eine der Wageschalen wird der Zeiger wieder zum Einspielen gebracht. Nun wird die Scheibe um 90^0 gedreht und das Verfahren wiederholt. Das zur Ausgleichung benötigte Gewicht wird an der gegenüberliegenden Seite — natürlich auf den entsprechenden Radius reduziert — durch Bohrungen in der Scheibe weggenommen.

Ein ebenso einfaches und genaues Verfahren ist mit folgendem Apparat auszuführen (Fig. 87 und Fig. 88).

In einer in die Bohrung der Scheibe genau passenden Büchse ist ein ebenfalls genau zentrisches zylindrisches Stück durch eine Schraube axial verschieblich. Letzteres Stück hat eine wiederum genau zentrische konische Ausdrehung, in welche eine Stahlkugel, wie sie zu Kugellagern verwendet werden, eingelegt werden kann.

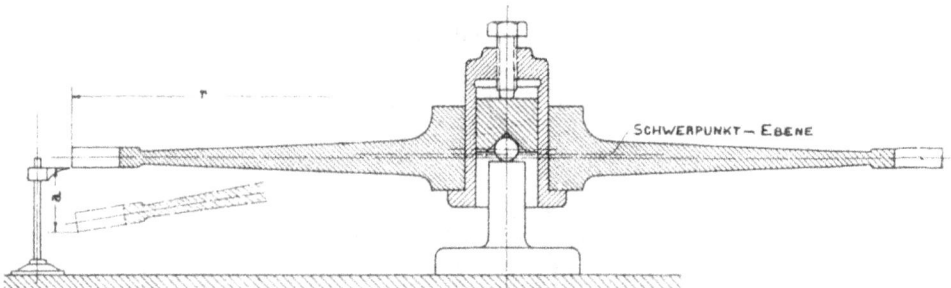

Fig. 87.

Die Kugel ruht auf einer oben genau eben geschliffenen, horizontal gestellten Unterlage. Die Schraube wird so eingestellt, daß der Kugelmittelpunkt sich sehr wenig höher als die Schwerpunktsebene der Scheibe samt Büchse befindet. Dies ist daraus zu erkennen,

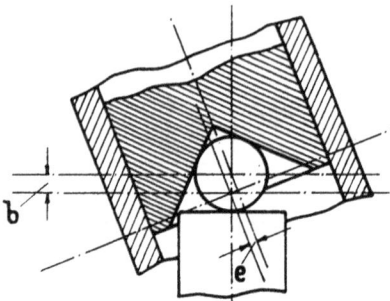

Fig. 88.

daß die Scheibe eben noch eine stabile Lage annimmt. Ist die Exzentrizität der Scheibe e (Fig. 88), die Entfernung des Kugelmittelpunktes von der Schwerpunktsebene b[1]), so wird sich die Scheibe auf der Seite des Schwerpunktes senken, und zwar im Abstande r von der Mitte um die Größe a, so daß

$$\frac{a}{r} = \frac{e}{b}.$$

Es läßt sich nun leicht durch Auflegen von Gewichten auf die Scheibe Ort und Größe des notwendigen Ausgleichgewichtes bestimmen. Es ist mit diesem Apparate gelungen, die Exzentrizität einer Scheibe von 20 kg Gewicht auf weniger als $^1/_{100}$ mm zu bringen.

─────────

[1]) b muß die Kathete des Dreiecks sein, als dessen Hypotenuse sie bezeichnet ist.

Bedingung zum Erfolg ist genau zentrisches Passen aller Teile, das
am besten durch Schleifen der Paßflächen in einer Aufspannung
der Büchse erzielt wird.

Die dynamische Auswuchtung.

Das Auswuchten von Trommeln muß, wie schon oben bemerkt,
auf dynamischem Wege erfolgen. Zu diesem Zwecke wird die Welle
mit Trommel (Schaufelwalze, Dynamoanker) in zwei elastisch nachgiebig montierte Lager gelegt. Die Lager können z. B. durch drei
unter 120⁰ gegeneinander geneigte Schraubenfedern gestützt sein,

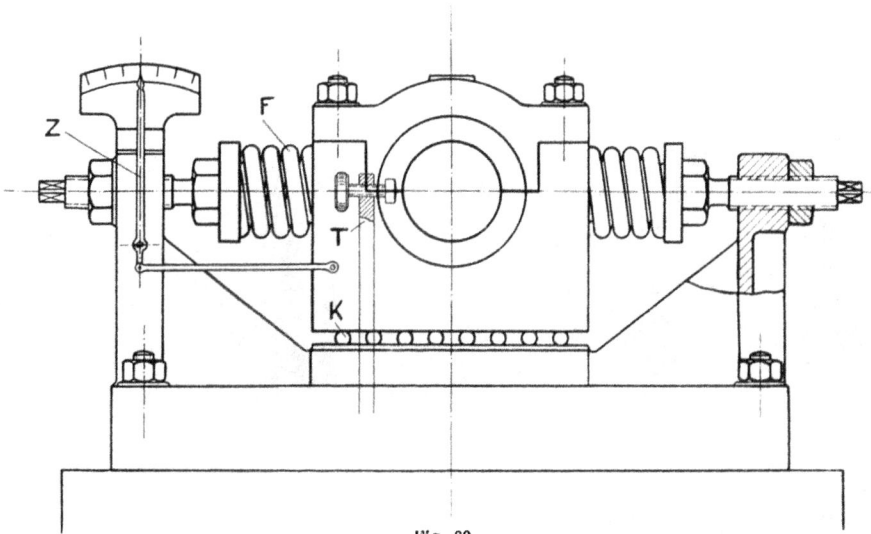

Fig. 89.

oder aber — wenn ein Überwiegen der Fliehkraft über das Eigengewicht nicht stattfindet (Grenze z. B. bei 3000 Umdrehungen
$e = 0,1$ mm, vgl. Tafel der Fliehkräfte) — auf einer festen Unterlage,
aber horizontal verschieblich, ruhen. Ein Apparat dieser Art wird
von der Allgemeinen Elektrizitätsgesellschaft, Berlin, benützt; er ist
in Fig. 89 schematisch, in Fig. 90 in Ansicht dargestellt. Die Lager
sind in ihren Dimensionen normal. Ihre Unterfläche ist ebenso wie
die Gegenfläche des Gestelles mit quer zur Achsenrichtung laufenden
Nuten versehen, welche den das Lager tragenden Kugeln K zur
Führung dienen. Durch Federn F, welche sich gegen einstellbare
Schrauben stützen, wird das Lager in seiner Lage gegenüber dem
Gestell nachgiebig festgehalten.

8*

Wird nun die Trommel in Rotation versetzt, so gibt das Lager der Fliehkraft der exzentrischen Masse in horizontaler Richtung nach und führt Schwingungen aus, deren Größe, wenn die Umdrehungszahl der Welle mit der Eigenschwingung des aus Trommel, Lager und Federn bestehenden Systems in Übereinstimmung gebracht wird, ganz erheblich über den Betrag der Exzentrizität hinausgeht; durch Herstellung des Synchronismus können demnach noch sehr kleine Exzentrizitäten sichtbar gemacht werden. Diese Bewegung des

Fig. 90.

Lagers wird durch eine Stange auf einen Zeiger Z in vergrößertem Maße übertragen und auf einer Skala abgelesen. Die Lage der Exzentrizität wird durch die Tuschierschraube T bestimmt. Diese wird, wenn die Trommel in Rotation ist, der Welle soweit genähert, bis sie gerade zur Berührung kommt. Die eingefärbte Vorderfläche der Schraube markiert sodann auf der Welle die Stelle, nach welcher der Ausschlag erfolgt und demnach auch die Exzentrizität gerichtet ist. Der Antrieb geschieht im vorliegenden Falle (Dynamoanker) mittels Riemens von oben.

6. Lager.

Die Berechnung der Dampfturbinenlager muß besonders mit Rücksicht auf die Ableitung der in Wärme umgesetzten Reibungsarbeit und die Vermeidung jeder Abnützung geschehen.

Die in einem Lager in Wärme umgesetzte Reibungsarbeit A ist — in Arbeitseinheiten —, wenn

u die Umfangsgeschwindigkeit der Welle,
P die mittlere Lagerbelastung,
μ der Reibungskoeffizient ist,

$$A = u \cdot P \cdot \mu \; \text{kgm.}$$

Die Umfangsgeschwindigkeit kann für gegebene Wellendurchmesser und Umdrehungszahl bequem aus Fig. 91 entnommen werden.

Die Lagerbelastung setzt sich in jedem Augenblick zusammen aus dem stets nach unten wirkenden konstanten Eigengewicht G und der konstanten Fliehkraft C, deren Richtung mit der Welle umläuft. Die durch beide hervorgerufenen Reibungsarbeiten sind

$$u \cdot G \cdot \mu \quad \text{und} \quad u \cdot C \cdot \mu;$$

wir können also die mittlere Lagerbelastung P, soweit die Reibungsarbeit in Betracht kommt, ausdrücken durch

$$P = G + C.$$

Die Größe von μ hängt nach den Untersuchungen von Lasche[1]) von dem spezifischen Lagerdruck p und der Temperatur t ab, und zwar so, daß

$$\mu \cdot p \cdot t = \text{konst.} = 2$$

ist. Dies gilt für Werte von p bis zu 15 kg/qcm, von t zwischen 30 und 100° und u zwischen 5 und 20 m/Sek.

Die Ableitung der Reibungswärme kann durch die natürliche Luftkühlung des Lagers, durch Wasserkühlung der Lagerschalen oder durch Kühlung des Schmiermittels und reichliche Schmierung erfolgen.

Nach Lasche kann bei normalen Lagern auf den qcm Zapfenlauffläche für jeden Grad Temperaturdifferenz zwischen Lagerschale und Außenluft eine Wärmeabgabe an letztere entsprechend einem Arbeitswerte von etwa 0,0006 mkg/Sek. gerechnet werden. Für größere Reibungswärmemengen ist künstliche Kühlung vorzusehen. Die genannte Temperaturdifferenz ist so anzunehmen, daß die Schmieröltemperatur 100° nicht überschreitet, da dann der Reibungskoeffizient erheblich steigt. Es kommt hierbei jedoch sehr auf die Art des Schmiermittels an.

Es ist klar, daß, wenn das Lager in großer Nähe vom Dampf erwärmter Teile liegt, die hierdurch übertragene Wärme ebenfalls

---

[1]) Zeitschrift d. V. D. I. 1902, S. 1881.

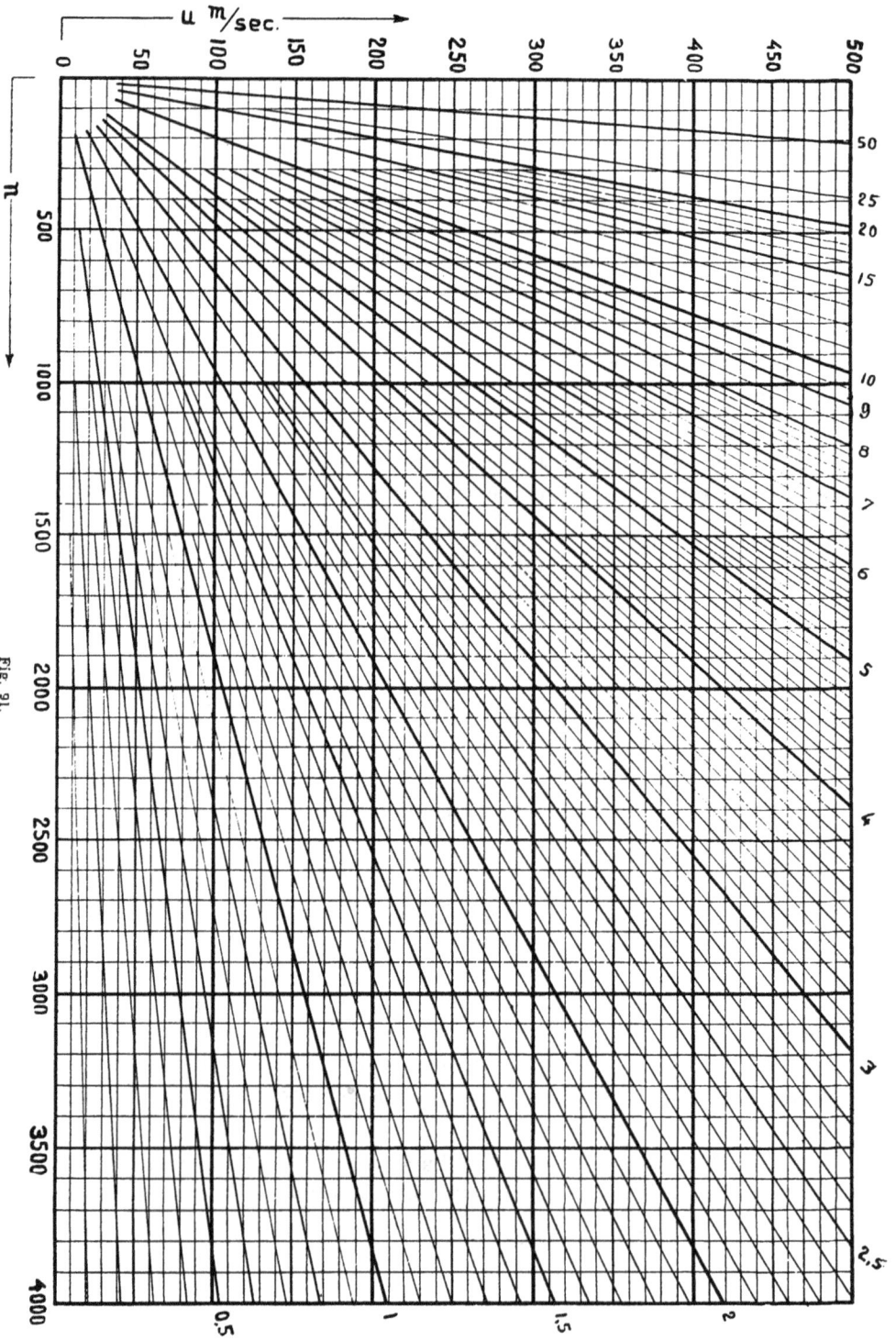

Fig. 91.

abgeleitet werden muß. Hierauf ist bei der Anordnung der Lager besondere Rücksicht zu nehmen.

Um Abnützung zu vermeiden, ist es wünschenswert, die Flächenpressung im Lager möglichst gering zu halten. Dies ist auch mit Rücksicht auf die Ruhe des Ganges wünschenswert; einer geringen Flächenpressung entspricht nämlich eine größere Dicke der Ölschicht, die sich durch Kapillarität hält. Es ist dadurch ein größerer Spielraum der Welle im Lager und ein leichteres Nachgeben des die Welle tragenden Öls gegenüber den Vibrationen der Welle möglich. Erschütterungen werden infolgedessen in geringerem Maße auf den Lagerkörper übertragen; die Wirkung der dicken Ölschicht ist ähnlich derjenigen der biegsamen Welle.

Der Wellendurchmesser ist im allgemeinen durch Festigkeitsrücksichten bestimmt. Die Länge der Lagerschalen wird man, falls nicht andere konstruktive Rücksichten dem entgegenstehen, möglichst groß machen. Die Grenze der Länge ist durch die Möglichkeit einer Durchbiegung der Welle im Lager, die ein Tragen auf der ganzen Länge ausschließen würde, gegeben. Sie kann demnach bei kugelbeweglichen Schalen länger ($5\,d$) als bei festliegenden Schalen ($< 3\,d$) sein.

Die Lagerfläche wird durchweg in Weißmetall ausgeführt.

Auf die Schmierung ist besondere Sorgfalt zu verwenden. Bei den meisten ausgeführten Dampfturbinen wird das Öl dem Lager durch eine Pumpe unter Druck zugeführt. Es ist dadurch die Menge des das Lager passierenden Schmiermaterials und damit auch die Abführung einer bestimmten Wärmemenge aus dem Lager gewährleistet. Jedoch ist auch Ringschmierung schon mit Erfolg ausgeführt worden (vgl. Rateau-Oerlikon-Turbine Tafel VI S. 180).

Ein Beispiel eines in jeder Beziehung gut durchkonstruierten Lagers zeigt Fig. 92. Es gehört zu einer Turbodynamo der Allgemeinen Elektrizitätsgesellschaft Berlin. Die mit Weißmetall ausgegossenen Lagerschalen aus Gußeisen sind hohl gegossen. Die Hohlräume sind unter sich verbunden und an eine Zu- und Ableitung für Kühlwasser angeschlossen, in der aus dem Schema Fig. 93 ersichtlichen Art.

Die Schmierung geschieht durch ein in dem Lagerbock eingedorntes Rohr, welches in einer Nut des Lagerbockes endigt. Das Öl gelangt sodann durch eine vertikale Bohrung in der unteren Lagerschale in die in der Lagerfläche längs verlaufende Verteilungsnut. Letztere liegt seitwärts von der Lagermitte, derart, daß das Öl

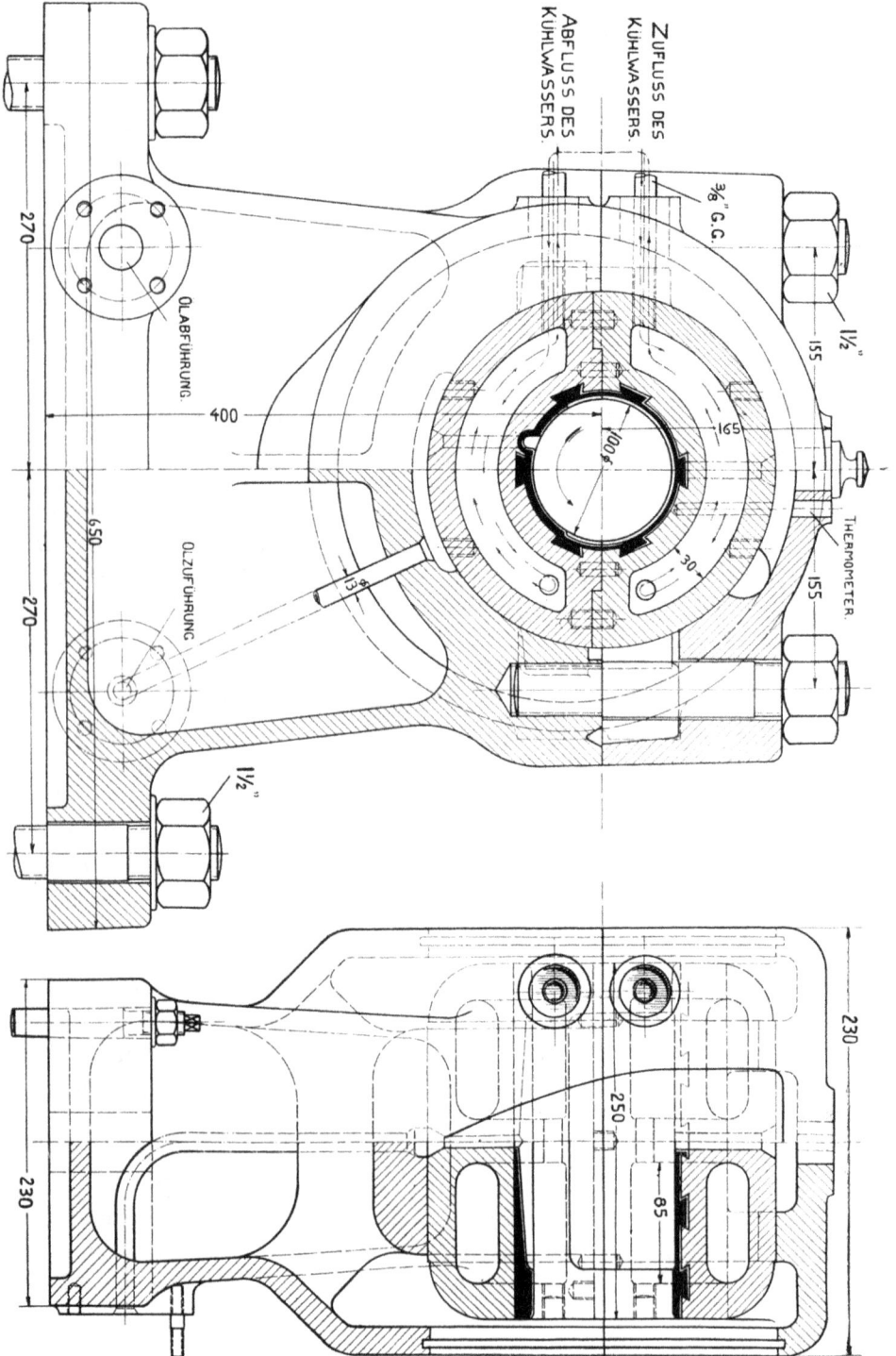

Fig. 92.

ABFLUSS DES KÜHLWASSERS.

ZUFLUSS DES KÜHLWASSERS.

3/8" G.C.

1½"

155

165

100ø

30

THERMOMETER.

155

ÖLABFÜHRUNG.

400

270

270

650

ÖLZUFÜHRUNG.

1½"

230

250

85

230

durch die Welle nach der Mitte, dem stärkst belasteten Teil des
Lagers, mitgenommen wird. Die der Mitte zugewendete Kante der
Verteilungsnut ist gut abgerundet. Das gebrauchte Öl wird in dem
hohlen Lagerbock aufgefangen und der Pumpe — nach vorheriger
Filtrierung — wieder zugeführt.

Für kleine Turbinen dürfte
die Anwendung von K u g e l -
l a g e r n erhebliche Vorteile
bieten, da diese einmal in der
Schmierung sehr anspruchslos
und außerdem wegen ihrer
äußerst geringen Baulänge konstruktiv sehr bequem sind. Bei
richtiger Ausführung und Montage arbeiten sie auch bei Umdrehungszahlen von 4000 vollkommen sicher.

Die von der Exzentrizität
der Massen herrührenden Schwingungen der Welle werden nur
dann auf das Lager übertragen
und dadurch überhaupt fühlbar,
wenn der Spielraum der Welle
im Lager kleiner ist als die
Größe der Wellenschwingungen.
Bei guter Massenausgleichung
genügt der normale Spielraum
von etwa (je nach dem Durchmesser) 0,01—0,1 mm vollkommen. Sind die Schwingungen
jedoch zu groß, so kann durch

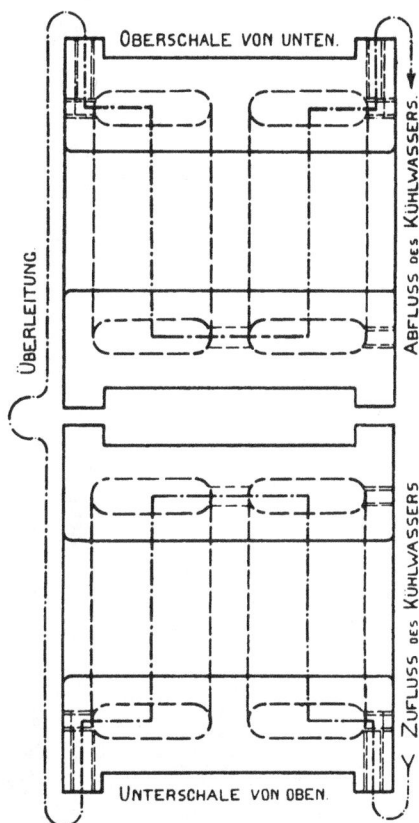

Fig. 93.

Anordnung mehrerer ineinandergesteckter Schalen, mit je 0,05 mm
Spielraum, die Beweglichkeit ohne zu große Herabsetzung der die
Welle tragenden Kapillarkraft des Öls bis zu einer gewissen Grenze
erzielt werden.

Diese Konstruktion hat P a r s o n s bei seinen älteren Turbinen
angewandt. Sie ist besonders dadurch interessant, daß sie auf
konstruktiv gänzlich verschiedenem Wege zu dem gleichen Resultat
führt wie De Lavals biegsame Welle (Ersatz der elastischen Kraft
durch Kapillarkraft).

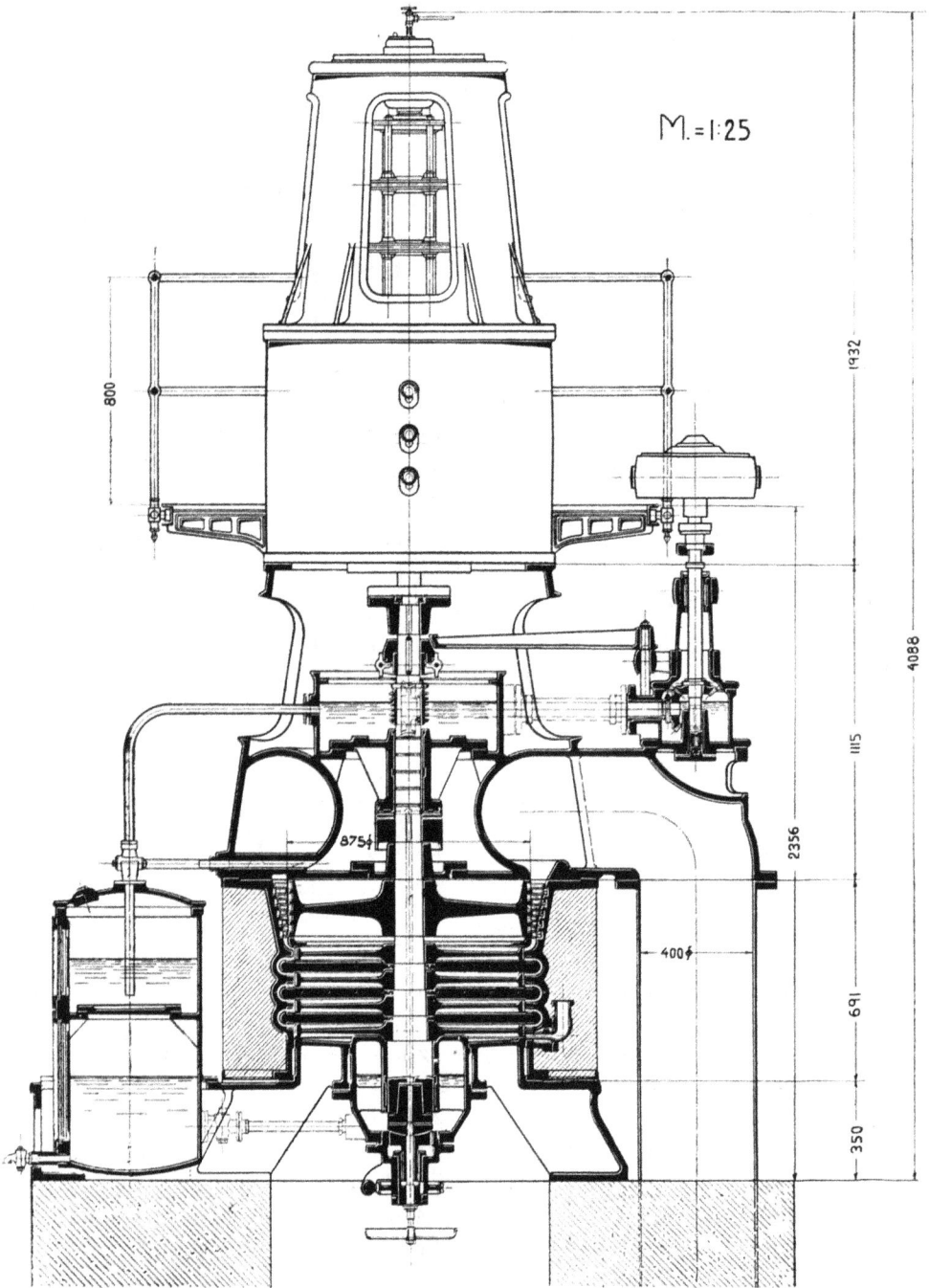

M. = 1:25

Fig. 94.

Spurlager

sind notwendig bei Turbinen mit vertikaler Welle zur Aufnahme
des Eigengewichts und bei horizontaler Welle zur Aufnahme eines
von statischem Druck auf Welle und Schaufelträger oder dem
dynamischen Seitendruck auf die Schaufeln herrührenden Axialdruck.

Für vertikale Maschinen ist gewöhnlich das Spurlager unten
angeordnet, wie es Fig. 94, eine Turbodynamo der Maschinenbau-
Akt.-Ges. Union in Essen, zeigt. Die Spurplatte ist durch eine
mittels Schneckengetriebes bewegte Schraube verstellbar. Das Lager

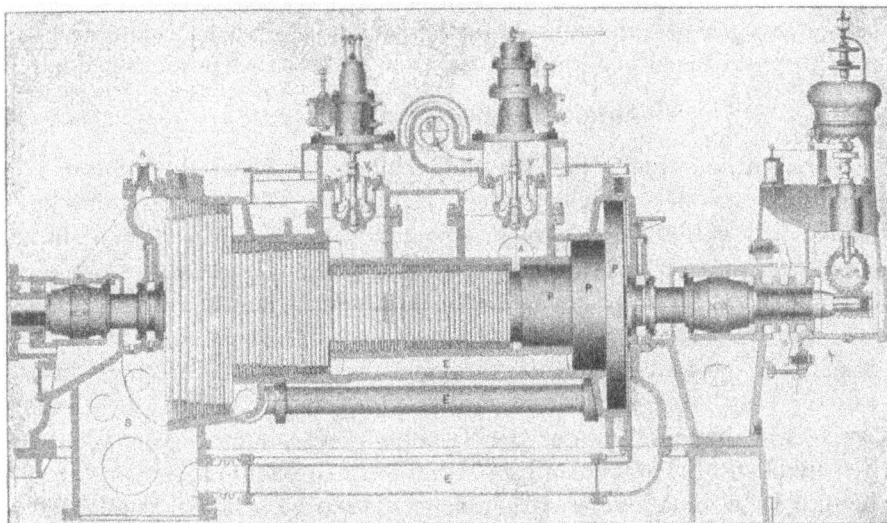

Fig. 95.

steht vollständig unter Öl, welches unter dem Drucke des unten eintretenden Frischdampfes über die Gleitfläche durch eine zentrale
Bohrung der Welle nach dem zwischen Turbine und Dynamo liegenden
offenen Behälter gedrückt wird. Die Ölmenge kann durch eine zum
Spurplattenträger zentrale Ventilschraube reguliert werden. Von
dem oberen Behälter aus fließt das Öl durch das Halslager in den
darunter liegenden Raum, in welchem der Kondensatordruck herrscht,
und aus diesem in einen Behälter, aus welchem es wieder in den
Druckraum geschleußt wird.

Bei horizontalen Gleichdruckturbinen kann der Axialdruck, der
in diesem Falle nur von der Seitenkomponente des Schaufeldruckes
herrühren kann, durch zwei Bunde zu beiden Seiten oder auch in

der Mitte eines Lagers aufgenommen werden, wie dies die Tafel V
S. 173 und Tafel VI S. 181 (A. E. G.-, Rateau-Turbine) zeigen. Die
bedeutenden Axialdrücke der Überdruckturbinen bedingen dagegen
neben besonderen Vorkehrungen, die unten näher betrachtet werden
sollen, kräftige Kammlager mit sehr zuverlässiger Schmierung.
Fig. 95, die einen Schnitt durch eine Parsons-Turbine in der Ausführung von Westinghouse darstellt, zeigt an dem rechten Wellenende ein solches Kammlager. Die Schalen sind durch zwei Hebel mit
Druckschrauben in axialer Richtung einstellbar. Eine solche Einstell-
barkeit zeigt auch das Lager der genannten A. E.-G.-Turbine (Tafel V).

Da es nicht möglich ist, den bei Überdruckturbinen auf die
Schaufelträger in axialer Richtung wirkenden statischen Dampfdruck
durch Spurlager zu beherrschen, hat man besondere Anordnungen zur
getroffen.

Ausgleichung des Axialdruckes

Parsons ordnete zuerst zwei Turbinen symmetrisch in Parallel-
schaltung auf der gleichen Welle derart an, daß die Axialdrücke
beider sich aufhoben. Diese Anordnung hat den Nachteil, daß statt
einer Dampfturbine der vollen Leistung zwei weniger wirtschaftlich
arbeitende und zusammen fast doppelt so teuere und doppelt so lange
von halber Leistung gebaut werden müssen. Deshalb ging Parsons
dazu über, mit den Schaufeltrommeln verbundene Kolben P, wie
Fig. 95 zeigt, den Axialdruck aufnehmen zu lassen. In derselben
Weise wie die Durchmesser der Trommeln sind auch die der Gegenkolben abgestuft; die einander entsprechenden Ringräume sind durch
Leitungen E miteinander verbunden; ebenso stehen die Endflächen
der Trommel unter dem gleichen, dem Kondensatordruck. Die
Gegendruckkolben dürfen bei ihrer großen Umfangsgeschwindigkeit,
um Reibung zu vermeiden, die Zylinderflächen nicht berühren; sie
sind deshalb, ebenso wie letztere, mit Nuten versehen, die zusammen
eine sogenannte Labyrinthdichtung bilden. Eine solche Dichtung
läßt stets Dampf durchgehen; die verlorene Dampfmenge, die ja
direkt von der Einströmung nach dem Kondensator entweicht, läßt
sich aber, wie wir später sehen werden, sehr gering halten.

Genau das gleiche Prinzip liegt einer Entlastungsvorrichtung
von Fullagar (D. R.-P. 152259), Fig. 96, zugrunde. Auch hier werden
zwischen dem festen und rotierenden Teile ringförmige Kammern
gebildet, die durch Labyrinthdichtungen abgeschlossen sind, und
welche durch Kanäle x mit den entsprechenden Ringräumen zwischen
den Stufengruppen der Turbine verbunden sind. Der Unterschied

liegt in der ebenen, statt zylindrischen Anordnung der Dichtung; es wird dadurch eine Verkleinerung der Baulänge, vielleicht allerdings auf Kosten der Güte der Dichtung erzielt.

Den Nachteil der Teilung des Dampfes bei Zwillingsanordnung oder der Anordnung eines besonderen Entlastungsorgans vermeidet Schulz dadurch, daß er eine Mehrstufenturbine so in eine Hoch- und Niederdruckgruppe zerlegt, daß die Axialdrücke beider gleich werden, und diese dann mit entgegengesetzter Strömungsrichtung auf die gleiche Welle bringt.[1) Fig. 97 zeigt die Schulzsche Turbine im Schnitt, Fig. 98 in Ansicht, und zwar in der Ausführung als Schiffsturbine, also umsteuerbar. Der Dampfeintritt erfolgt bei Vorwärtsgang auf der Innenseite der rechts liegenden Hochdruckturbine. Deren Außenseite (rechts)

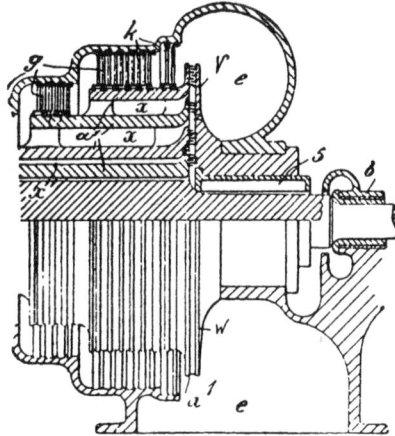

Fig. 96.

ist durch einen unten liegenden Kanal, in den eine Drosselklappe eingeschaltet ist, mit der Innenseite der Niederdruckturbine verbunden. In dieser strömt der Dampf nach links zum Austritt nach dem Kondensator. Die Turbine für Rückwärtsgang, die in den Niederdruckturbinenkörper eingebaut ist (in der Figur links), zeigt ein anderes Prinzip. Hier wird der Dampf geteilt und zur Hälfte einer Axial-, zur Hälfte einer Radialturbine zugeführt. Auf der Rückseite der Scheibe der Radialturbine liegt der volle Eintrittsdruck, während in der Radialschaufelung der Druck nach innen abnimmt. Die Scheibe erfährt also einen Axialdruck nach links. Sie wird nun so dimensioniert, daß dadurch gerade der in der Axialschaufelung auftretende Druck nach rechts ausgeglichen wird.

Die oben erwähnte Drosselklappe zwischen der Hoch- und Niederdruckturbine für Vorwärtsgang ist notwendig, weil bei der Regulierung auf verschiedene Leistung das Druckgefälle in beiden Turbinen sich nicht proportional ändert, und deshalb künstlich — eventuell automatisch — reguliert werden muß.

[1]) Das gleiche Prinzip ist schon im Jahre 1859 von Autier mit zwei als Radialturbinen angeordneten Stufengruppen vorgeschlagen worden. Vgl. Sosnowski, Roues et turbines à vapeur. Paris 1904.

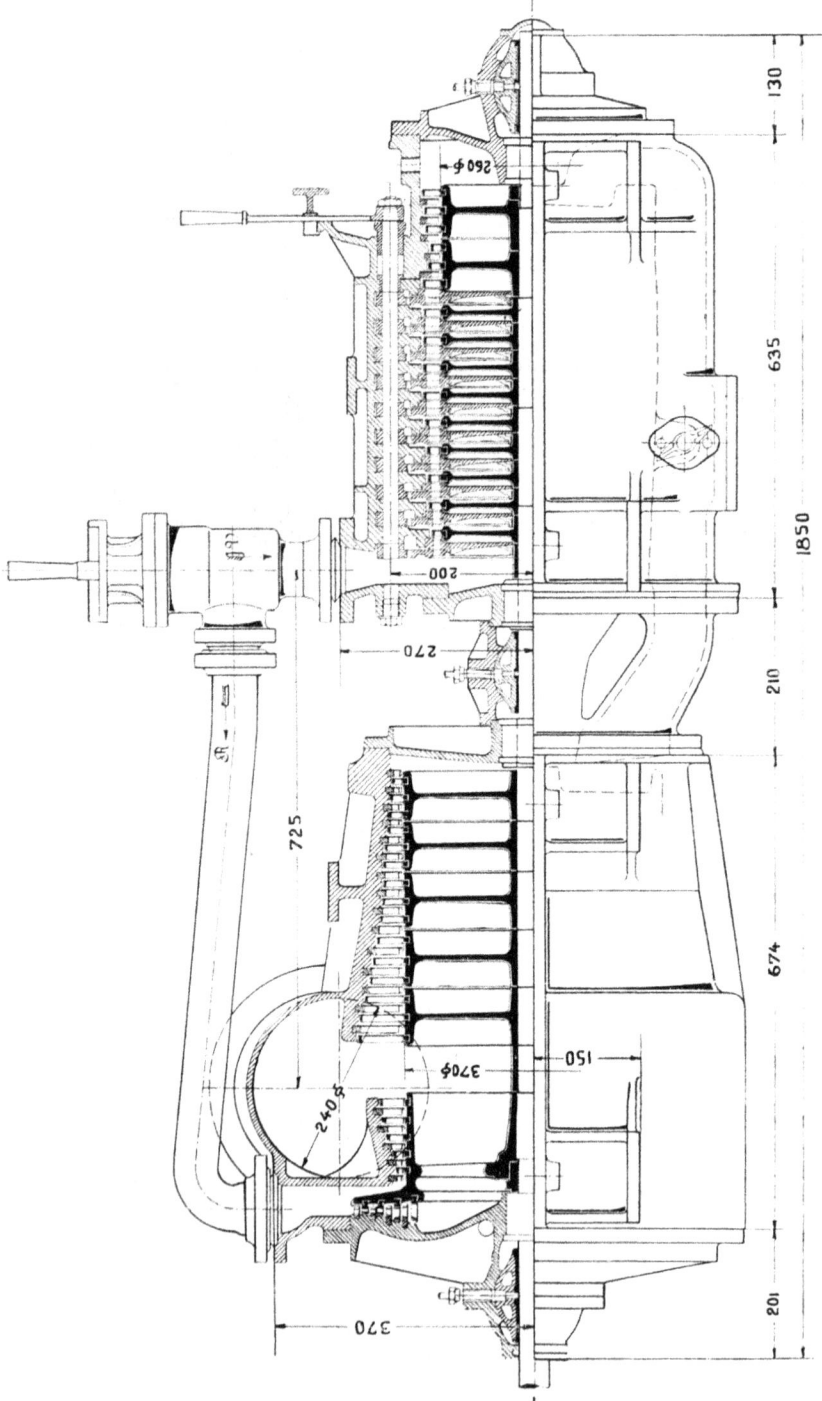

Fig. 97.

Fig. 98.

Die vorstehenden Methoden ergeben bei veränderlichem Admissions- und Gegendruck keine vollkommen genaue Axialdruckausgleichung; es bleibt noch ein mehr oder weniger großer Rest, der durch ein Drucklager aufzunehmen ist. Eine rationelle Ausgleichung dürfte auf dem — auch schon von Parsons eingeschlagenen — Wege erzielbar sein, daß eine geringe vom Axialdruck beeinflußte Verschiebung der Welle den Dampf- oder Flüssigkeitsdruck auf einen Entlastungskolben einstellt. Dieser Weg ist indessen nur dann gangbar, wenn eine merkliche Axialverschiebung der Welle zulässig ist.

Durch geeignete Anordnung kann der sonst unerwünschte Axialdruck der Überdruckturbinen nutzbar gemacht werden. So ist z. B. bei der vertikalen Turbine der Union, Essen, (Fig. 94, S. 122) das Eigengewicht des rotierenden Teils (Schaufelräder und Dynamoanker) durch den nach oben gerichteten Dampfdruck auf die Fläche des obersten Laufrades zum Teil aufgenommen. Bei Schiffsturbinen kann das Kammlager durch den rotierenden Körper der Turbine erheblich vom Propellerschub entlastet werden.

7. Dichtungen.

Die Stopfbüchsen, durch welche die Welle aus dem Gehäuse nach außen geführt wird, sind wesentlich anderen Bedingungen als diejenigen für Kolbenstangen unterworfen. Der Unterschied beruht darauf, daß die Erzeugung der Reibungswärme sich in letzterem Falle auf die ganze Kolbenstange verteilt, während sie sich bei der Turbinenstopfbüchse auf den in der Stopfbüchse liegenden Teil der Wellenoberfläche konzentriert. Die Abführung der erzeugten Wärme ist also bei der Wellenstopfbüchse erheblich schwieriger.

Eine gute Stopfbüchskonstruktion muß also erstens möglichst wenig Reibungswärme erzeugen, zweitens die erzeugte Wärme ohne erhebliche Temperaturerhöhung ableiten, ohne daß dadurch der Hauptzweck der Stopfbüchse, die Abdichtung, beeinträchtigt wird.

Um die Reibungsarbeit zu vermindern, ist außer guter Schmierung notwendig, daß eine zu starke Anpressung des Packungsmaterials unter allen Umständen vermieden wird. Weiche Packung, die von Hand nachgezogen werden kann, ist daher unzulässig. Am besten ist es, die Anpressung automatisch, etwa durch Federn zu bewirken.

Labyrinthdichtung.

Eine fast vollständige Beseitigung der Reibung läßt sich dadurch erreichen, daß die Stange ohne direkte Berührung, jedoch mit sehr kleinem Spielraum durch die Stopfbüchse hindurchgeht. Eine solche Anordnung kann natürlich nicht vollkommen dicht halten. Sie ergibt nur dann einen Druckunterschied zwischen Innen- und Außenraum, wenn ein Durchfluß von Dampf stattfindet. Wird dagegen, etwa durch eine weitere vorgeschaltete, absolut dichte Stopfbüchse der Dampfabfluß gehindert, so stellt sich auf beiden Seiten der ersten Dichtung der gleiche Druck ein, und sie wird vollkommen wirkungslos, während die äußere Stopfbüchse die ganze Abdichtung übernimmt.

Die Dampfmenge, welche durch einen engen Ringspalt zwischen Welle und Büchse durchtritt, kann auf gleiche Art, wie die Durchflußmenge für eine einfache Öffnung ermittelt werden.

Die Dampfmenge, welche — ohne daß Reibungswiderstände vorhanden wären — durch eine einfache Öffnung von der Größe von 1 qm

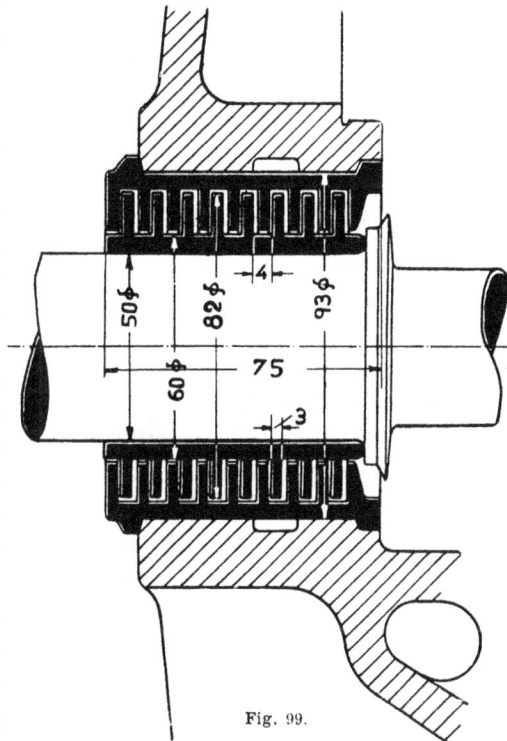

Fig. 99.

bei einem Druckgefälle von p_1 auf p_2 ausfließt, kann nach den Gleichungen 6 und 12 (S. 44) berechnet oder aus Tafel III (S. 45) direkt entnommen werden. Diese Ausflußmenge wird nun durch Kontraktion und Reibungswiderstand mehr oder weniger, je nach Spaltweite und Länge der Büchse, vermindert. Die Verminderung der Ausflußmenge gegenüber der theoretischen ist jedoch, auch bei sehr langen Büchsen nicht bedeutend. Man ist deshalb zu einer anderen Art von Dichtungen, den Labyrinthdichtungen übergegangen. Deren Wirkung beruht darauf, daß der Dampf mehrere enge Öffnungen (Spalten) nacheinander zu durchströmen gezwungen wird und zwischen je zwei solchen Spalten einen Raum von geeigneter Größe und Gestalt vorfindet, in welchem er seine Geschwindigkeit durch Wirbelbildung in Wärme — nicht etwa in Druck — umsetzt. Es kann natürlich außerdem auf möglichste Vermehrung der Dampfreibung durch lange Drosselwege Bedacht genommen werden.

Fig. 99 zeigt eine solche Labyrinthdichtung für eine Welle, wie sie bei der Schulz-Turbine, Fig. 97 und 98 (S. 126/7), angewendet ist. Sie besteht aus einer inneren, dicht auf die Welle aufgezogenen einteiligen Büchse mit äußeren Kämmen und einer äußeren zweiteiligen, dicht im Gehäusedeckel sitzenden Büchse mit inneren Nuten, die mit 1 mm allseitigem Spiel in die Nuten der inneren Büchse eingreifen. Nun wird die Welle so weit axial verschoben, daß der axiale Spielraum der Ringe auf der einen Seite auf etwa 0,05 mm reduziert wird.

Die Berechnung einer solchen Dichtung, wie sie übrigens auch bei der Parsons-Dampfturbine für die Entlastungskolben angewendet wird, erfolgt am bequemsten unter Zugrundelegung der zulässigen Dampfdurchgangsmenge und der konstruktiv möglichen Spaltweite. Es ergibt sich dann unter Zuhilfenahme der Tafel III die Anzahl der notwendigen Ringe, wie folgendes Beispiel zeigt.

Es soll durch einen zylindrischen Labyrinthkolben von $D = 500$ mm Durchmesser eine Druckdifferenz von $p_1 = 5$ auf $p_2 = 1$ kg/qcm abgedichtet werden. Die höchstens zulässige Durchflußmenge betrage (z. B. 5 % des Gesamtdampfverbrauchs) 0,1 kg/Sek. Die axiale Weite der Drosselspalten sei, mit Rücksicht auf Formänderungen durch Wärme und Kräfte $\delta = 0,2$ mm. Der Durchflußquerschnitt der Drosselstellen ist gleich

$$F = D\pi \cdot \delta$$
$$= 0,5 \cdot 3,14 \cdot 0,0002 = 0,000314 \text{ qm.}$$

Also die zulässige Durchflußmenge in kg pro qm und Sek.

$$G = \frac{0,1}{0,000314} = 318 \text{ kg/qm.}$$

Zieht man in Tafel III die Horizontale für $G = 318$, so schneidet diese die Kurve für den Anfangsdruck $p = 5$ Atm. in einem Punkte, dessen Abszissenlänge den Gegendruck hinter dem ersten Spalt zu 4,8 Atm. angibt. Der Schnitt der — nicht eingezeichneten — Kurve für $p = 4,8$ mit der Horizontalen 318 läßt sich leicht schätzen; er zeigt den Druck hinter dem zweiten Spalt zu 4,55 Atm. an.

Die weiteren Drücke finden sich in gleicher Weise, wie folgende
Tabelle zeigt:

Drosselspalte 1   2   3   4   5   6   7   8   9   10   11
               5   4,8 4,55 4,3 4   3,7 3,35 3   2,65 2,2 1,45   —

Die Tafel ergibt, daß bei 1,45 Atm. vor der elften Drosselspalte die
Dampfmenge von 0,1 kg/Sek. oder 318 kg/qm-Sek., auch bei noch
so kleinem Gegendruck, überhaupt nicht durchgehen kann; es
wird sich infolgedessen eine etwas kleinere Dampfmenge und ein
etwas höherer Druck in den einzelnen Labyrinthräumen einstellen.
Würden bloß 10 Drosselspalten angeordnet, so würde die Dampfmenge
nur wenig steigen. In Wirklichkeit wird die durchfließende Dampfmenge je nach der Anordnung vermöge Kontraktion und Reibung
etwa 0,6 bis 0,8 der oben angenommenen betragen.

Die obenstehende Tabelle läßt deutlich erkennen, daß der
Druckabfall bei niedrigen absoluten Drücken für gleichen Querschnitt und gleiche Dampfmenge ganz erheblich wächst. Es ist
deshalb zweckmäßig, die Durchgangsquerschnitte bei hohen Drücken
möglichst zu reduzieren. Zu diesem Zwecke ist, wie dies auch
Parsons ausführt, eine Verkleinerung des Durchmessers das ge-
eignetste Mittel.

Ob die Drosselspalten zylindrisch, eben oder konisch ausgeführt
werden, ist nach Versuchen des Verfassers gleichgültig, vorausgesetzt,
daß das Profil der Dichtungsflächen eine vollständige Zerstörung der
im Spalt entwickelten Geschwindigkeit gewährleistet. Sehr wesentlich
ist, daß der Drosselspalt sich in der Strömungsrichtung nicht allmählich erweitert; eine solche Erweiterung bringt, wie ja auch nach
den Erfahrungen mit erweiterten Düsen zu erwarten, eine erhebliche
Erhöhung der Durchflußmenge mit sich. Besonders deutlich tritt
diese Erscheinung dann auf, wenn der Dampf durch ebene, gleich
breite Spalten von innen nach außen fließt; denn infolge der Vergrößerung des Durchmessers erweitert sich die Spalte bei gleicher
Breite nach außen. Die Dichtung Fig. 99 gibt demnach bei der
gezeichneten Stellung (Welle nach links verschoben) weniger Durchflußmenge von rechts nach links als von links nach rechts, bei
gleichem Druckgefälle.

Der von der Dampfreibung herrührende Drehungswiderstand
der Labyrinthdichtungen ist äußerst gering. Er ist vom Drucke unabhängig, dagegen proportional der Oberfläche des rotierenden
Dichtungsteils und der Umfangsgeschwindigkeit.

Abdichtungen mit Flüssigkeitsabschluß

geben die Möglichkeit, mit kleinen Dichtungslängen und verhältnismäßig großem Spielraum zwischen rotierendem und stehendem Teil
einen vollkommenen Abschluß zu erzielen. Für große Durchmesser kommen sie nicht in Betracht, da die Flüssigkeitsreibung —
im Gegensatz zur Dampfreibung — bei hohen Umfangsgeschwindigkeiten enorme Beträge annimmt.

Eine Packungsdichtung mit Flüssigkeitsabschluß für eine Welle
zeigt Fig. 100. Zwei Ringe a, die lose auf die Welle passen, sind mit
ihren Stirnflächen auf die beiden
ebenen Flächen des Stopfbüchskörpers b und Deckels c aufgeschliffen; durch eine Feder d werden
sie an letztere angepreßt. In den
Raum zwischen dem Stopfbüchskörper und den Dichtungsringen
wird Öl oder Wasser eingeleitet
unter einem Druck, der höher ist
als der höchste der auf beiden
Seiten der Stopfbüchse herrschenden
Drücke. Die eingeleitete Flüssigkeit
entweicht dann nach beiden Seiten,
so daß ein Übertritt von Dampf nach
außen oder von Luft nach innen
ausgeschlossen ist. Letzteres ist besonders wichtig, weil ein Eindringen
von Luft in die Turbine die so sehr
notwendige Erhaltung eines guten
Vakuums unmöglich macht und die

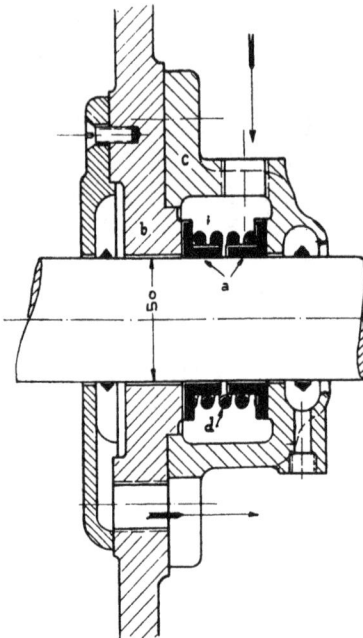

Fig. 100.

Luftpumpenarbeit erhöht. Die Sperr-
flüssigkeit besorgt gleichzeitig die Kühlung und eventuell Schmierung
der abdichtenden Flächen. Für reinliche Abführung der durchge-
tretenen Flüssigkeitsmengen ist natürlich Sorge zu tragen. Ist der
Druck im Innern höher als außen, so ist zweckmäßig Öl als Sperr-
flüssigkeit anzuwenden. Eine Berührung der Ringe mit der Welle
braucht dann, falls sie, wie in Fig. 100 angedeutet, etwas verschieblich
angeordnet sind, nicht ängstlich vermieden zu werden. Das in die
Turbine eingedrungene Öl wird durch Spritzringe von der Welle
abgeschleudert, in einem Ringkanal des Gehäuses aufgefangen und

einem tieferstehenden Gefäß zugeleitet, aus dem es von Zeit zu Zeit
von Hand oder automatisch abgelassen wird.

Wenn an der Innenseite der Packung ein Unterdruck herrscht,
so würde die eingedrungene Flüssigkeit herausgepumpt werden
müssen. Um diese Unbequemlichkeit zu vermeiden, kann als Sperr-
flüssigkeit Wasser angewendet werden; das durchgetretene Wasser
wird einfach dem Kondensator zugeführt. Es ist dann allerdings zu
berücksichtigen, daß Wasser nicht schmiert und Anordnung der
Packung und Spielraum zwischen ihr und der Welle so zu wählen,
daß eine Berührung beider ausgeschlossen ist.

Ein Flüssigkeitsabschluß mit großem Spielraum läßt sich dadurch
herstellen, daß im stehenden Teil eine tiefe Nut angebracht ist, in
die eine mit der Welle dicht verbundene Scheibe hineinragt. Wird
in die Nut eine Flüssigkeit gebracht, so wird sie von der Scheibe
mitgenommen und bildet so, durch ihre Fliehkraft stets außen gehalten, einen Abschlußring. Wenn nun der Druck zu beiden Seiten
der Scheibe verschieden ist, so wird die Flüssigkeit von der einen
Seite nach der anderen gedrängt, so daß also auf der Seite geringeren
Druckes die radiale Höhe des rotierenden Flüssigkeitsringes größer
ist als auf der anderen.

Es bezeichne p_1 und p_2 die zu beiden Seiten der Dichtung
herrschenden Drücke, ω die als konstant anzunehmende Rotations-
geschwindigkeit der Flüssigkeit (sie ist etwas geringer als die
Winkelgeschwindigkeit der Welle anzunehmen), r_{i_1} den inneren
Radius des Flüssigkeitsringes auf der Seite von p_i, r_{i_2} auf der
anderen Seite, und r_a den für beide Seiten gemeinsamen äußeren
Radius, γ das Gewicht der Flüssigkeit pro ccm und g die Erd-
beschleunigung in cm/Sek².

Der Zuwachs an spezifischem Druck dp, den ein mit der
Winkelgeschwindigkeit ω beim Radius r rotierendes Sektorelement
der Flüssigkeit von der Größe $b \cdot r \delta \cdot dr$ erfährt, ist gegeben durch
die Fliehkraft des Elementes dividiert durch seine zylindrische
Grundfläche; also

$$dp = \frac{b \cdot r \delta \cdot \gamma \cdot dr}{g} \cdot \omega^2 \cdot r \cdot \frac{1}{b \cdot r \delta}.$$

Die Integration ergibt zwischen den Grenzen r_i und r_a:

$$p_a - p_i = \frac{\gamma}{2g} \cdot \omega^2 \, (r_a{}^2 - r_i{}^2).$$

Da nun p_a und r_a für beide Flüssigkeitsscheiben in der Dichtung gleich sein müssen, so wird, wenn wir für die den beiden Seiten entsprechenden Werte von p_i p_1 und p_2 einsetzen:

$$\frac{\gamma}{2\,g} \cdot \omega^2\,(r_a{}^2 - r_{i_1}{}^2) + p_1 = \frac{\gamma}{2\,g} \cdot \omega^2\,(r_a{}^2 - r_{i_2}{}^2) + p_2$$

und

$$p_1 - p_2 = \frac{\gamma}{2\,g} \cdot \omega^2\,(r_{i_1}{}^2 - r_{i_2}{}^2).$$

Die Größe ω ist hauptsächlich von der relativen Rauhigkeit der rotierenden und feststehenden Teile abhängig. Obige Gleichung gibt für ω gleich demjenigen der Welle die günstigsten theoretisch erreichbaren Verhältnisse, also die untere Grenze der Dimension der Radien. Der äußere Durchmesser r_a muß soviel größer als r_{i_1} genommen werden, daß ein zufälliges Herauswerfen der Flüssigkeit sicher vermieden wird.

Für horizontale Wellen sind diese Dichtungen nicht zu verwenden, da sich der geschlossene Flüssigkeitsring erst bei der Rotation bildet, die Dichtung also in der Ruhe offen ist, bei stehenden nur unter besonderen Vorsichtsmaßregeln. Bei größeren Radien r_a wird, wie oben schon erwähnt, der Arbeitsverbrauch der Dichtung so hoch, daß ihre Anwendung unrationell erscheint.

Im allgemeinen werden sich Kombinationen der oben beschriebenen Abdichtungen empfehlen, derart, daß eine Labyrinthdichtung und eine Packungsdichtung zusammen angeordnet werden, jedoch so, daß zwischen beiden ein Abfluß des durch die Labyrinthdichtung geflossenen Dampfes nach dem Kondensator oder einem anderen Raum von passendem Druck geschaffen wird. Eine solche Kombination zeigt die Rateau-Oerlikon-Turbine Tafel VI (S. 181).

Der in den Gehäusedeckel fest eingesetzte Stopfbüchskörper trägt innen eine ebenfalls zentrische, an die Welle gut anschließende Büchse aus Aluminiumlegierung. Diese Büchse besitzt an ihrer inneren Stirnfläche Ringnuten, die mit entsprechenden Eindrehungen der anschließenden Radnabe eine Labyrinthdichtung bilden. Die Dichtung hat radial sehr wenig, axial soviel Spiel, als die Wärmedehnung der Welle verlangt. Ein auf den Stopfbüchskörper aufgeschraubter Deckel preßt die Büchse im Stopfbüchskörper fest.[1])

---

[1]) Die Schraffur in der Tafel VI ist nicht ganz richtig: der Steg, auf welchem der Deckel aufliegt, ist aus einem Stück mit der Büchse.

In dem Deckel befindet sich eine Ringnut, der Öl zugeführt wird. Auf eine äußere Stirnfläche ist eine dreiteilige, genau zusammengepaßte Büchse aus Grauguß aufgeschliffen, die durch zwei

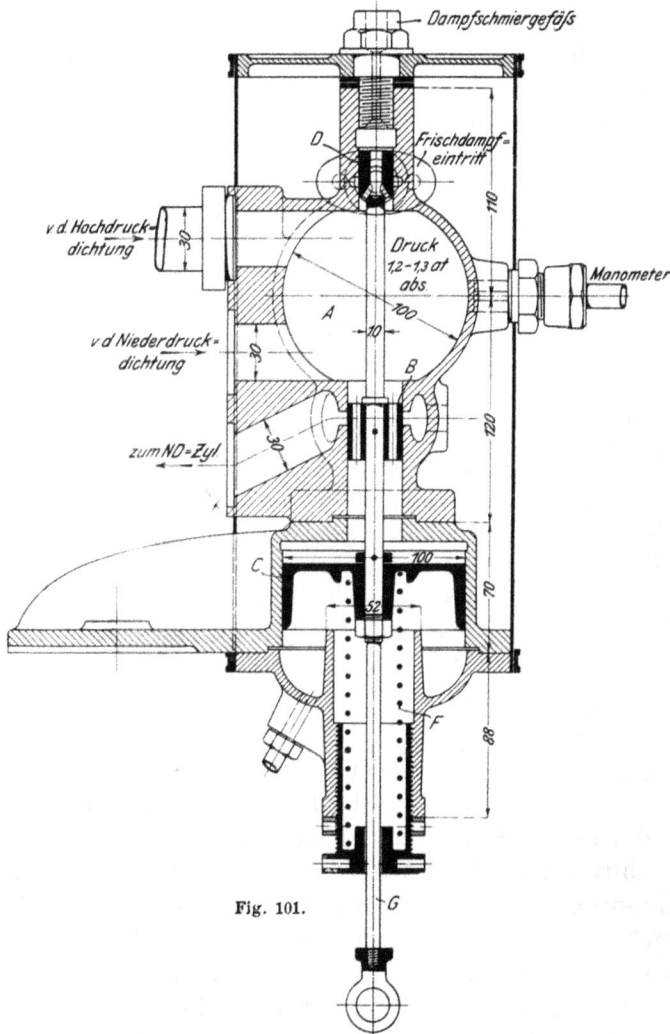

Fig. 101.

zum Ringe gebogene Schraubenfedern zusammengehalten und durch drei kurze Schraubenfedern, die sich gegen den Lagerkörper stützen, gegen den Stopfbüchsdeckel sanft angepreßt wird.

Der innere Raum des Stopfbüchskörpers wird durch einen besonderen Druckregulator (Fig. 101 und 102) stets unter einem Drucke gehalten, der wenig höher ist als der Atmosphärendruck. Diese Anordnung hat den Zweck, den Eintritt von Luft durch die Niederdruckstopfbüchse zu hindern; sie ist außerdem so getroffen, daß Dampfverluste möglichst vermieden werden. Die Zwischenräume der beiden Stopfbüchsen sind, wie aus Tafel VI ersichtlich, durch Rohrleitungen mit dem Druckregler verbunden; die Anschlüsse zeigt Fig. 101 im Schnitt, Fig. 102 in Ansicht. Beide münden in einen kugelförmigen Raum A, der durch zwei kleine Kolbenschieber B und

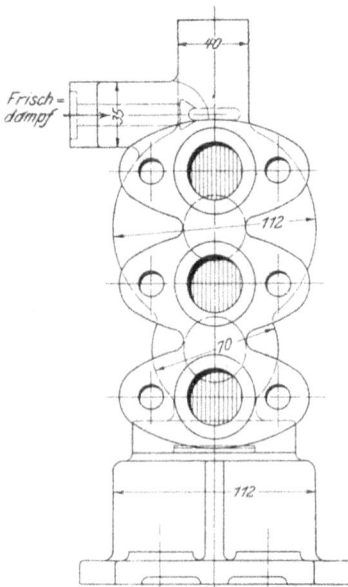

D oben mit einer Frischdampfleitung, unten mit einer solchen Stelle der Turbine, an welcher geringerer als Atmosphärendruck herrscht, verbunden werden kann. Die Stellung dieser beiden Kolbenschieber wird durch einen Kolben C, der durch eine Feder F nach oben gedrückt wird, beherrscht. Der Raum unter dem Kolben ist mit der Außenluft, derjenige darüber mit dem Raume A durch Bohrungen im Kolben B in Verbindung.

Der Apparat arbeitet folgendermaßen. Fließt durch die Hochdrucklabyrinthdichtung genau soviel Dampf nach dem Raume A, als durch die Niederdruckdichtung nach dem Kondensator abfließt, so bleibt der Druck in A erhalten. Überwiegt jedoch der Zufluß, so steigt der Druck in A und demnach auch über dem Kolben C. Letzterer bewegt sich mit den beiden Kolbenschiebern C und D abwärts und öffnet dadurch den Abfluß zum »Niederdruckzylinder«, d. h. nach einer Stelle, die etwas geringeren Druck als 1 Atm. hat. Der dahin entweichende Dampf arbeitet dann noch in den Niederdruckstufen und ist also nicht ganz verloren. Sinkt aber der Druck in A durch zu starken Abfluß zu sehr, so bewegt sich der Kolben nach oben, und der obere Kolben läßt soviel Frischdampf zutreten, daß der Druck in A wieder auf die gewünschte Höhe steigt. Der Druck in den Zwischenräumen der Stopfbüchsen kann durch Nachspannen der Feder F (Fig. 101) reguliert werden. Er soll normal 1,2 bis 1,3 Atm. absolut betragen.

Die Packungsdichtung hat daher nur gegen 0,2 bis 0,3 kg/qcm abzudichten.

Fig. 102.

8. Gehäuse.

Das Gehäuse der Turbine hat die Aufgabe, den Innenraum dicht abzuschließen und die Leitvorrichtungen gegenüber den Leitschaufeln in der richtigen Lage zu halten.

Es muß demnach gegen inneren und äußeren Überdruck widerstandsfähig sein. Die Verbindungen müssen — besonders wenn Unterdruck in der Turbine herrscht — absolut dicht sein, um das Eindringen von Luft, das ja sehr schwer zu beobachten ist, auszuschließen.

Die richtige gegenseitige Lage der Leit- und Laufschaufeln verlangt: in radialer Richtung sichere Zentrierung, und in axialer Richtung Sicherung gegen Längsverschiebung durch ein Spurlager. Beide Bedingungen sind für die Gestaltung des Gehäuses, je nach dem Turbinensystem, von mehr oder weniger großer Bedeutung.

Eine sichere Zentrierung ist durch direktes Einsetzen der Lager in das Gehäuse zu erzielen. Dagegen spricht die energische Wärmeübertragung vom Dampf auf das Lager, die einen Schutz des letzteren durch Wasserkühlung notwendig macht. Werden dagegen die Lager vom Gehäuse getrennt auf den Rahmen gesetzt, so muß besonders bei großen Gehäusedurchmessern durch besondere Maßnahmen eine Verschiebung des Gehäuses gegenüber der Wellenachse verhindert oder unschädlich gemacht werden.

Eine solche Verschiebung wird durch die Wärmedehnungen hervorgerufen. Ihre Größe kann, da sich bei 100^0 Temperaturdifferenz 1 m um etwa 1 mm dehnt, sehr beträchtlich sein. Ein Heben der Gehäuseachse kann dadurch vermieden werden, daß es in der Horizontalebene oder wenig tiefer auf dem Rahmen aufliegt; eine seitliche Verschiebung durch eine Verbindung des Gehäuses mit dem Rahmen in der Nähe der Gehäusemitte und lose Auflagerung auf den Rahmen. Bei einer Ausdehnung des Gehäuses gleitet es dann nach beiden Seiten gleichviel.

Unschädlich kann die Verschiebung dadurch gemacht werden, daß in radialer Richtung zwischen Gehäuse und rotierendem Teil genügender Spielraum gegeben ist und die Stopfbüchsen seitlich verschiebbar angeordnet sind (z. B. Fig. 100 S. 132).

Eine verschiedene Ausdehnung des ruhenden und rotierenden Teils in der Achsenrichtung ist unvermeidlich; es muß deshalb, besonders bei langen Turbinen, genügender axialer Spielraum vorgesehen werden. Da bei den Labyrinthdichtungen (Parsons) nur ein sehr kleiner Spielraum zulässig ist, so muß das Spurlager möglichst nahe den Labyrinthkolben untergebracht werden. Ebenso ist bei großem Durchmesser ein nicht zu kleiner radialer Spielraum notwendig.

Die Teilung der Gehäuse kann in einer der Achse parallelen oder zu ihr senkrechten Ebene erfolgen. Bei mehrstufigen Turbinen ist fast allgemein die Teilung in einer horizontalen Ebene üblich.

Fig. 103 zeigt eine Parsons-Westinghouse-Turbine von 600 PS in offenem Zustande, Fig. 104 vier solche von 400 PS in Ansicht. Es ist deutlich zu erkennen, daß, abgesehen von dem Stopfbüchsen-

Fig. 103.

einsatz, am eigentlichen Turbinengehäuse nur eine horizontale Trennungsebene vorhanden ist. Ein genaues Aufeinanderpassen der beiden Teile wird durch Paßstifte gesichert (in der Fig. 103 der fünfte Bolzen von links) von solcher Länge, daß beim Auflegen des Deckels schon vor der Möglichkeit einer gegenseitigen Berührung der Leit- und Laufschaufeln eine Führung eintritt.

Bei Rateau und Zoelly (Fig. 140, S. 185 und Fig. 144, S. 188) ist außer der horizontalen Teilung noch eine vertikale vorhanden. Die Stirnwände sind in axialer Richtung demontierbar.

Bei der Turbine der Allgemeinen Elektrizitätsgesellschaft, derjenigen der Gesellschaft für elektrische Industrie in Karlsruhe, Union in Essen u. a. ist eine Teilung in der Achsenebene ganz vermieden. Die Montage erfolgt nur axial.

Welche der vorstehenden Teilungsarten die vorteilhafteste ist, hängt vom System ab. Bei Turbinen mit mehreren Rädern wird im allgemeinen die Teilung parallel der Achse, bei 1 bis 2 Rädern normal dazu besser sein.

9. Regulierung.

Die Regulierung kann Veränderung der Leistung bei konstanter oder bei veränderlicher Umdrehungszahl bezwecken. Ersterer Fall ist der häufigere und speziell für Turbinen der wichtigste.

Die Leistung einer Turbine stellt sich dar als das Produkt aus zugeführter Dampfmenge pro Sekunde und der Leistung pro kg.

Fig. 104.

Letztere ist durch die Dampfgeschwindigkeit und Umfangsgeschwindigkeit bestimmt. Da, wie wir früher gesehen haben, zur Erzielung eines günstigsten Wirkungsgrades ein bestimmtes Verhältnis der beiden Geschwindigkeiten notwendig ist, und da ja die Umfangsgeschwindigkeit konstant bleiben soll, so erscheint eine Regulierung durch Änderung der Menge des pro Sekunde zugeführten Dampfes ohne Änderung der Dampfgeschwindigkeit als die vorteilhafteste.

Eine Reduktion der Dampfmenge bei gleichbleibender Dampfgeschwindigkeit muß mit einer Herabsetzung des Durchflußquerschnittes verbunden sein; es muß also partielle Beaufschlagung angewandt werden. Diese hat aber, wie wir oben bei Besprechung der Schaufeln gesehen haben, eine Vermehrung der passiven Widerstände und der Wirbelverluste zur Folge. Diese Art der Regulierung

ist also keineswegs vollkommen. Bei Überdruckturbinen, welche an
sich volle Beaufschlagung verlangen, ist sie überhaupt nicht anwendbar.

Eine zweite Methode der Verminderung
der Durchflußmenge liegt in der Drosselung
des Dampfes. Sie bedingt allerdings eine
gleichzeitige Verminderung der Geschwindigkeit, da das Druckgefälle mit der Verminderung des Druckes vor der Turbine sinkt.
Es wird also einmal eine Verminderung des
Arbeitsvermögens, zweitens eine veränderte
Wirkung in der Turbine
infolge der verminderten
Dampfgeschwindigkeit
eintreten. Eine Ver-
schlechterung der Dampf-
wirkung in der Turbine
wird eintreten, wenn die
Umfangsgeschwindigkeit
im Verhältnis zur Dampf-
geschwindigkeit zu groß
wird. Da wir aber die
Umfangsgeschwindigkeit
mit Rücksicht auf die
mechanische Konstruk-
tion stets geringer als die
günstigste (etwa 0,7—0,8)
wählen, so kann die
Dampfgeschwindigkeit
schon sehr erheblich re-
duziert werden, ehe eine
Abnahme des hydrau-
lischen Wirkungsgrades
eintritt. Auf den hydrau-
lischen Wirkungsgrad ist
auch von Einfluß die mit
der Verminderung der
absoluten Größe der Ge-

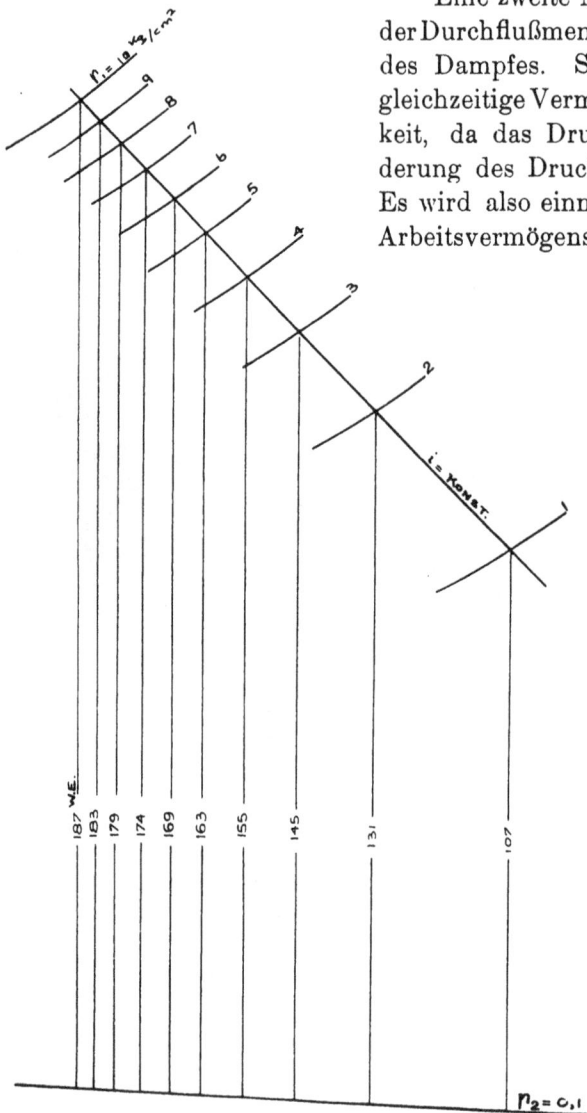

Fig. 105.

schwindigkeit verbundene Veränderung der Richtung der Relativgeschwindigkeit und damit der Stoßkomponente. Wir haben aber
oben schon gesehen, daß erhebliche Stoßwinkel notwendig sind,

um merkliche Stoßverluste zu erzeugen. Es ist infolgedessen wahrscheinlich, daß der hydraulische Wirkungsgrad durch die mit der Drosselung verbundene Reduktion der Dampfgeschwindigkeit innerhalb weiter Grenzen nicht erheblich verschlechtert wird.

Die Änderung des Arbeitsvermögens des Dampfes durch die Drosselung läßt sich aus Fig. 105 entnehmen. Da durch die Drosselung dem Dampf weder Wärme noch Arbeit zu- und abgeführt wird, bleibt die Erzeugungswärme konstant. Es liegt demnach der dem Endzustand des Drosselvorganges entsprechende Punkt des Wärmediagramms mit dem Anfangspunkte auf einer Linie konstanter Erzeugungswärme. In Fig. 105 ist das Diagramm der Erzeugungswärme

Turbo-Generator 1000 KW.

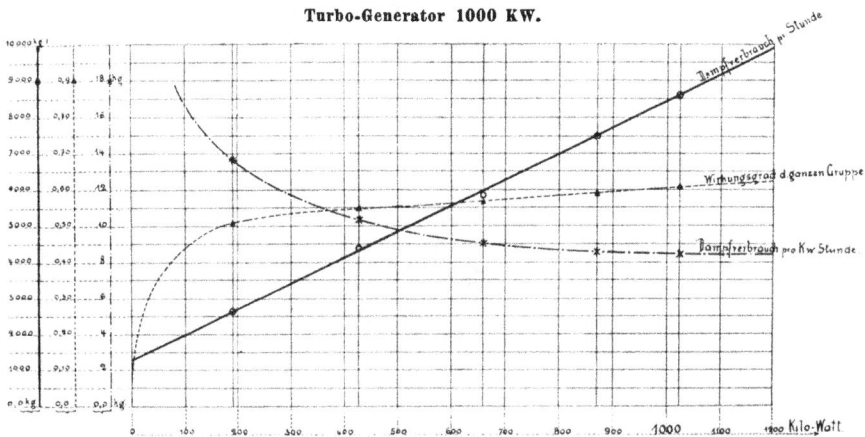

Fig. 106.

für einen Anfangsdruck von 10 Atm. abs. bei 300° C und Drosselung auf 9, 8 . . . bis 1 Atm. abs. Admissionsdruck zur Turbine dargestellt. Als Gegendruck ist 0,1 Atm. abs. angenommen. Die vertikale Entfernung stellt das Arbeitsvermögen dar, welches nach der Drosselung noch für die Turbine zur Verfügung steht. Man sieht, daß das Arbeitsvermögen bei verstärkter Drosselung erst langsam, dann schneller abnimmt. Dieses Verhältnis kommt denn auch in den Resultaten der Dampfverbrauchsversuche mit Drosselregulierung zur Erscheinung. Fig. 106 zeigt die Dampfverbrauchsziffern für eine 1000 KW-Dampfdynamo von Rateau-Oerlikon. Die Leistung von 1000 KW ist nur eine willkürlich gewählte Nennleistung, während die günstigste mit der Maximalleistung von 1200 KW zusammenfällt. Das Diagramm läßt erkennen, daß in der Nähe der Maximalleistung der Dampfverbrauch ganz konstant ist, wie dies ja auch nach obigen

Überlegungen hinsichtlich des hydraulischen Wirkungsgrades zu erwarten ist.

Es ist noch eine dritte Regulierungsart denkbar, nämlich intermittierende Admission, die bis zu einem gewissem Grade eine Veränderlichkeit der Dampfmenge bei konstanter Admissionsgeschwindigkeit ergibt. Letzteres trifft um so mehr zu, je länger die Admissions- und Abschlußperioden sind; denn bei Öffnung des Ventils steigt der Druck nicht plötzlich an und fällt ebenso nicht plötzlich beim Schlusse ab. Während dieser Übergänge findet also Drosselung statt. Nun müssen aber, um Stöße in der Maschine zu vermeiden, die Admissionen sehr rasch aufeinander folgen. Infolgedessen sinkt der Druck nicht zwischen den einzelnen Ventileröffnungen bis auf den Gegendruck ab und steigt ebenso bei geringer Belastung kaum auf den Druck vor dem Regulierventil an. Eine Regulierung dieser Art, wie sie Parsons anwendet, wirkt demnach fast vollkommen als Drosselregulierung.

Die Einleitung der Regulierungsbewegung

geschieht in der Regel durch einen Fliehkraftregler. Dieser kann entweder direkt oder indirekt auf das Regulierorgan einwirken. Eine direkte Einwirkung bedingt eine verhältnismäßig große Energie des Regulators und ein möglichst leicht bewegliches Regulierorgan (z. B. entlastetes Ventil). Bei der indirekten Regulierung gibt der Regler nur die Auslösung zur Regulierbewegung; diese selbst wird von der Turbinenwelle oder einem besonderen Motor abgeleitet.

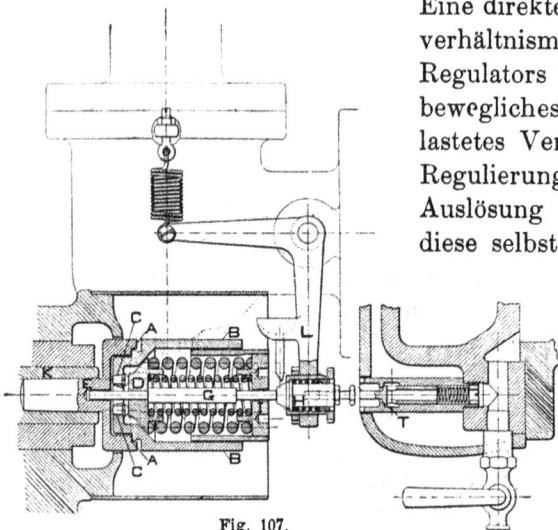

Fig. 107.

Fig. 107 und 108 zeigen zwei verschiedene Ausführungen einer direkten Regulierung der De Laval-Turbine. Der Fliehkraftregler besteht aus einem in der Welle K festgekeilten zylindrischen Körper E, der mit zwei seitlichen Ausschnitten zur Aufnahme der halbzylindrischen Pendel B versehen ist, und in dessen rohrförmiges

Ende (rechts) die Platte *I* eingeschraubt ist. Die beiden Pendel ruhen mit Schneiden *A* in entsprechenden Pfannen des Körpers *E* und stützen sich mit den Bolzen *C* gegen die Platte *D*, welche durch zwei (in anderen Ausführungen eine) Federn, die sich gegen *T* stützen, nach links gedrückt wird. Bei der Rotation bewegen sich die Fliehpendel *B* nach außen, drehen sich dabei um die Schneide *A*, und die Stifte *C* drücken die Platte *D* unter Kompression der Federn nach rechts. Dabei wird auch der zentrale Stift *G* nach rechts gedrückt und der Hebel *L* entgegen der Wirkung einer Feder nach rechts bewegt und dadurch eine schließende Bewegung des Ventils bewirkt. Die Anordnung des Ventils zeigt Fig. 108. Der Dampf tritt zentral von oben nach Durchgang durch ein Sieb ein, und nach unten zentral nach der Turbine.

Fig. 107 zeigt eine Sicherheitsvorrichtung, die an Turbinen mit Kondensation Anwendung findet.

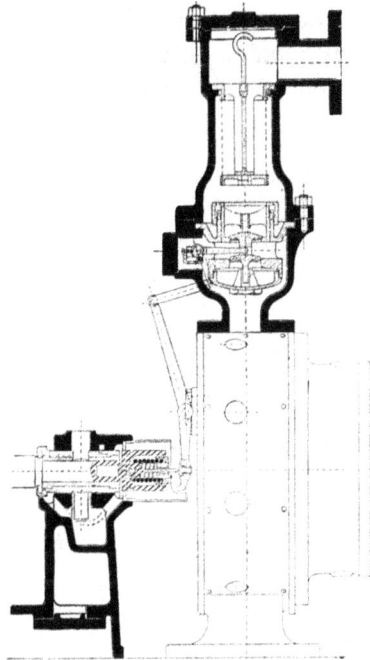

Fig. 108.

Sollte das Ventil infolge von Schmutz o. dgl. nicht dicht schließen, so drückt der Stift *G* bei weiterer Rechtsbewegung unter Kompression der in der Büchse *H* liegenden Feder das federbelastete Ventil *T* auf. Dadurch tritt Luft in den Turbinenraum und der dadurch erhöhte Laufwiderstand verhindert ein Durchgehen der Turbine.

Eine direkte Regulierung mit Schieber als Regulierorgan hat die Rateau-Oerlikon-Turbine (Tafel VI). Da der Bewegungswiderstand eines Schiebers verhältnismäßig beträchtlich ist, wurde das Prinzip der zwangläufigen Querbewegung angewendet. Wenn nämlich eine Kraft, die einen Körper auf einer Gleitfläche zu verschieben strebt, noch so klein ist, so wird sie, obwohl sie selbst nicht die Reibung zu überwinden imstande ist, wenn eine normal zu ihr gerichtete Kraft den Körper bewegt, die Richtung dieser Bewegung ändern, d. h. dem Körper eine Bewegungskomponente in ihrer eigenen

Richtung erteilen. Es wird deshalb in der vorliegenden Konstruktion
dem Schieber durch ein (oberhalb von ihm liegendes) Schneckengetriebe eine kontinuierlich rotierende Bewegung mitgeteilt, die in
der erörterten Weise den Bewegungswiderstand des Schiebers in
vertikaler Richtung ausschaltet. Es bleibt dafür allerdings der
Widerstand in der Verbindung (Feder und Nut) des Schneckenrades
mit der Schieberspindel. Der Antrieb der Drehvorrichtung ist in

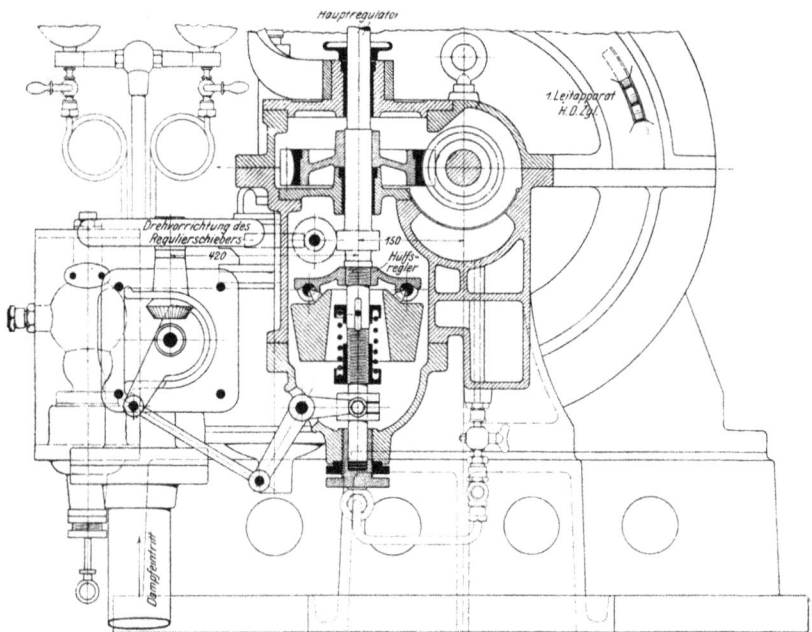

Fig. 109.

Fig. 109 zu sehen. Die Spindel des Regulators wird durch Schnecke
und Schneckenrad von der Turbinenwelle aus, und von ihr aus durch
zwei weitere Schneckengetriebe die Schieberspindel gedreht. Auch
diese Turbine besitzt eine besondere Sicherung gegen Durchgehen.
Auf der Hauptregulatorwelle sitzt unten ein labiler Hilfsregler (Fig. 109),
der erst bei Überschreitung der Umdrehungszahl in Wirksamkeit tritt.
Er bewegt dann plötzlich seine Muffe nach unten und löst durch
ein Gestänge die federbelastete Spindel eines Schnellschlußventils
(siehe Tafel VI) aus.

    Eine solche Auslösung sehr einfacher Art ist bei der Union-
Dampfturbine, Fig. 94, Seite 122, angebracht. In Fig. 110 ist sie

schematisch dargestellt. Auf der vertikalen Welle sitzt fest ein
Ring, welcher zwei kleine Fliehgewichte k trägt. Auf diesen ruht
ein schwerer, oben konischer Ring a, axial verschiebbar, aber gegen
Drehung auf der Welle gesichert. Bei Überschreitung einer gewissen
Umdrehungszahl genügt die Fliehkraft der Pendel k, um das Gewicht a

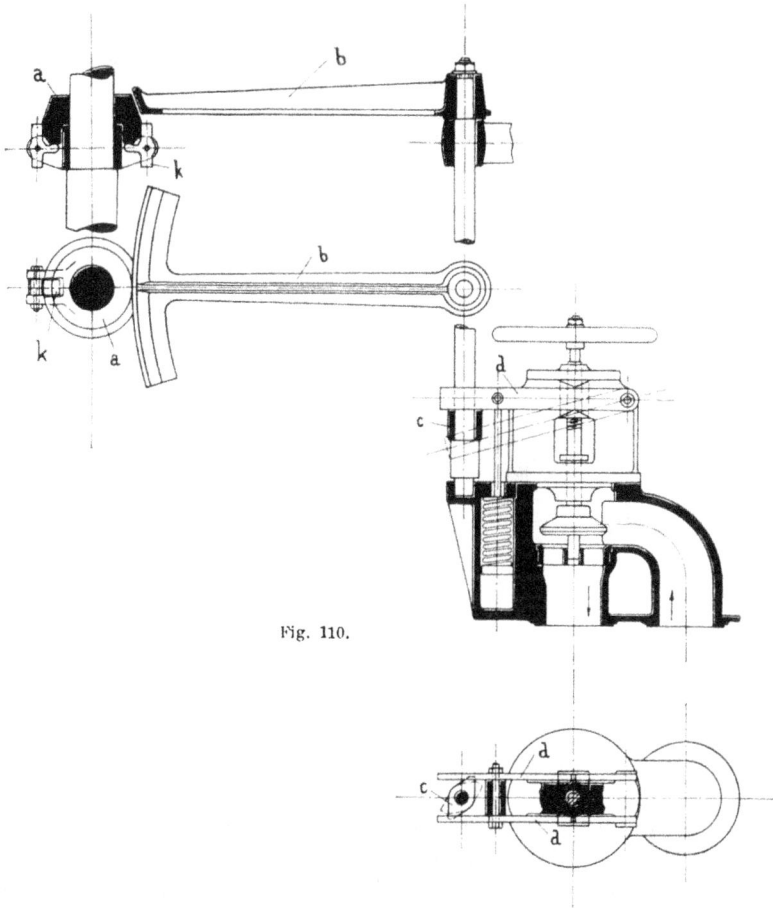

Fig. 110.

zu heben und gegen den konischen Sektor b anzupressen. Dieser
wird mitgenommen und dreht dabei einen auf seiner Welle befestigten Daumen c, der den federbelasteten Hebel d horizontal hält.
Bei der Drehung von c wird d frei, fällt nach unten und drückt
dabei die Mutter der Ventilspindel und damit auch das Ventil nach
unten in die Schlußstellung.

Bietet das Regulierorgan beträchtliche Widerstände dar, so ist es zweckmäßig, die Regulierbewegung von der Turbinenwelle oder einem besonderen »Servomotor« abzuleiten und den Fliehkraftregler nur die Auslösung dieser Bewegung bewirken zu lassen.

Die Ableitung von der Turbinenwelle kann in der Weise geschehen, daß das Regulierorgan direkt oder unter Zwischenschaltung von Hebeln durch eine Schraube bewegt wird, die von der Welle (Regulatorspindel) durch ein Wendegetriebe in der einen oder anderen

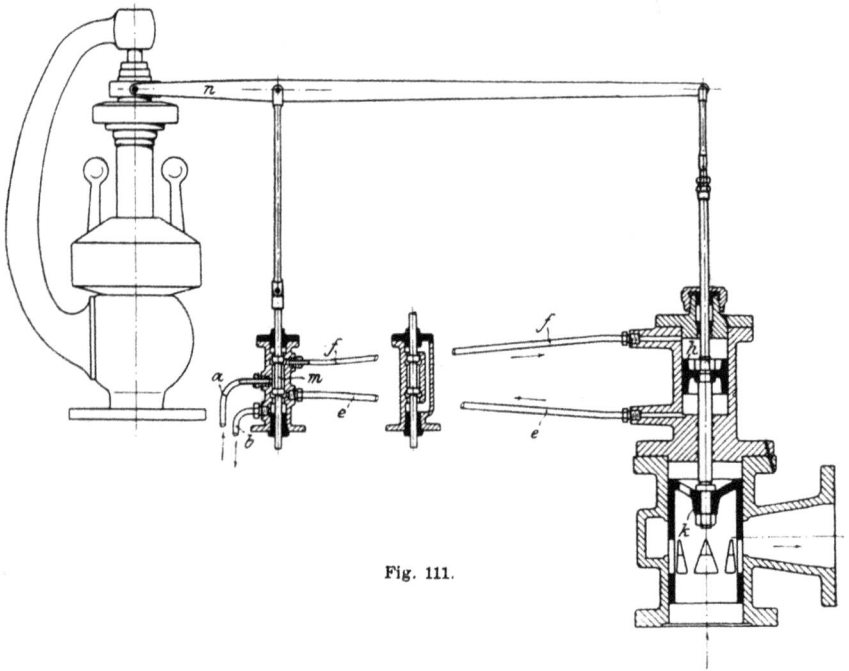

Fig. 111.

Richtung angetrieben werden kann. Die Einschaltung des Getriebes erfolgt dann durch den Regulator. Um ein Überregulieren zu vermeiden, muß eine sogenannte Rückführung angebracht werden, die eine rechtzeitige Wiederausschaltung des Getriebes bewirkt. Das Prinzip der Rückführung wird aus Fig. 111 klar werden, welche die Regulierung der Zoelly-Turbine veranschaulicht.

Die Drosselung des Dampfes erfolgt durch den Kolbenschieber k, der seine Bewegung von dem Kolben h erhält. Die Räume ober- und unterhalb dieses Kolbens können durch Rohrleitungen e und f und durch den Schieber m mit einer Drucköluzleitung a und

Ableitung b verbunden werden. Die Bewegung dieses Schiebers m geschieht von der Reglermuffe aus unter Vermittlung des Hebels n. Läuft also z. B. die Maschine zu schnell, so hebt sich die Reglermuffe und damit auch der Schieber m. Die Leitung a wird mit f verbunden und das Drucköl drückt den Kolben h nieder; der Kolbenschieber k verengt den Dampfdurchflußquerschnitt. Damit nun diese niedergehende Bewegung des Kolbens rechtzeitig unterbrochen wird, ist der dritte Gelenkpunkt des Regulatorhebels n mit der Kolbenstange von k verbunden. Es wird also mit dem Kolben gleichzeitig der Hebel n und der Schieber m abwärts bewegt und letzterer auf die Mittelstellung zurückgeführt. Demnach entspricht, da die Mittel-

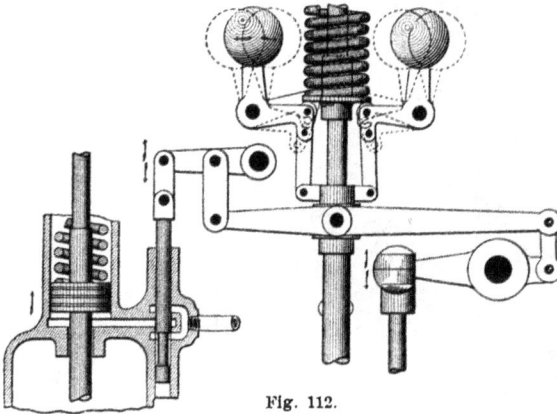

Fig. 112.

stellung des Schiebers m und damit des mittleren Hebeldrehpunktes unveränderlich ist, im Gleichgewichtszustand jeder Stellung der Regulatormuffe eine bestimmte Stellung des Regulierorgans.

Fig. 112 zeigt ein Schema der Regulierung der Parsons-Westinghouse-Turbine. Auch hier wird das eigentliche Regulierorgan durch einen Servomotor bedient. Dessen Steuerung erfolgt durch Dampf, der durch einen kleinen Kolbenschieber der unteren Seite eines Kolbens zugeführt wird, während dessen obere Seite unter dem Drucke einer Feder steht. Der Kolbenschieber wird fortwährend — von einem Exzenter auf der Regulatorspindel aus — durch eine Hebelübersetzung in der aus Fig. 112 ersichtlichen Weise auf und ab bewegt, und dadurch der Kolben abwechselnd vom Dampfdruck gehoben und von der Feder niedergedrückt, also das Dampfventil geöffnet und geschlossen. Die Zeitdauer der Dampfadmission wird nun dadurch geregelt, daß die Mittelstellung des

Regulierschiebers durch den Fliehkraftregler je nach der Umdrehungszahl eingestellt wird. Die Anzahl der Oszillationen des Ventils beträgt
etwa 100 in der Minute.

Die drosselungsfreie Regulierung — durch vollständige Absperrung
der einzelnen Düsen oder Düsengruppen — kann ebenfalls direkt
oder indirekt, unter Zwischenschaltung eines Servomotors, vom
Regulator aus bewirkt werden. Die konstruktive Ausführung dieser
Regulierung gestaltet sich wegen der Vielheit der zu betätigenden
Organe im allgemeinen kompliziert. Es sind jedoch auch recht ein-

Fig. 113.

fache Lösungen möglich, wie Fig. 113 und 114 — Ausführung der
Allgemeinen Elektrizitätsgesellschaft Berlin — veranschaulicht. Die
Zuleitungen zu den einzelnen Düsen sind am Umfange eines flachen
zylindrischen Raumes, dem der Frischdampf zugeführt wird, angeschlossen. Die Öffnungen in der zylindrischen Wand können durch
ein dünnes Stahlband, das sich von innen dagegen anlegt, geschlossen
werden. Das Band ist, wie Fig. 113 zeigt, auf eine mit dem Zylinder konzentrische Scheibe aufgewickelt, und einerseits an dieser,
anderseits am Gehäuse befestigt. Liegt das Band fest an der
Scheibe an, so ist zwischen ihm und dem Zylinder soviel radialer
Spielraum, daß der Dampf ohne Drosselung zu den Düsenrohren
treten kann. Durch eine Drehung der Scheibe wickelt sich das
Band von der Scheibe ab, legt sich gegen den Zylinder und verschließt

dabei die Öffnungen.   In welch vollkommener Weise dies geschieht, zeigt Fig. 114, die äußere Ansicht des Regulierkörpers mit abgenommenen Düsenrohren.   Man sieht an den austretenden Dampfstrahlen, daß eine merkliche Drosselung nur in dem letzten geöffneten Anschluß

Fig. 114.

vorhanden ist, während die übrigen voll offen oder ganz geschlossen sind.   Die Drehung der Scheibenwelle wird durch Hebel und Gestänge vom Regulator aus bewirkt.   Die Wirksamkeit der Regulierung bezüglich der Umlaufszahl ist aus dem Tachographendiagramm Fig. 115 ersichtlich.

Bei Turbinen mit mehreren Druckstufen und partieller Beaufschlagung würde eine Beaufschlagungsregulierung nur der ersten Druckstufe für die folgenden Stufen als Drosselregulierung wirken.

Schwankungen der Umlaufzahl einer 500 KW-Turbine bei plötzlicher Be- und Entlastung.

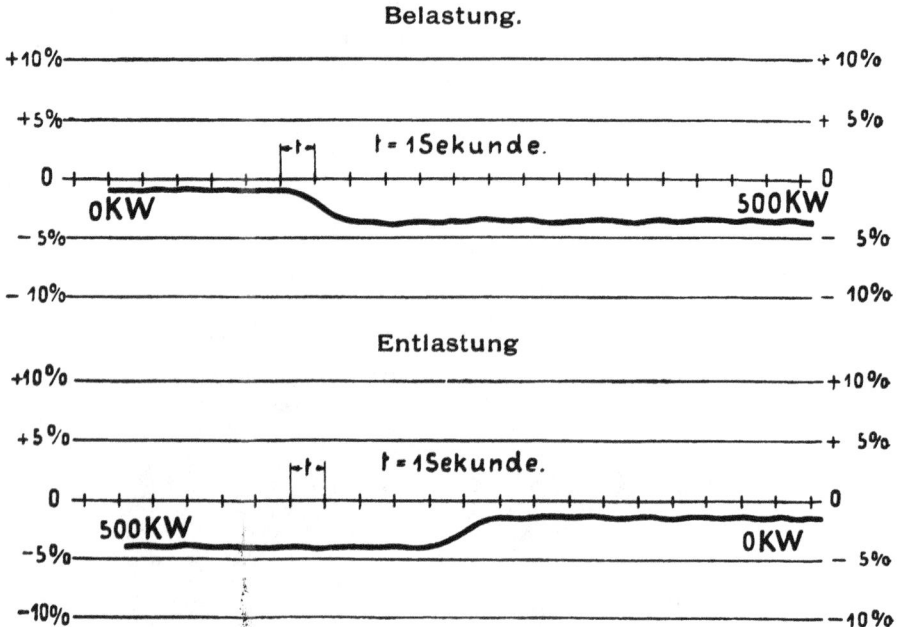

Belastung.

Entlastung

Fig. 115.

Wenn also die Verteilung des Druckgefälles auf die ganze Turbine bei der Regulierung unverändert bleiben soll, so muß die Beaufschlagung aller Stufen gleichzeitig geändert werden. Dies hat Schulz bei seiner Turbine (Fig. 97, S. 126) für die Hochdruckturbine durchgeführt. Er benützt Ringschieber mit verschieden breiten Öffnungen (Fig. 116 und 117), die so angeordnet sind, daß bei einer Drehung des Schiebers nacheinander die Leitradkanäle (1, 2 .. 5) abgeschlossen werden. Die Drehung der Schieber erfolgte bei der vorliegenden Ausführung von Hand; sie würde wegen des großen Bewegungswiderstandes bei automatischer Regulierung mittels Servomotors geschehen müssen.

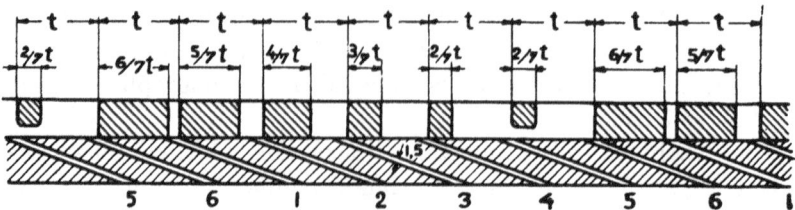

Fig. 116.

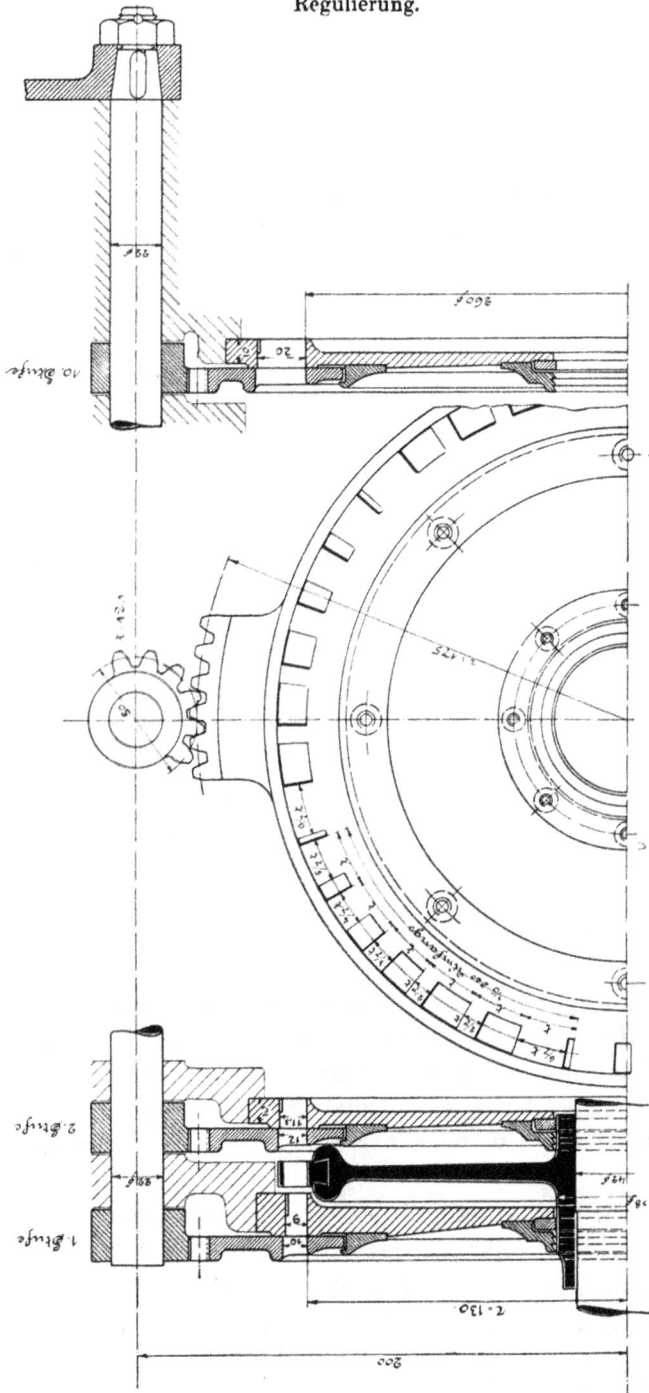

Fig. 117.

IV. Teil.

Der Dampfverbrauch.

Der theoretische Dampfverbrauch K in kg pro Stunde und Pferdestärke ergibt sich aus dem Arbeitsvermögen L eines Kilogramms Dampf mit

$$K = \frac{75 \text{ mkg/Sek.} \cdot 3600 \text{ Sek.}}{L \text{ mkg/kg}} = \frac{270000}{L} \text{ kg/PS-Std.}$$

Das Arbeitsvermögen L stellt sich nun, wie im II. Teil entwickelt, als die Differenz der Erzeugungswärmen des Dampfes in seinem Zustand beim Eintritt in die Maschine gegenüber demjenigen beim Austritt dar. Wenn keine Wärme- und Arbeitsverluste vorhanden sind, so ergibt sich der Endzustand aus dem Anfangszustand durch adiabatische Expansion — im Wärmediagramm durch eine vertikale Gerade dargestellt. Ist also der Anfangszustand des Dampfes (nach Druck und Temperatur) gegeben, so ist der Endzustand durch eine Größe, z. B. den Druck, vollkommen bestimmt. Aus der Wärmetafel können die beiden Erzeugungswärmen i_1 und i_2 (in WE) entnommen werden und es ist L in Arbeitseinheiten

$$L = 424 \, (i_1 - i_2),$$

also

$$K = \frac{270000}{424 \, (i_1 - i_2)}.$$

Die Größe $i_1 - i_2$ ist in der Wärmetafel als vertikale Entferung zweier Punkte gegeben; da nun jeder Größe von $(i_1 - i_2)$ ein bestimmter Dampfverbrauch K entspricht, so kann letztere Größe mit einem entsprechend eingeteilten Maßstab aus dem Diagramm abgelesen werden. Ein solcher Maßstab ist der Wärmetafel beigedruckt.

Beispiel: Ein Anfangsdruck von 10 Atm. abs. bei einer Anfangstemperatur von 300° C, Gegendruck 0,1 Atm. abs. gegeben.

Der vertikal gemessene Abstand des Punktes 10 Atm. 300° von der Kurve 0,1 Atm. entspricht auf dem Maßstab von oben nach unten aufgetragen der Zahl 3,43, die direkt den theoretischen Dampfverbrauch in kg pro PS und Stunde angibt.

Verluste.

Der Dampfverbrauch für die wirklich geleistete — effektive — Pferdestärke ist infolge der Verluste stets höher als der theoretische. Die Verluste sind folgende: Zunächst kommt nicht die ganze der Maschine zugeführte Dampfmenge zum Arbeiten. Ein Teil wird durch Undichtigkeiten (z. B. an den Entlastungskolben) oder infolge schlechter Strahlführung auf einem anderen Wege als dem durch die Schaufelung vom Einlaß zum Auspuff gelangen. Ferner wird durch Strahlung und Leitung der Wärmeinhalt des arbeitenden Dampfes vermindert und dadurch seine Qualität verschlechtert. Eine dritte Gruppe von Verlusten beruht auf der unvollkommenen Umsetzung der Dampfenergie. Es sind dies die Düsen- und Schaufelverluste; die geordnete Strömungsbewegung wird infolge von Reibung und Wirbelbildung in die ungeordnete Molekularbewegung umgesetzt, also in Wärme verwandelt. Die Energie bleibt also im Dampfe, aber in der entwerteten Form von Wärme bei niedrigerem Drucke; sie ist bei weiterer Expansion wieder zum Teil ausnützbar.

Der Rest der Dampfenergie wird auf die Laufschaufeln übertragen. Ein Teil davon wird jedoch durch den Widerstand des rotierenden Rades im umgebenden Dampf (Dampfreibungs- und Ventilationsverlust) in Wärme verwandelt und als solche dem Dampfe wieder zugeführt, ein anderer Teil durch die Lagerreibung auf das Schmieröl oder Kühlwasser und die umgebende Luft übertragen.

Die von der Welle nun noch weiter geleitete Energie stellt die effektive Leistung dar.

Wir können also unterscheiden:

1. Dampfverluste durch Undichtigkeit und schlechte Dampfführung,
2. Wärmeverluste durch Strahlung und Leitung,
3. Düsen- und Schaufelverluste durch Reibung und Wirbelung des arbeitenden Dampfes,
4. Reibungs- und Ventilationsverluste durch die Bewegung des rotierenden Rades im nicht arbeitenden Dampf,
5. Lagerreibung.

Dampfverluste.

Die Dampfverluste infolge von Undichtheit verschwinden vollständig innerhalb einer Druckstufe bei der Gleichdruckturbine mit einer oder mehreren Geschwindigkeitsstufen. Wohl aber sind hier

Verluste infolge mangelhafter Dampfführung möglich. Es kann
— allerdings nur durch grobe Montagefehler — der Laufkranz den
Düsenmündungen so gegenüberstehen, daß der Strahl neben der
Schaufel auf die Radscheibe trifft oder an der Schaufel seitlich vor-
beigeht. Aber auch bei genauer Montage kann ein Dampfverlust
infolge der Streuung des aus der Düse austretenden Strahles eintreten, wenn die Schaufel nicht breit genug oder der Abstand zwischen
Düse und Schaufel zu groß ist. Eine solche Streuung findet statt,
wenn der Druck außerhalb der Düsenmündung kleiner ist als der
dem Erweiterungsverhältnis der Düsenmündung entsprechende. Wie
oben unter Düsen schon bemerkt, ist es zweckmäßig, bei veränderlichem Gegendruck, das Erweiterungsverhältnis für den höchsten
regelmäßig vorkommenden Gegendruck zu bemessen; es wird also
in diesem Falle bei gutem Vakuum eine solche Streuung eintreten.
Durch Beschränkung des Spielraums zwischen Düse und Schaufel
auf 1—3 mm und Bemessung der Schaufelbreite um 1—2 mm größer
als Düsenbreite kann der Dampfverlust vermieden werden. Die
gegenseitige Stellung von Schaufel und Düse ist mit Rücksicht auf
die Wärmedehnung von Schaufelrad und Gehäuse und auf die
elastische Dehnung des Rades im Betriebe zu fixieren.

Sind mehrere Druckstufen einer Gleichdruckturbine in einem
Gehäuse vereinigt, so kann der Übertritt des Dampfes von einer
Stufe zur anderen durch den Spalt zwischen festem und rotierendem
Teil durch Verkleinerung des Spaltdurchmessers sehr reduziert werden
(Rateau, Zoelly). Der übergetretene Dampf ist in diesem Falle
nicht ganz verloren, sondern wird in den folgenden Stufen noch
nutzbar gemacht. Ist, wie bei Verwendung einer Trommel als
Schaufelträger, eine Verkleinerung des Spaltdurchmessers unmöglich,
so muß die Spaltweite, d. h. der Spielraum zwischen festem und
rotierendem Teil möglichst vermindert werden (ca. $^1/_{20}$—$^1/_{50}$ der Schaufelbreite), und außerdem ist das Druckgefälle zwischen je zwei Stufen
klein zu wählen. Zu diesem Zwecke ist es günstig, das Gefälle auf
Lauf- und Leitschaufeln zu verteilen, also das Überdruckprinzip anzuwenden (Parsons). Über die Größe der Undichtigkeitsverluste
vergleiche das unter Labyrinthdichtungen Gesagte.

Wärmeverluste.

Wärmeverluste treten ein durch Übertragung von Wärme vom
Dampf an das Gehäuse und von diesem an die umgebende Luft.
Hiergegen ist durch gute Isolation des Gehäuses Abhilfe zu schaffen.

Ein empfindlicher er Wärmeverlust kann aber auch durch Wärmeleitung in der Gehäusewandung vom Eintrittsdampf zum Abdampf entstehen, besonders, wenn im Gehäuse die entsprechenden Kanäle unmittelbar nebeneinander liegen. Die Rücksicht hierauf ist besonders bei Turbinen mit wenig Druckstufen zu beachten. (Vgl. z. B. die Anordnung eines besonderen Einströmungskörpers mit möglichst wenig Berührungsflächen an der A. E. G.-Turbine Taf. V.) Bei Turbinen mit mehreren Druckstufen ist dieser Verlust nicht so bedeutend, da die übertragene Wärme in den unteren Stufen wieder zum Teil nutzbar gemacht wird, und bei der üblichen Anordnung, der axialen Aneinanderreihung der Stufen, Eintritt und Auspuff weit auseinander liegen.

Düsen- und Schaufelverluste.

Die Düsen- und Schaufelverluste sind schon oben im Zusammenhange mit der Theorie und Konstruktion der Schaufeln behandelt worden. Es sei hier nur noch mit Rücksicht auf die Wertung der verschiedenen Turbinensysteme darauf hingewiesen, daß beide Verluste mit der Dampfgeschwindigkeit stark wachsen, also bei wenigen Druckstufen erheblich größer sind als bei vielen, ferner, daß die Verlustenergie dem Dampfe wieder zugeführt wird, also den unteren Druckstufen zugute kommt. Es ist also in Hinsicht auf die Düsen- und Schaufelverluste die Mehrstufenturbine derjenigen mit wenigen D r u c k s t u f e n überlegen.

Verlust durch Reibungs- und Ventilationswiderstand des Laufrades im Dampfe.

Der rotierende Schaufelträger erfährt in dem ihn umgebenden Dampfe einen Widerstand, der sich aus zwei prinzipiell verschiedenen Komponenten zusammensetzt, dem Reibungs- und dem Ventilationswiderstand.

Die D a m p f r e i b u n g läßt sich in folgender Weise erklären: Befindet sich eine Dampf- oder Gasmasse zwischen zwei rauhen Flächen, welche den Abstand a voneinander haben, und von welchen die eine ruht, während die andere die Geschwindigkeit u besitzt, so werden die den Flächen unmittelbar benachbarten Dampfteilchen infolge der Rauhigkeit der Flächen den Bewegungszustand der letzteren anzunehmen suchen. Es werden also die Teilchen zunächst der ruhenden Fläche die Geschwindigkeit 0, diejenigen an der anderen die Geschwindigkeit u annehmen. Infolge der Molekularschwingungen[1]

---

[1] Vgl. S. 24.

tauschen die Dampfteilchen der verschiedenen Schichten ihre Geschwindigkeiten untereinander aus, und es findet so eine Geschwindigkeitsübertragung von der bewegten Fläche nach der ruhenden hin statt. Die beim Zusammenstoß mit langsamer bewegten Teilchen verzögerten Moleküle müssen beim Zusammenstoß mit der bewegten Fläche wieder beschleunigt werden. Die dabei von letzterer zu leistende Kraft — d e r R e i b u n g s w i d e r s t a n d — ist also proportional der Größe dieser Beschleunigung und der in der Zeiteinheit zu beschleunigenden Masse. Die Beschleunigung ist direkt proportional der Geschwindigkeit u und umgekehrt proportional dem Abstand a der Flächen (also proportional dem Geschwindigkeitsgefälle) und abhängig von der Rauhigkeit der Flächen. Die pro Zeiteinheit zu beschleunigende Masse ist proportional der spezifischen Masse der Moleküle und der Anzahl der in der Zeiteinheit erfolgenden Stöße. Auf Grund dieser Überlegungen kommt B o l t z m a n n[1]) zu dem auch durch Versuche bestätigten Schlusse: Die Gas- und Dampfreibung pro Flächeneinheit ist unabhängig von dem Gasdrucke; sie steigt mit der Geschwindigkeit und Temperatur und sinkt mit zunehmender Entfernung der Flächen. Der B e t r a g des Reibungswiderstandes ist nun sehr geringfügig, so daß er in den Dampfturbinenberechnungen vernachlässigt werden kann. Nach Versuchen des Verfassers betrug die Dampfreibungsarbeit bei einer Zylinderfläche von . 0,4 qm bei 65 m/Sek. Umfangsgeschwindigkeit und 1 mm Abstand der bewegten von der ruhenden Zylinderfläche weniger als 10 Watt.

Dieses Resultat ist deshalb von praktischer Bedeutung, weil es die Zulässigkeit großer Flächenentwicklung des rotierenden Körpers und kleiner Abstände des letzteren vom ruhenden (z. B. bei Labyrinthdichtungen) beweist.

Von der eigentlichen Dampfreibung ist der sog. V e n t i l a t i o n s · w i d e r s t a n d scharf zu unterscheiden. Die Ventilation hat mit der Dampfreibung das Gemeinsame, daß dabei ebenfalls Dampf von den bewegten Flächen mitgenommen, also beschleunigt wird; der Unterschied besteht darin, daß im Falle der D a m p f r e i b u n g die Weitergabe der von den Dampfteilchen erlangten Geschwindigkeit durch die Molekularschwingungen, bei der Ventilation durch Abströmen des beschleunigten und Nachströmen langsamer bewegten Dampfes erfolgt (Konvektion). So wird z. B. die an der Stirnfläche einer in freier Luft rotierenden Scheibe mitgerissene Luft durch die Fliehkraft nach

---

[1]) B o l t z m a n n, Kinetische Gastheorie.

außen geführt und so mit immer schneller bewegten Flächenteilen in Berührung gebracht, während innen neue Luft nachströmt. Der Betrag der von der Scheibe auf die Luft auszuübenden Kraft ist auch hier wie bei der Reibung gegeben durch die Größe der Beschleunigung und die zu beschleunigende Masse. Erstere hängt im wesentlichen von der Umfangsgeschwindigkeit der Scheibe, letztere von dem spezifischen Gewicht des die Scheibe umgebenden Gases (Dampfes) und ganz besonders von der die Freiheit der Zirkulation bestimmenden Gestaltung der Scheibe und des Gehäuses ab. So zeigte bei einem Versuche des Verfassers eine einerseits völlig frei, anderseits in einem Abstande von 10 mm von einer festen glatten Wand in Luft rotierende Scheibe von 400 mm Durchmesser bei 3000 Umdrehungen pro Minute 50 Watt Arbeitsverbrauch. Nachdem nahe der Welle einige Löcher in die Scheibe gebohrt waren, so daß Luft innen in den Raum zwischen der Scheibe und der ruhenden Wand eintreten konnte, stieg der Arbeitsverbrauch auf 100 Watt. Es läßt sich demnach eine allgemein gültige Formel für die Ventilationsarbeit nicht aufstellen. Auf Grund des bis jetzt vorliegenden Versuchsmaterials kann angenommen werden, daß die Ventilationsarbeit für ein und dasselbe Rad und die gleiche Art seines Einbaues proportional ist dem spezifischen Gewichte des umgebenden Dampfes und der dritten Potenz der Umdrehungsgeschwindigkeit. Ein sehr erheblicher Teil der Ventilationsarbeit entfällt auf die Schaufeln; sie wächst stark mit deren radialer Dimension. Stodola[1] hat auf Grund seiner Versuche mit Rädern von Rateau-Oerlikon-Turbinen eine Formel für die Ventilationsarbeit einer Radscheibe vom Durchmesser D m, der radialen Schaufelbreite L cm (für Axialturbinen), bei der Umfangsgeschwindigkeit u m/Sek. und dem spezifischen Gewichte des umgebenden Dampfes oder Gases γ kg/cbm aufgestellt: die Arbeit N_0 in PS ist gegeben durch

$$N_0 = [a_1 D^{2,5} + a_2 L^{1,25}) \left(\frac{u}{100}\right)^3 \cdot \gamma,$$

wobei a_1 und a_2 Konstanten bedeuten, deren Werte für offen rotierende Räder betragen:

$$a_1 = 3{,}14,$$
$$a_2 = 0{,}42.$$

Durch eine eng anschließende Umhüllung des Rades und besonders des Schaufelkranzes kann die Ventilationsarbeit ganz erheblich

---

[1] Stodola, Die Dampfturbinen, 1904, S. 107 ff.

reduziert werden, indem hierdurch die Menge des von dem Rade zu beschleunigenden Dampfes verkleinert wird. Für verschiedene Schaufelformen ist auch bei gleichen Größenverhältnissen der Ventilationswiderstand verschieden und wird zweckmäßig vor Entwurf einer neuartigen Turbine durch Versuche besonders ermittelt.

Bei voll beaufschlagten Schaufeln fällt deren Ventilationswiderstand naturgemäß fort, da der das Rad umgebende Dampf in die Schaufeln — wegen deren Ausfüllung mit Arbeitsdampf — nicht eintreten kann. Bei partieller Beaufschlagung kommt also der Ventilationswiderstand nur für die nicht beaufschlagten Schaufeln in Betracht.

Von der Größe der Arbeitsverluste möge folgendes Beispiel eine Vorstellung geben.[1]) Fig. 118 stellt den Verlauf der Zustandsänderung des Dampfes beim Durchgang durch die Turbine im Wärmeinhaltsdiagramm dar. Die Versuchsdaten sind folgende:

$$n = 3010 \text{ Umdr.-Min.} \quad \text{Leistung 115 KW.}$$

	Dampf-leitung	vor													Konden-sator
		1	2	3	4	5	6	7	8	9	10	11	12	13	
		Leitrad													
Dampfdruck Atm. abs.	14,2	11,0	6,4	5,1	4,0	2,8	1,9	1,53	1,26	0,75	0,58	0,46	0,37	0,36	0,35
Temperatur °C	241	232	214	194	168	163	144	130	113,5	94	84	79	74	73	72
Erzeugungswärme	687	686	681	673	663	662	655	649,5	643	636	—	—	—	—	—

Dampfdruck und Temperatur sind gemessen, die Erzeugungswärme aus beiden ermittelt. Die fünf letzten Werte der gemessenen Temperatur stimmen mit der Sättigungstemperatur beim zugehörigen Druck überein; es ist also gesättigter oder — wahrscheinlich — nasser Dampf vorhanden. Da die Dampfnässe sich nicht bestimmen ließ, läßt sich also für die fünf letzten Kolonnen die Erzeugungswärme nicht ermitteln.

---

[1]) Das folgende Beispiel ist einer Reihe von Versuchen entnommen, die Herr Professor Josse an der auf Tafel VI abgebildeten, von der Maschinenfabrik Oerlikon erbauten 150 KW-Turbodynamo angestellt und in den Mitteilungen aus dem Laboratorium der techn. Hochschule Charlottenburg (bei Oldenbourg, München und Berlin erschienen) veröffentlicht hat. Für die gütige Mitteilung der Versuchsdaten bin ich Herrn Prof. Josse zu besonderem Danke verpflichtet.

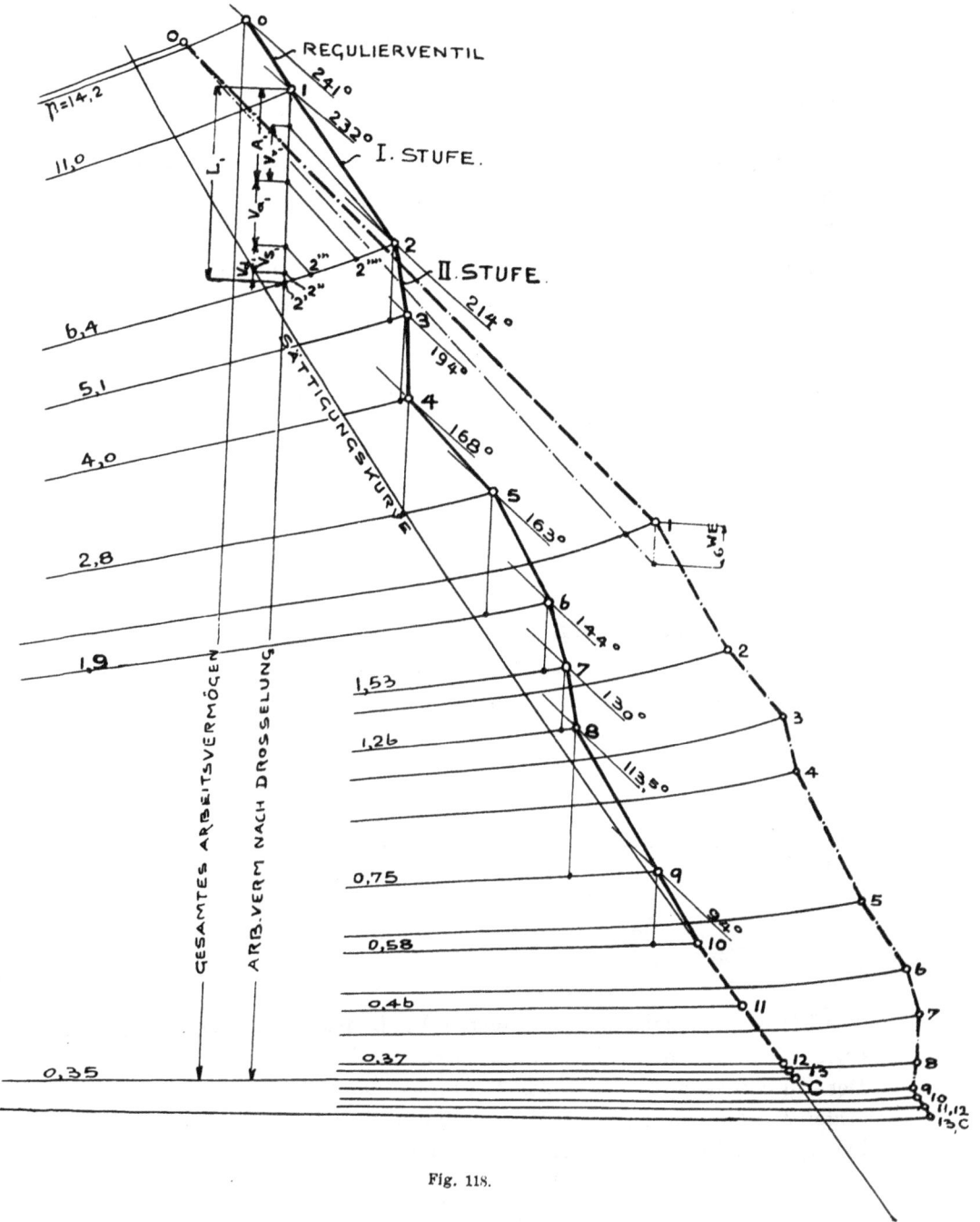

Fig. 118.

Der Punkt 0 des ausgezogenen Linienzuges bezeichnet den
Dampfzustand in der Zuleitung vor dem Drosselventil ($p_0 = 14{,}2$ Atm.,
$t_0 = 241^0$) mit einer Erzeugungswärme $i_0 = 687$ WE. Punkt 1 bezieht
sich auf den Zustand vor dem ersten Leitrade; der entsprechende
Wärmeinhalt ist $i_1 = 686$ WE, bei $p_1 = 11$ Atm., $t_1 = 232^0$. Es ist
demnach zwischen der Stelle 0 und 1 eine Wärmeeinheit verloren
gegangen, vermutlich durch Wärmestrahlung, da bei dem Drossel-
vorgang eine äußere Arbeitsleistung nicht stattfindet.

Im ersten Leitrade fällt der Druck von 11 auf 6,4 Atm. Es
steht daher für das erste Laufrad die im i—s-Diagramm (Fig. 118)
durch die vertikale Strecke (Adiabate) 1—2' dargestellte Arbeitsmenge
von ca. 26 WE oder 11 000 mkg zur Verfügung. Diese Energie
entspricht einer Ausflußgeschwindigkeit des Dampfes von 465 m/Sek.
Die Energiemenge ($L_1 =$ Differenz der Erzeugungswärmen) und die
Ausflußgeschwindigkeit sind mit dem beigegebenen Maßstabe direkt
der i—s-Tafel zu entnehmen. Beträgt der Geschwindigkeitsverlust
in der Düse $2{,}5\%$ der theoretischen Ausflußgeschwindigkeit ($4{,}5\%$
Energieverlust), so ist die tatsächliche

$$W_{e1} = 0{,}975 \cdot 465 = 453 \text{ m/Sek.},$$

gegeben durch die Länge $L_1 - V_{d1}$.

Dem Dampfzustand beim Ausfluß aus der Düse entspricht
Punkt 2'' mit einer Erzeugungswärme, die um den Betrag des
Düsenverlustes V_{d1} größer als diejenige für 2' ist.

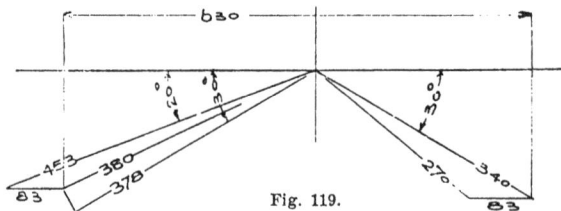

Fig. 119.

Die auf die Schaufeln des ersten Laufrades übertragene Arbeit
ergibt sich aus dem Geschwindigkeitsdiagramm wie folgt:
Der Durchmesser D_1 des ersten Laufrades der untersuchten Turbine
(Tafel V) ist — bezogen auf Schaufelmitte — ca. 530 mm, demnach
bei $n = 3010$ Umdr.-Min. die Umfangsgeschwindigkeit

$$u = \frac{D_1 \pi n}{60} = 83 \text{ m/Sek.}$$

Ist ferner der Anstellwinkel der Düsen 20°, die beiden Endwinkel
der Laufschaufeln gegenüber der Radebene 30°, und wird der Geschwindigkeitsverlust in der Schaufel zu 10% der relativen Eintrittsgeschwindigkeit angenommen, so ergibt sich das Geschwindigkeitsdiagramm Fig. 119. Dieses Diagramm zeigt beim Eintritt einen
Stoß, der die relative Eintrittsgeschwindigkeit von 380 auf 378 m/Sek.
reduziert, und eine relative Austrittsgeschwindigkeit von 0,9 · 378
= 340 m/Sek. Der gesamte Schaufelverlust ist demnach

$$V_{s1} = \frac{380^2 - 340^2}{2\,g} = 1480 \text{ mkg.}$$

Die Tangentialkomponente der Geschwindigkeitsänderung gibt
das Diagramm mit 630 m/Sek. Daher ist die von den Schaufeln
aus jedem Kilogramm Dampf **aufgenommene Arbeit** bei 83 m/Sek.
Eigengeschwindigkeit der Schaufeln

$$A_1 = \frac{1}{g} \cdot 630 \cdot 83 = 5300 \text{ mkg.}$$

Die absolute Austrittsgeschwindigkeit aus dem Laufrade beträgt
nach dem Diagramm 270 m/Sek., entsprechend einem Austritts-
Energieverlust von

$$V_{a1} = \frac{1}{g} \cdot \frac{270^2}{2} = 3720 \text{ mkg.}$$

Das für die erste Druckstufe verfügbare Arbeitsvermögen verteilt sich also wie folgt:

Hydraulische Verluste	Düsenverlust $V_{d1} =$	$\frac{465^2 - 453^2}{2\,g}$	= 500 mkg	. . .	4,5%
	Schaufel » $V_{s1} =$		1480 »	. . .	13,5 »
	Austritts » $V_{a1} =$		3720 »	. . .	33,8 »
Von der Schaufel aufgenommene Arbeit	$A_1 =$		5300 »	. . .	48,2 »

Gesamtes Arbeitsvermögen L_1 = 11000 mkg . . 100,0%

Von der auf die Schaufeln übertragenen Arbeit wird nun ein
Teil durch den Ventilationswiderstand dem Dampfe als Wärme wieder
zugeführt, ebenso wie es bei den obigen drei Verlustarbeiten der
Fall war. Der Wärmeinhalt des Dampfes ist also vor Eintritt in
das zweite Radsystem gleich dem ursprünglichen (686 WE) abzüglich
der vom Rade an die Welle weitergegebenen Arbeit oder gleich dem
bei adiabatischer Expansion sich ergebenden Endwert (660) zuzüglich
der Düsen-, Schaufel-, Austritts- und Ventilationsverluste. Die Messung

bei dem Versuch ergab diesen Wert zu 681 WE. Es waren also
686 — 681 = 5 WE als Arbeit auf die Welle übertragen, 681 — 660
= 21 WE als Verlustarbeit dem Dampfe wieder zugeführt worden.
Den 5 WE Nutzarbeit entsprechen 5 · 424 = 2120 mkg. Da nun
von der Schaufelung aufgenommen waren

$$5300 \text{ mkg,}$$

so müssen für Ventilationsarbeit aufgewendet worden sein

$$5300 — 2120 = 3180 \text{ mkg,}$$

das sind 28,9% der verfügbaren Arbeit, während für Nutzarbeit nur
$\frac{2120}{11000}$ · 100 = 19,3% verbleiben.

In Fig. 118 sind die Größen der Verlustarbeiten und der
Nutzarbeit als Abschnitte der Vertikalen 1—2' eingetragen. Die
Punkte 2'' bis 2'''' geben die Dampfzustände beim Austritt aus der
Düse und der Laufschaufel, und nach Umsetzung der Austritts-
energie an.

In der zweiten Druckstufe, welche eine erheblich größere
partielle Beaufschlagung besitzt und außerdem mit geringeren
Dampfgeschwindigkeiten arbeitet, sind die Verluste viel geringer
als in der ersten, wie der steilere Verlauf der Linie 2—3 zeigt.
Noch mehr ist dies bei der nahezu voll beaufschlagten dritten Stufe
der Fall.

Wie die erste, zweite und dritte Stufe, so bilden die vierte bis
siebente eine Gruppe von Radsystemen annähernd gleichen Durchmessers und mit wachsender partieller Beaufschlagung (vgl. Tafel V).
Auch hier zeigt der Linienzug 4—8 die Abnahme der Verluste mit
Vergrößerung der Beaufschlagung. Daß dieselbe Erscheinung nicht
auch bei der dritten Rädergruppe (8 — C) sichtbar wird, liegt
daran, daß die Punkte von 10 bis C, die im Naßdampfgebiet liegen,
auf der Sättigungslinie angegeben sind, da ihr wirklicher Ort
mangels einer Bestimmung der Dampffeuchtigkeit nicht angegeben
werden kann.

Es mag hier noch bemerkt werden, daß die vorliegenden
Versuche bei einem Kondensatordruck von 0,35 Atm. abs. durchgeführt wurden, während die Turbine für 0,1 Atm. abs. Gegendruck
gebaut ist. Das Diagramm läßt deutlich erkennen, daß der Einfluß
dieses abnorm hohen Gegendrucks nur auf die zwei letzten Stufen
erheblich ist.

Der strichpunktierte Linienzug der Fig. 118 stellt das Diagramm
bei Leerlauf der gleichen Turbine dar. Die Drossellinie 0—1 verläuft
oberhalb der theoretischen, d. h. die Endtemperatur der Drosselung
ist höher als sie bei Ausschluß von Wärmeleitung sein müßte, und
zwar ergibt das Diagramm einen Mehrgehalt des gedrosselten Dampfes
an Erzeugungswärme von 6 WE (vgl. Fig. 118). Diese Erscheinung
erklärt sich durch Wärmeleitung im Drosselschieber; der Versuch
wurde nämlich unmittelbar nach dem Versuch mit Belastung, also
bei hoher Temperatur der Turbine vorgenommen. Auch das
Leerlaufdiagramm zeigt, daß der zu hohe Gegendruck — hier
0,3 Atm. abs. — nur auf die letzten Stufen wirkt. Da die Punkte 9
bis C fast genau auf einer Geraden gleichen Wärmeinhalts liegen,
so ist anzunehmen, daß die fünf letzten Radsysteme dem Dampf
weder Arbeit entnehmen, noch an ihn abgeben, daß also das Mit-
schleppen dieser nicht arbeitenden Räder keinen erheblichen Verlust
bedingt.

Die Zahlen des obigen Beispiels machen nicht den Anspruch
absoluter Genauigkeit, da der Einfluß der Wärmeverluste durch
Strahlung und Leitung unberücksichtigt bleiben mußte, und anderseits kleine Ungenauigkeiten, insbesondere der Temperaturmessung,
welche große Schwierigkeiten bietet, nicht ausgeschlossen sind. Bei
Konstruktion einer neuen Turbine wird es stets notwendig sein, für
das gewählte Schaufelsystem und den auszuführenden Einbau des
Rades die Verlustkoeffizienten durch Versuche zu ermitteln. Für
die vorläufige Schätzung derselben dürfte das Gesagte wohl einen
genügenden Anhalt bieten.

Lagerreibung.

Die Lagerreibungsarbeit ist nach dem unter Lager (S. 116 ff.)
gesagten leicht zu berechnen, sofern die Anordnung der Maschine
ein Klemmen der Welle in den Lagern ausschließt. Ihr Betrag ist
im allgemeinen geringfügig. Ebenso ist der Reibungsverlust in den
Stopfbüchsen, vorausgesetzt, daß sie rationell gebaut sind, sehr klein.

V. Teil.
Entwurf und Berechnung.

Wahl des Systems.

Die für die Wahl des Systems einer neu zu konstruierenden Dampfturbine maßgebenden Gesichtspunkte sind folgende:

Die Gleichdruckturbine mit einer Druckstufe und einer oder mehreren Geschwindigkeitsstufen ist einfach und billig, hat jedoch verhältnismäßig hohen Dampfverbrauch.

Der geringste Dampfverbrauch dürfte sich mit Mehrstufenturbinen mit Druckunterteilung, eventuell kombiniert mit Geschwindigkeitsstufen, erzielen lassen, und zwar wird bis zu einer gewissen Grenze der Dampfverbrauch bei Vermehrung der Druckstufen sinken; die Herstellungskosten werden dabei entsprechend steigen. Es wird demnach für kleine Turbinen im allgemeinen die einstufige, für große die vielstufige Bauart zweckmäßig sein.

Die Umdrehungszahl.

In den meisten Fällen ist die obere Grenze für die Umdrehungszahl durch die angetriebene Maschine vorgeschrieben. Für Dynamoantrieb dürften folgende Umdrehungszahlen zweckmäßig sein: Für 0—50 KW Gleichstr. 4000 Umdr.-Min. Wechselstr. 3000 Umdr.-Min.

250	»	»	3000	»	»	3000	»
500	»	»	2000	»	»	3000	»
1000	»	»	1000	»	W. 3000 od. 1500	»
3000	»	»	—	»	Wechselstr. 1500	»
5000	»	»	—	»	»	750	»

Gleichstromdynamos über 1000 KW bieten wegen der hohen Strombelastung des Kollektors bis heute noch nicht überwundene Schwierigkeiten.

Der Raddurchmesser.

Der Raddurchmesser bestimmt sich bei gegebener Umlaufzahl aus der gewählten Umfangsgeschwindigkeit der Schaufeln (vgl. Fig. 91 S. 118), die wieder von dem gewählten System — Überdruck oder Gleichdruck — und der Dampfgeschwindigkeit, also dem zu verarbeitenden Gefälle abhängt. Bei der Bestimmung des Durchmessers ist zu beachten, daß partielle Beaufschlagung mehr oder weniger erheblichen Ventilationsverlust bedingt, daß also die Beaufschlagung wenn möglich voll zu nehmen ist, eventuell unter Herabsetzung der Umfangsgeschwindigkeit und Erhöhung des Austrittsverlustes.

Stufenzahl.

Die Geschwindigkeitsstufenzahl kann je nach der Größe
des zulässigen Schaufelverlustes zu 2—4 angenommen werden. Die
Verluste sind am besten an Hand des Geschwindigkeitsdiagrammes
zu ermitteln (vgl. S. 68 ff.). Die Anzahl der Druckstufen bestimmt
sich am einfachsten mit der Wärmetafel, unter Annahme einer bestimmten Dampfgeschwindigkeit, die jeweils beim Ausfluß aus der
Leitschaufel erreicht werden soll. Da bei den Hochdruckstufen das
Volumen des Dampfes und daher auch der notwendige Durchflußquerschnitt verhältnismäßig klein ist, so wird der Durchmesser der
Hochdruckräder zweckmäßig kleiner genommen als derjenige der
Niederdruckräder. Es ist also auch die Umfangsgeschwindigkeit
der ersteren kleiner und es ist daher zweckmäßig, auch die Dampfgeschwindigkeit nach der Niederdruckseite zu anwachsen zu lassen.

Die Wärmetafel ergibt z. B. mit dem Geschwindigkeitsmaßstab,
wenn $p_1 = 10$ Atm., $t_1 = 300^0$ vorausgesetzt werden, folgendes:

Stufe 1 angenommen	w = 250 m/Sec.	p = 8,8 Atm.
» 2 »	w = 250 »	p = 7,7 »
» 3 »	w = 260 »	p = 6,7 »
» 4 »	w = 270 »	p = 5,6 »
» 5 »	w = 280 »	p = 4,7 »
» 6 »	w = 300 »	p = 3,8 »
» 7 »	w = 320 »	p = 2,9 »
» 8 »	w = 340 »	p = 2,1 »
» 9 »	w = 360 »	p = 1,4 »
» 10 »	w = 380 »	p = 0,9 »
» 11 »	w = 400 »	p = 0,53 »
» 12 »	w = 420 »	p = 0,28 »
» 13 »	w = 450 »	p = 0,16 »

Ist der Gegendruck nun z. B. 0,1 Atm. abs., so wird sich die
Durchflußgeschwindigkeit der unteren Druckstufen etwas erhöhen;
durch die Reibungsverluste, die bei obiger — vorläufigen — Er-
mittelung noch nicht berücksichtigt sind, werden die Geschwindigkeiten um ca. 5—10 % geringer sein. Für die vorläufige Feststellung
der Stufenzahl zum Entwurf der Turbine genügt das angegebene
Verfahren, besonders, da konstruktive Rücksichten, welche erst beim
Entwurf zutage treten, auf die Geschwindigkeitsverteilung Einfluß
haben können.

VI. Teil.

Ausgeführte Turbinen.

Im folgenden sollen einige ausgeführte Dampfturbinen hauptsächlich hinsichtlich ihres Arbeitsprinzips und ihrer Gesamtanordnung
besprochen werden. Die Einzelheiten sind zum größten Teil unter
den entsprechenden Kapiteln schon weiter oben behandelt.

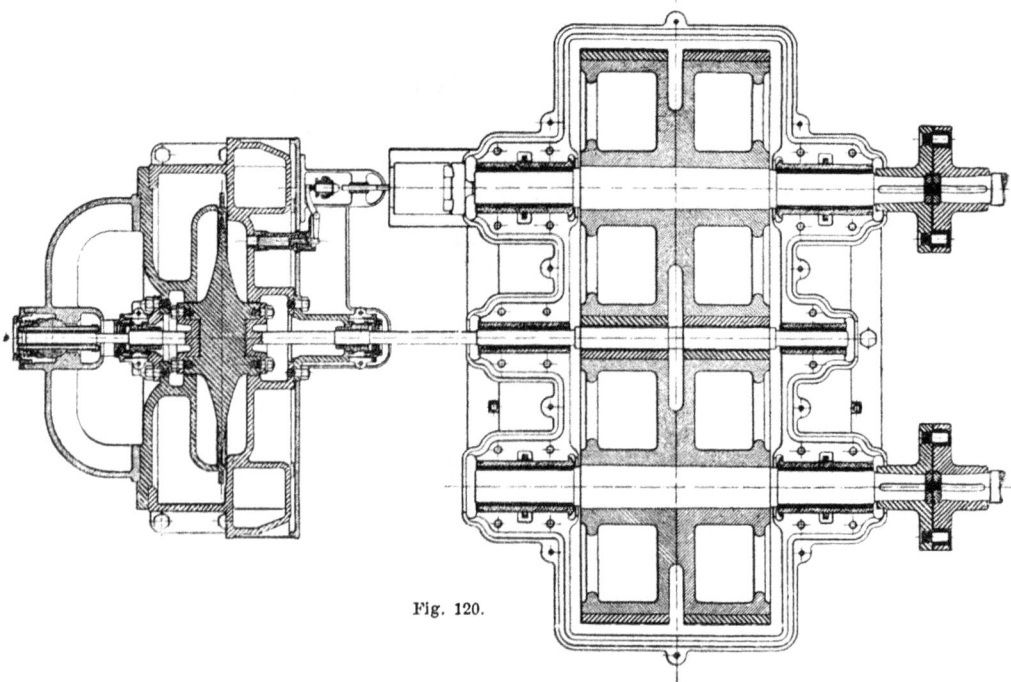

Fig. 120.

De Laval-Turbine.

Der Arbeitsweise nach die einfachste ist die De Laval-Turbine.
Sie besitzt nur eine Druckstufe und eine Geschwindigkeitsstufe.
Hierdurch ist, wie im ersten Teile entwickelt, eine große Umfangsgeschwindigkeit bedingt. Um dabei mit kleinem Raddurchmesser
auf brauchbare Umdrehungszahlen zu kommen, wird von der Turbinenwelle ein Zahnradvorgelege (etwa 1 : 10) angetrieben und erst
von diesem die Arbeit weitergeleitet. Fig. 120 zeigt die Turbine im

Horizontalschnitt, Fig. 121 und 122 in Grund- und Aufriß und Ansicht
in Verbindung mit einer Doppeldynamo, und zwar in der für
Leistungen von 75 bis
300 PS üblichen Aus-
führung. Die kleineren
Typen haben nur ein-
faches Vorgelege. Dies
ist wegen des ein-
seitigen Zahndruckes
auf die Lagerung der
raschlaufenden Tur-
binenwelle unzweck-
mäßig. Die Anord-
nung zweier Vorgelege
nach Fig. 120—122
entlastet die Turbinen-
welle und hat außer-
dem den Vorteil, daß
die 2 Arbeitsmaschinen

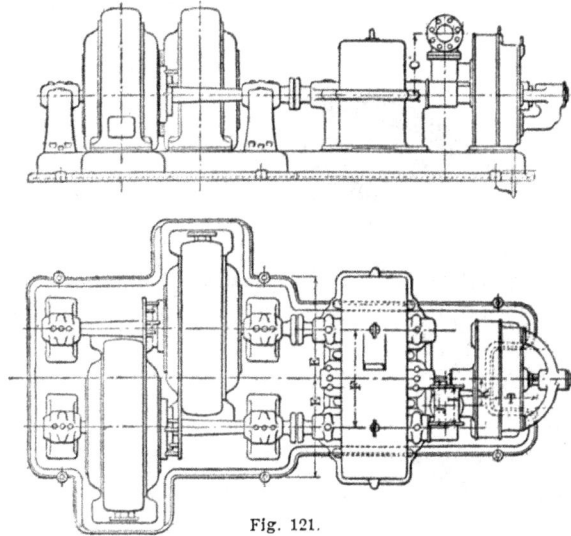

Fig. 121.

(Dynamo oder Kreiselpumpe etc.) parallel oder hintereinander ge-
schaltet werden können (Dreileiterschaltung der Dynamos). Charak-
teristisch für die Gesamterscheinung des Aggregats ist die Kleinheit

Fig. 122.

der eigentlichen Antriebsmaschine gegenüber dem Übertragungs-
mechanismus. Der Aufbau ist einfach und geschlossen, eine Aus-
wechselung einzelner Turbinenteile rasch und bequem ausführbar.

Elektra-Dampfturbine.

Eine Turbine mit einer Druckstufe, aber mehreren Geschwindig-keitsstufen, wird von der Gesellschaft für elektrische Industrie in Karlsruhe unter dem Namen Elektra-Dampfturbine hergestellt.

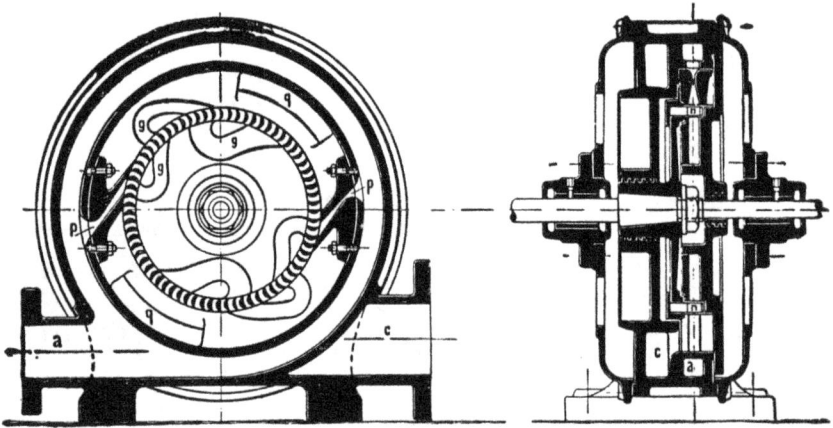

Fig. 123.

Fig. 123 zeigt einen schematischen Längs- und Querschnitt, Fig. 124 die einzelnen Teile der Maschine auseinandergenommen.

Die Beaufschlagung erfolgt radial von außen (Düse siehe Fig. 45, S. 59). Der aus dem Laufrad nach innen austretende Strahl wird in einer »Umlenkungsdüse« g wieder von innen auf das Rad geleitet, außen von einer zweiten und innen wieder von einer dritten Umlenkungsdüse dem Rade wiederholt zugeführt; der Dampf entweicht dann durch seitliche Öffnungen im Gehäuse a in den Ring-kanal c. Der Dampfdruck bleibt während der Um-lenkungen vom Austritt aus der Düse an bis zum Aus-puff konstant; eine Ab-

Fig. 124.

dichtung des rotierenden Teils gegen die Leitvorrichtung ist also nicht notwendig. Die Abdichtung des Gehäuses nach außen an der

Welle ist durch Labyrinthdichtungen erzielt, welchen, um bei
Kondensation Eindringen von Luft, bei Auspuffbetrieb das Aus-
treten von Dampf zu vermeiden, Wasser zugeführt wird. Die
Lager sind in zentrisch am Gehäuse befestigte Schilde eingesetzt.
Um gleichmäßige Wärmeausdehnung zu erzielen, ist der Eintritts-
und Austrittskanal (a und c) zentrisch um den ganzen Turbinen-

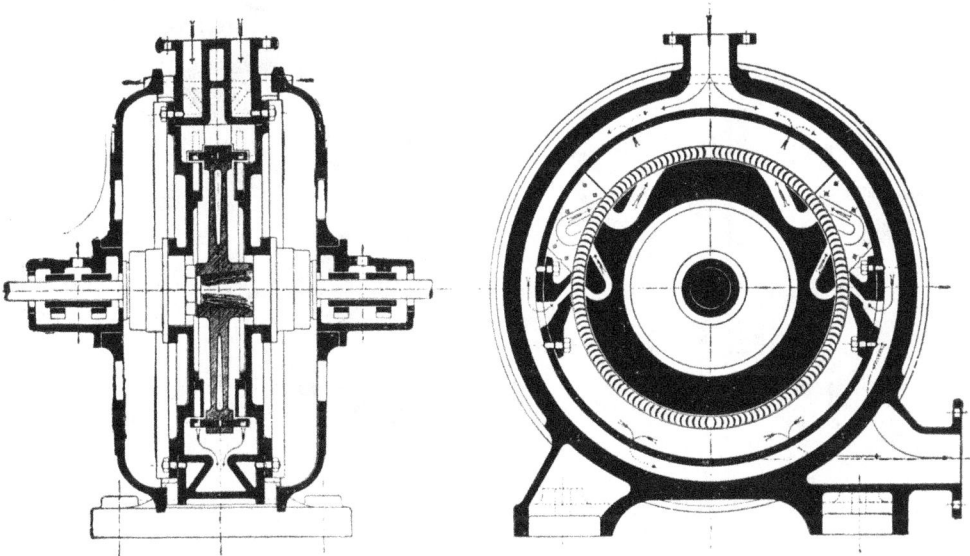

Fig. 125.

körper geführt. Diese eng benachbarte Führung des heißen Ein-
tritts- und kalten Austrittsdampfes dürfte zu merklichen Wärme-
leitungsverlusten führen.

Eine umsteuerbare Turbine dieser Art zeigt Fig. 125, eine
Verdoppelung der beschriebenen Turbine, jedoch mit verschiedener
Drehrichtung der beiden Schaufelungen. Es wird stets nur eines
der beiden Räder beaufschlagt; das andere läuft leer mit.

In Fig. 125 ist der Querschnitt in der rechten Hälfte durch
die linksdrehende, in der linken Hälfte durch die rechtsdrehende
Schaufelung geführt. Die Demontage erfolgt nach beiden Seiten
axial.

In Fig. 126 ist die Anwendung des gleichen Prinzips der Geschwindigkeitsstufen mit Teilung des Druckgefälles in zwei Stufen
dargestellt. Es bezeichnet *a* den Frischdampfkanal, *c* den Zwischen-
behälter und *b* den Auspuffkanal. Der Dampf beaufschlagt zuerst
das linke Rad dreimal, dann das rechte Rad ebenso oft. Das Bild

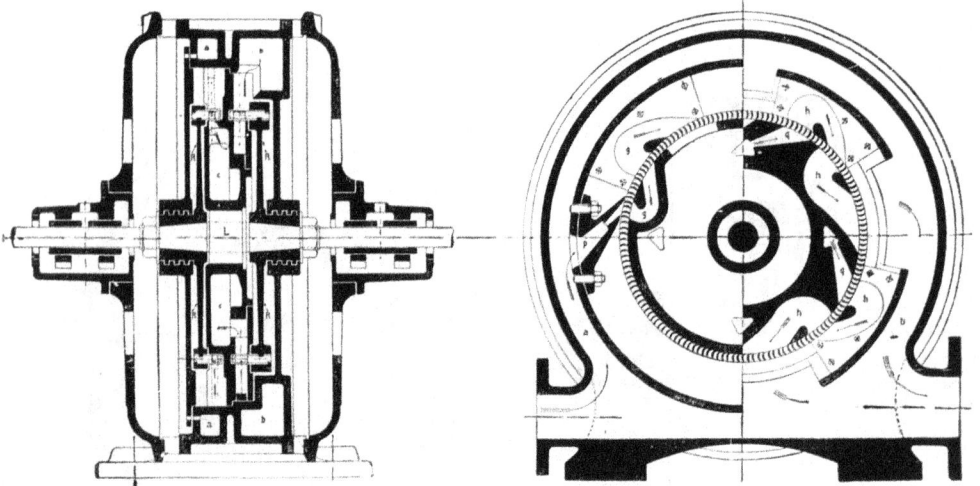

Fig. 126.

läßt die durch Vermehrung der Räderzahl sich ergebende Komplikation der Montage erkennen. Eine weitere Vermehrung der Räder
würde sehr bald zu großen Schwierigkeiten führen, da eine Teilung
in der Achsenebene wegen der radialen Beaufschlagung nicht
möglich ist.

Curtis- und A.-E.-G.-Turbine.

Ebenfalls mit Geschwindigkeitsstufen arbeitet die Curtis-
Turbine und die gleichfalls zum Teil nach Curtisschen Patenten
gebaute Turbine der Allgemeinen Elektrizitätsgesellschaft Berlin.

Curtis verwendet im allgemeinen 2 bis 3 Druckstufen mit 2
bis 3 Geschwindigkeitsstufen, und zwar bevorzugt er bei Land-
maschinen für Dynamoantrieb die Anordnung mit vertikaler Welle.

Fig. 127 stellt die Ansicht einer solchen Turbine für 3000 KW
dar. Zu oberst, bei 1 befindet sich der Regler, welcher mittels
elektrischen Relais die bei 5 und 6 sichtbaren Spindeln der die
einzelnen Düsen verschließenden Ventile betätigt (vgl. Fig. 128).

Fig. 127.

Unterhalb 5 und 6 sind im Ringkörper (7) Türen sichtbar, durch welche die Leitschaufelsektoren eingesetzt werden. Körper 7 und 8 sind durch eine Zwischenwand getrennt. Die am oberen Teile von 8 sichtbaren Ringsektoren tragen die Leitschaufeln der Niederdruckstufe. Der Auspuff ist am Körper 8 links sichtbar.

Oberhalb der Turbine befindet sich die Dynamo 2.

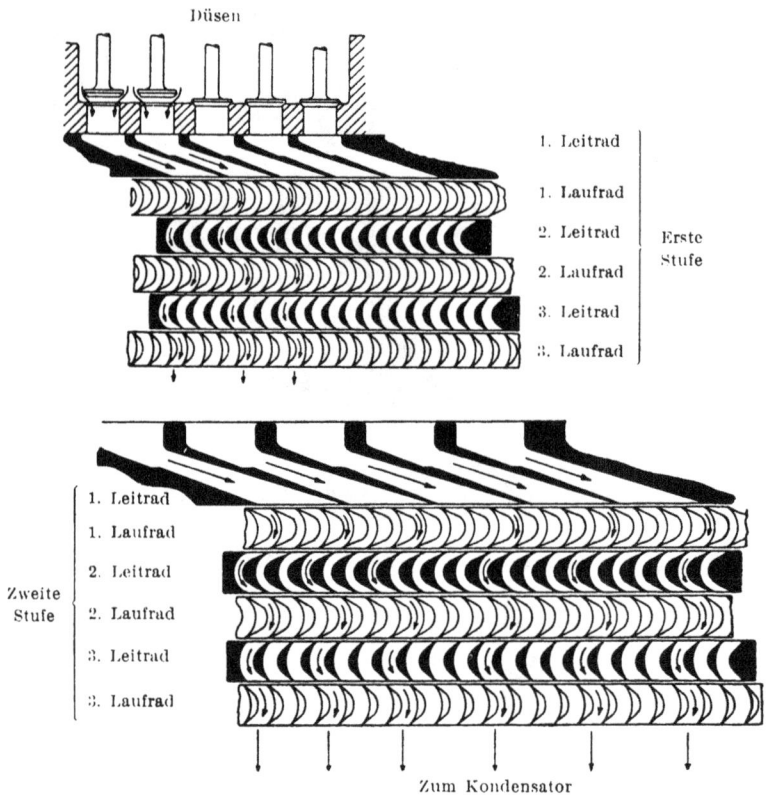

Fig. 128.

Die **Allgemeine Elektrizitätsgesellschaft** führt ihre Turbinen ebenfalls mit kombinierten Druck- und Geschwindigkeitsstufen aus, jedoch mit horizontaler Welle. Der Aufbau der Maschine ist ihrer Verwendung zum Dynamoantrieb sehr geschickt angepaßt.

Der Charakter des Gesamtaufbaues ist bedingt durch die **fliegende Anordnung** des Laufrades. Dieses erhält verhältnismäßig großen Durchmesser und daher bei kleinen und mittleren Leistungen partielle Beaufschlagung.

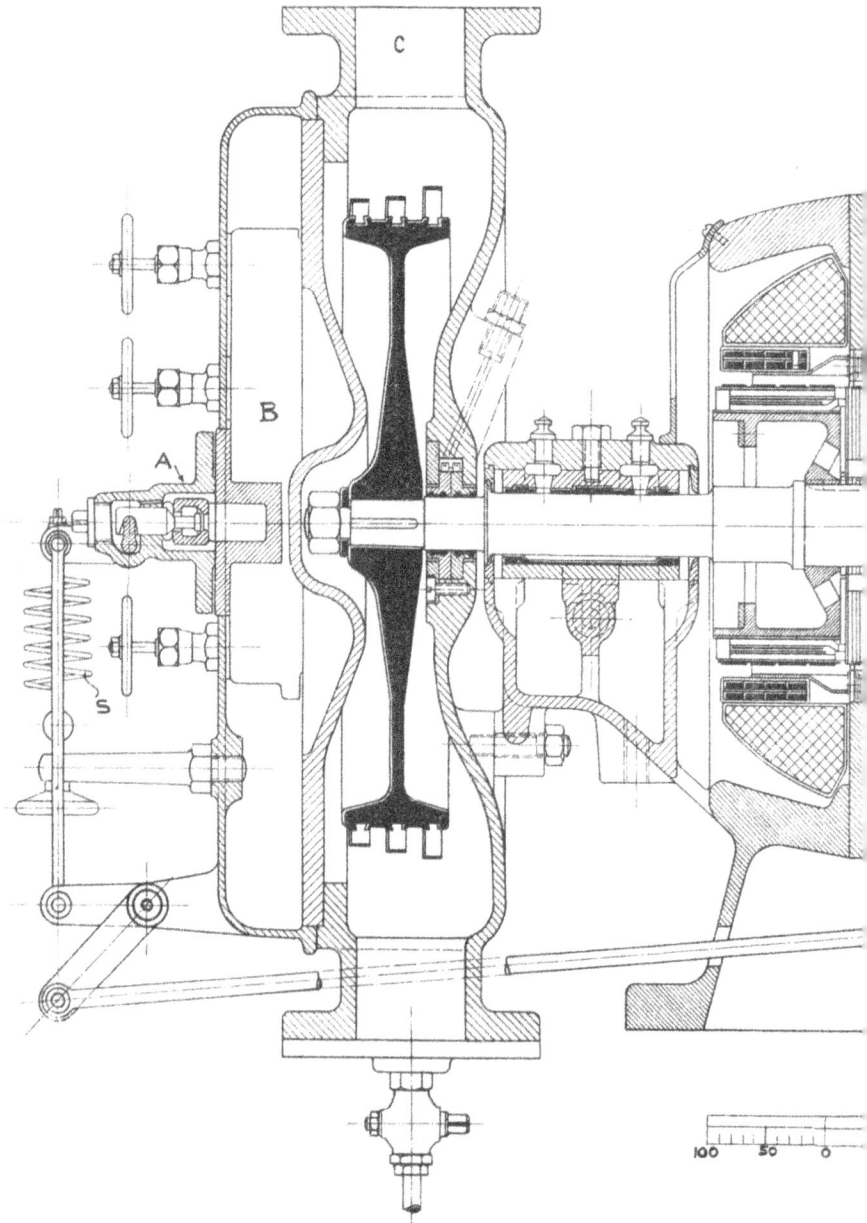

BINE.

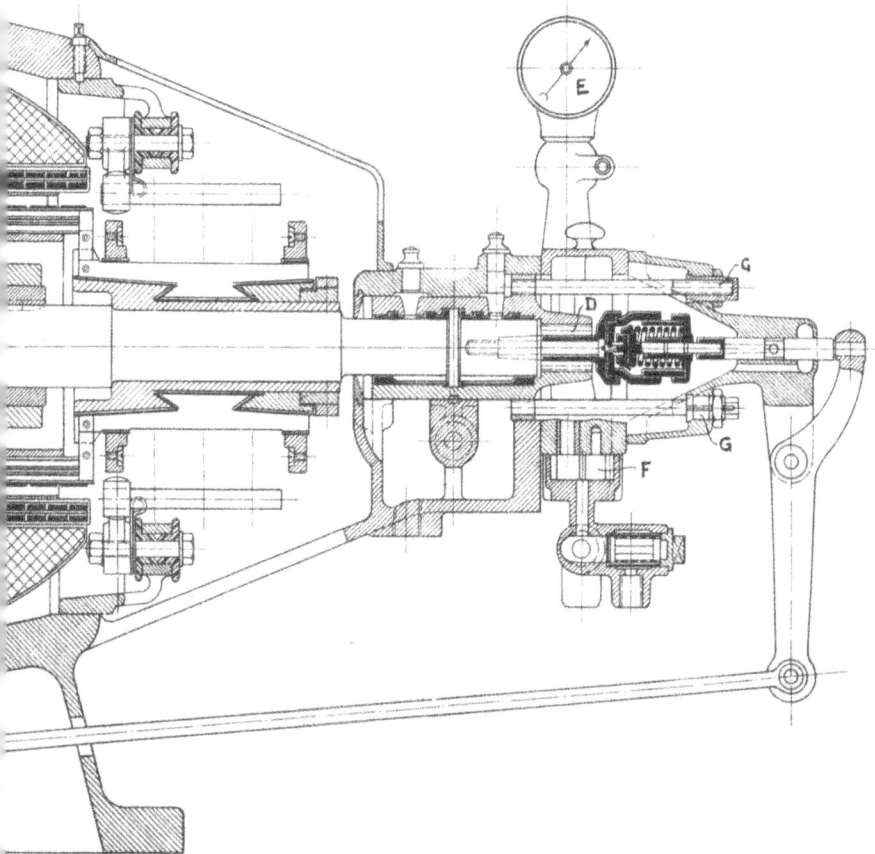

Verlag von R. Oldenbourg, München und Berlin 1905.

Die kleinsten Typen arbeiten mit einer Druck- und drei Geschwindigkeitsstufen. Tafel V zeigt eine solche 20 KW-Turbodynamo für 4000 Umdr./Min. im Schnitt, Fig. 129 in Ansicht.

Fig. 129.

Das Turbinengehäuse ist mit drei Schrauben an dem Gestell der Dynamomaschine befestigt und hängt im übrigen frei. Dies ist bei dem geringen Gewicht der ganzen Turbine unbedenklich. Das Rad hat im Gehäuse nach jeder Richtung sehr viel Spiel, da eine

Abdichtung zwischen Leit- und Laufschaufelung überflüssig ist.
Gehäuse und Deckel sind in gewölbten Formen ausgeführt, um bei
kleinem Gewicht große Steifigkeit zu erzielen. Der Dampf tritt bei A
durch ein entlastetes Drosselventil in den Verteilungskörper B über,
an den die Düsen angeschlossen sind. Letztere können zum Teil
einzeln durch die am Deckel sichtbaren Ventile abgesperrt werden.
Die — in Tafel V nicht eingezeichneten — Leitkranzsektoren
zwischen den drei Laufradkränzen sind an besonderen Stücken befestigt, die von der Seite (bei C) eingebracht und von außen befestigt werden. Der in Fig. 129 vorn sichtbare viereckige Flansch
ist ein solcher Leitschaufelträger. Die gegenseitige Stellung der
Schaufeln kann durch den oberhalb befindlichen Stutzen beobachtet
werden. Diese Anordnung bietet eine sehr bequeme und genaue
Montage.

Die Regulierung erfolgt von dem Wellenende an der Dynamo-
seite aus. Der Regulator ist dem De Lavalschen sehr ähnlich;
er betätigt mittels eines unter der Maschine durchlaufenden Ge-
stänges das in A liegende Regulierventil. Durch die Schrauben-
feder S wird das Gestänge unter Spannung gehalten. Letztere ist
zum Zweck der Änderung der Umlaufszahl regulierbar.

Auf dem Wellenende bei D ist ein Schneckengetriebe angebracht; die dadurch angetriebene vertikale Welle betätigt oben ein
Tachometer E, unten eine Zahnradkapselpumpe F für die Öl-
schmierung.

Das Endlager ist gleichzeitig als Spurlager ausgebildet: ein
Bund auf der Welle greift in eine Ringnut in der Mitte der Lagerschalen ein. Um die Welle in axialer Richtung einstellen zu können,
sind die Lagerschalen im Lagerkörper längs verschieblich und durch
die Schraube G einstellbar.

Fig. 130 zeigt die Gesamtanordnung der Typen mittlerer Leistung.
Das Druckgefälle ist in zwei Stufen geteilt, die wiederum mit Geschwindigkeitsstufen arbeiten. Die Hoch- und Niederdruckturbine
sind beide mit fliegenden Rädern, in gleicher Weise wie die oben
beschriebene Turbine, an den Stirnseiten des Lagergestells ange-
schraubt.

Die in Fig. 130 dargestellte Turbine leistet 150 KW. Die Figur
läßt erkennen, wie wenig Ansprüche die Turbine an die Fundamen-
tierung stellt, anderseits, wie voluminös eine normale Kondensation
gegenüber der Turbine ausfällt.

Fig. 130.

Die Ausführung der großen Typen ist in Fig. 131 in Ansicht, in Fig. 132 im Schnitt dargestellt. Auf der linken Seite ist die Hochdruckturbine, rechts die Niederdruckturbine, in der Mitte wieder die Dynamomaschine angeordnet. Wegen des erheblichen Gewichtes sind die Gehäuse mit der Dynamo zusammen auf einem beiderseits gegabelten Rahmen gelagert. Der vor der Hochdruckturbine sichtbare vertikale Zylinder enthält einen indirekt wirkenden Regulator mit Servomotor. Die Überführung des Dampfes von der Hochdruck- zur Niederdruckturbine erfolgt durch ein unterhalb liegendes Rohr.

Fig. 131.

In dieses Rohr ist ein Dreiwegventil eingeschaltet, dessen dritter Ausgang in die Atmosphäre führt. Es kann daher, wenn die Kondensatorpumpe von der Turbine aus angetrieben wird, die Maschine zunächst mit Auspuff angelassen und dann auf Kondensation umgeschaltet werden.

Die Gesamtanordnung der Turbinen mit Kondensationsanlage, wie sie von der Allgemeinen Elektrizitätsgesellschaft ausgeführt wird, zeigt Fig. 133 für Oberflächen-, 134 für Einspritzkondensation. In beiden Fällen geschieht der Antrieb der Pumpen durch Elektromotoren.

Diese Antriebsart ist, wenn die Turbine eine Dynamo treibt, oder wenn überhaupt elektrischer Strom zur Verfügung steht, die bequemste. Ist keine elektrische Anlage vorhanden, so geschieht

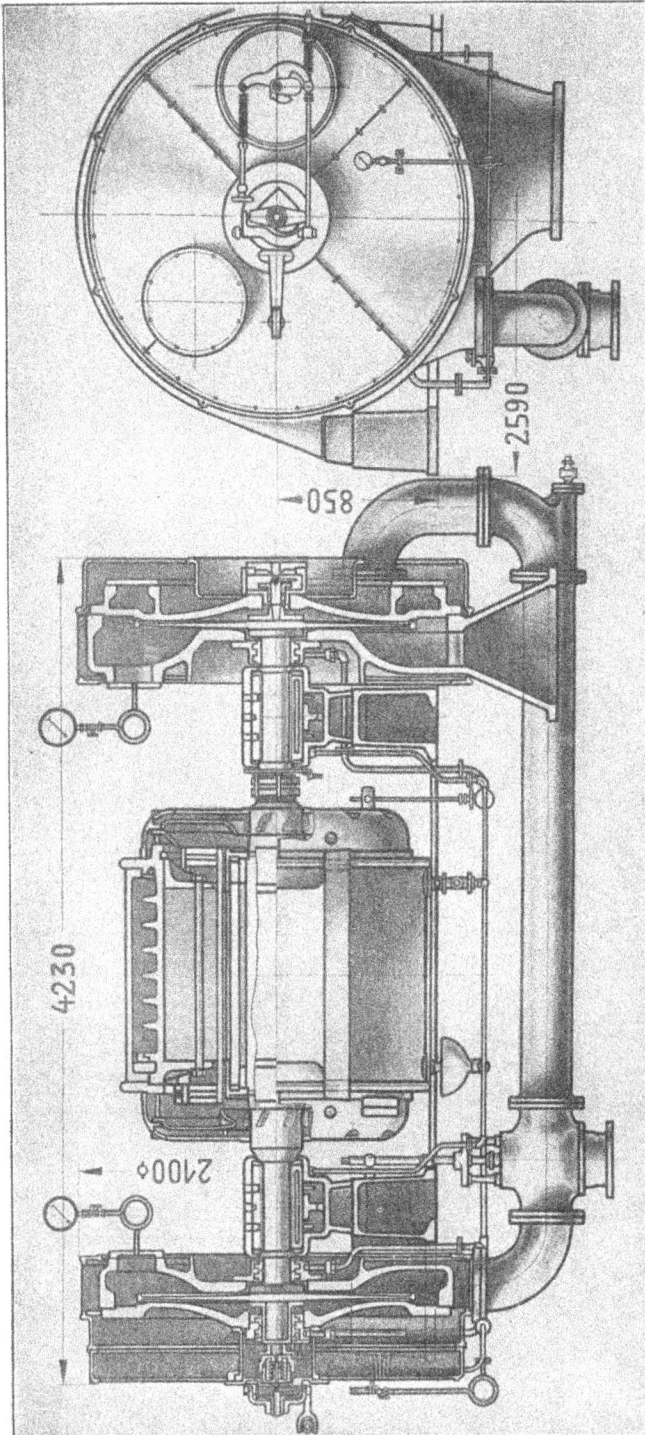

Fig. 132.

2590

850

4230

2100

der Pumpenantrieb am besten direkt durch Dampf, da die Arbeitsübertragung von der Turbinenwelle aus wegen der großen Ge-
schwindigkeitsübersetzung unwirtschaftlich und konstruktiv sehr unbequem ist.

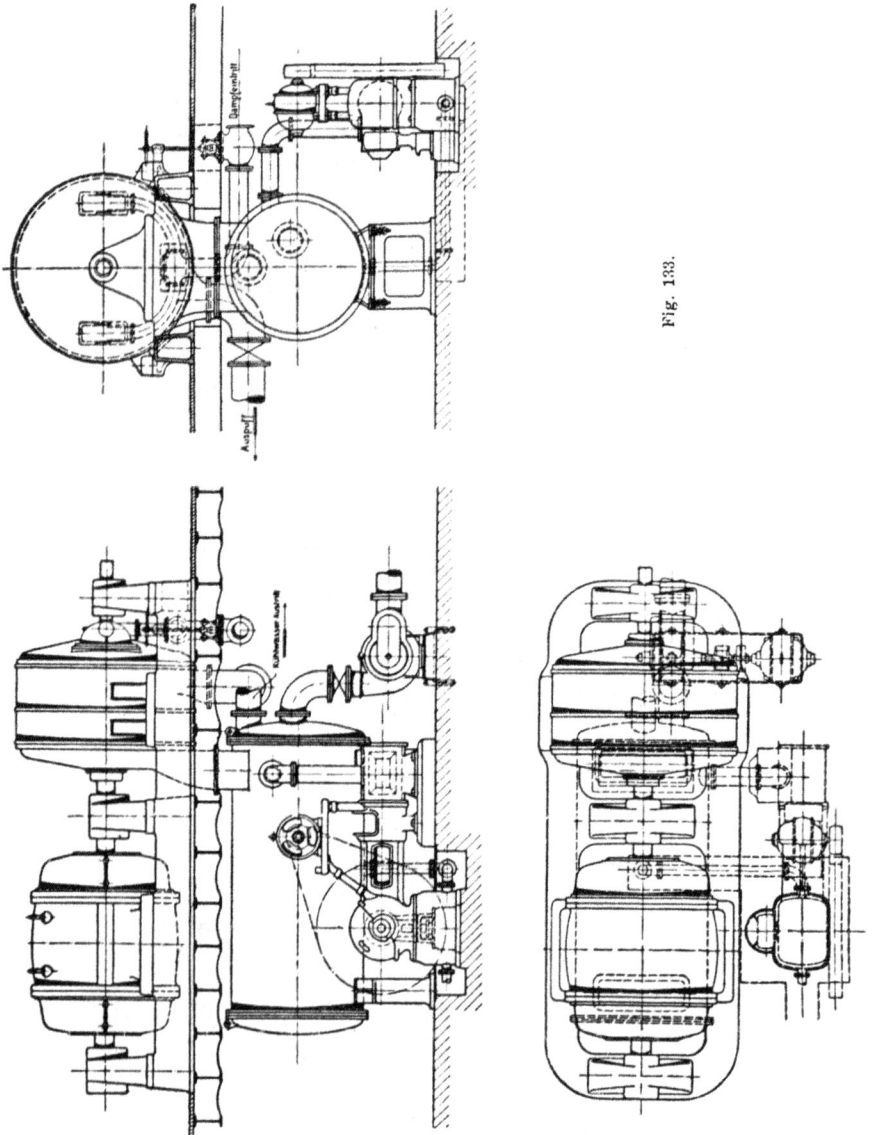

Fig. 133.

Die Rateau-Oerlikon-Turbine.

Die mehrstufige Gleichdruckturbine wurde von Rateau in die Praxis eingeführt. Im folgenden sollen einige Ausführungen dieser Turbine von der Maschinenfabrik Oerlikon in Oerlikon bei Zürich besprochen werden.

Der Grundgedanke der Rateauschen Konstruktion ist: Die Druckunterteilung wird soweit geführt, daß in den Düsen das kritische Gefälle nicht überschritten wird (nicht erweiterte Düsen,

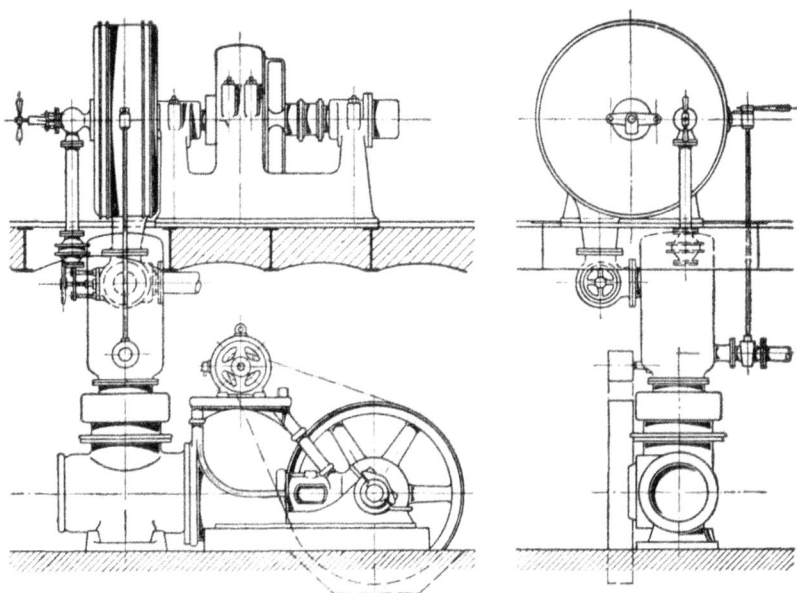

Fig. 134.

mäßige Dampfgeschwindigkeiten). Daraus ergeben sich Radumfangsgeschwindigkeiten, welche an Radkonstruktion und -Material keine besonderen Anforderungen stellen. Die Einzelgefälle werden so groß, daß auch bei kleinem Spielraum zwischen festem und rotierendem Teil die Dampflässigkeitsverluste für die Einheit der Spaltlänge bedeutend werden. Es ist daher die Trennungswand je zweier Laufradräume bis zur Welle geführt, so daß der Spalt kurz wird und außerdem sehr eng gehalten werden kann. Um einen Axialdruck nicht entstehen zu lassen, ist die Dampfspannung zu beiden Seiten jeden Rades gleich gehalten; das Rad kann also großes Spiel gegenüber dem Gehäuse haben.

Die Raddurchmesser sind der konstruktiven Vereinfachung wegen gruppenweise gleich groß gemacht. Die Beaufschlagung ist auf der Hochdruckseite partiell. Sie wächst nach der Niederdruckseite hin allmählich — entsprechend dem wachsenden Dampfvolumen — zur vollen an.

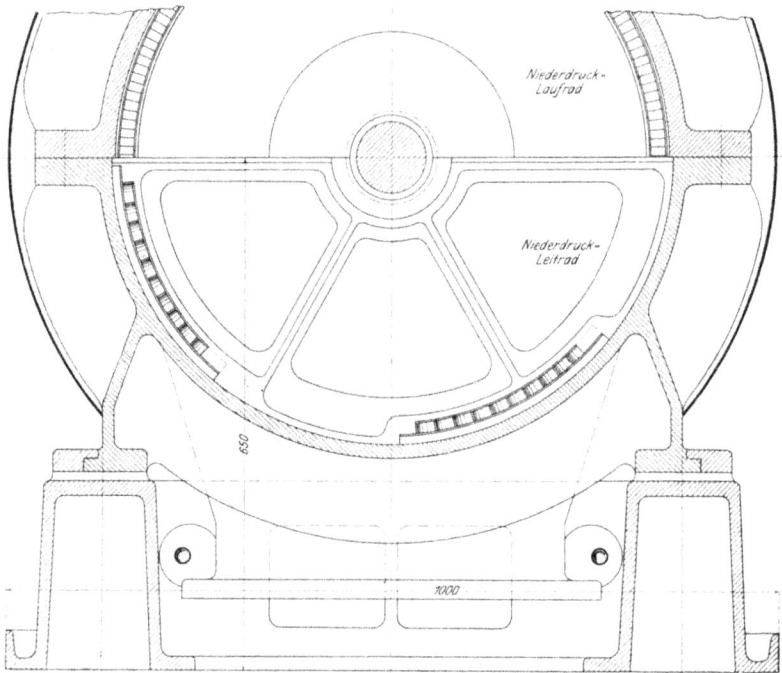

Fig. 135.

Die innere Einrichtung der Turbinen geht aus Tafel VI und Fig. 135 hervor (vgl. auch Fig. 109 S. 144).[1]) Die abgebildete Turbine hat 150 KW Normalleistung bei 11 Atm. abs. Admissionsdampfdruck, 250° Admissionstemperatur und 3000 Umdrehungen in der Minute. Die Dampfführung dürfte aus der Figur ohne weiteres ersichtlich sein. Die Einzelheiten, Leit- und Laufschaufelung, Stopfbüchsen und Regulierung sind in den entsprechenden Kapiteln beschrieben. Die Lager sind einfache Ringschmierlager mit Wasserkühlung des Ölbehälters.

---

[1]) Die Tafel VI und Fig. 135 u. 137 sind mit gütiger Erlaubnis des Herrn Prof. Josse dessen Aufsatze über das Maschinenlaboratorium der techn. Hochschule in Danzig, Zeitschrift des Vereins Deutscher Jngenieure 1904, S. 1517 ff., entnommen.

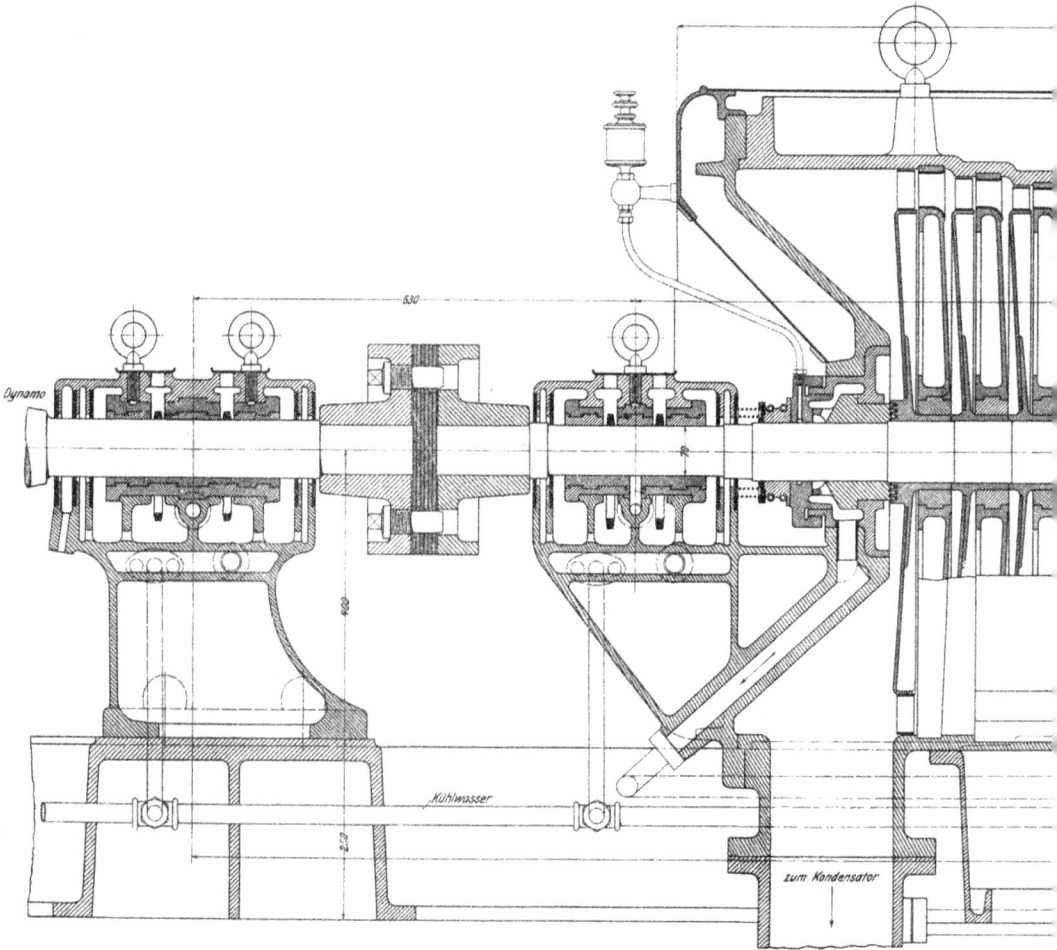

Dynamo

Kühlwasser

zum Kondensator

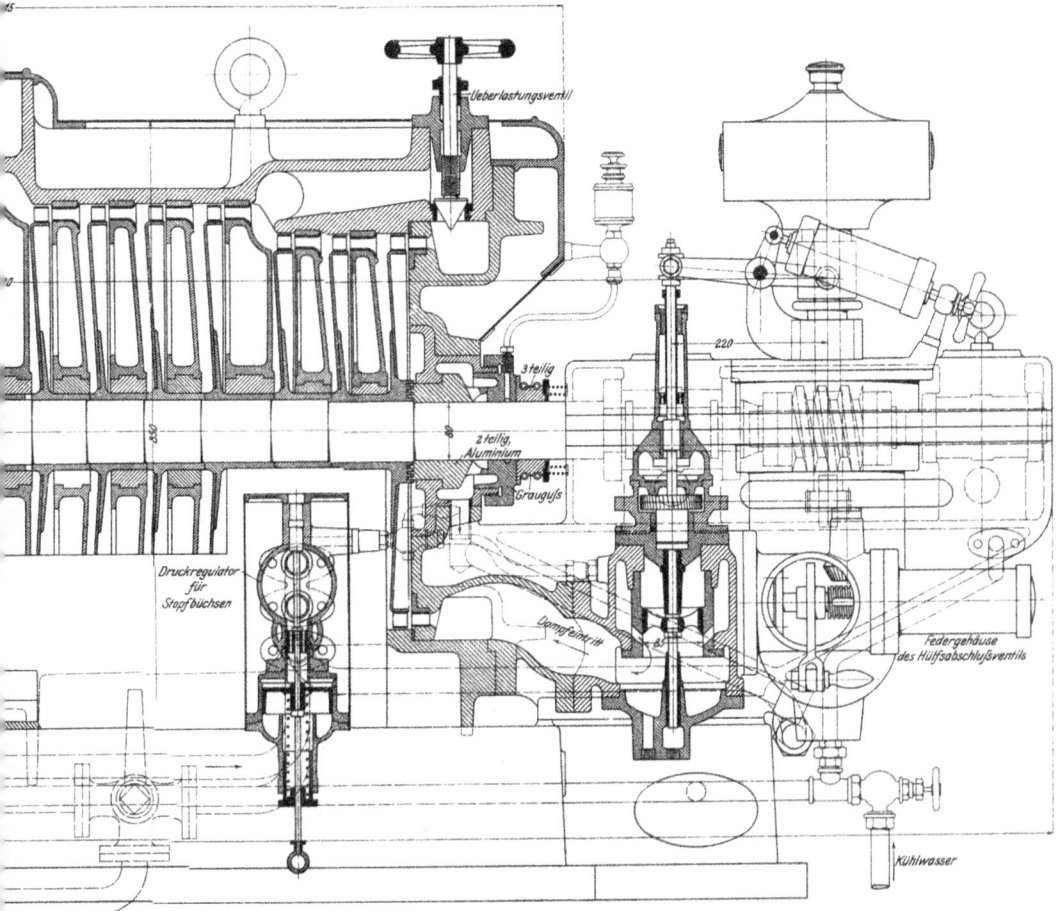

Ueberlastungsventil

3 teilig

2 teilig, Aluminium

Grauguss

Druckregulator für Stopfbüchsen

Dampfaintritt

Federgehäuse des Hülfsabschlußventils

Kühlwasser

Verlag von R. Oldenbourg, München und Berlin 1905.

Fig. 136.

Um die Möglichkeit einer Überlastung der Maschine zu schaffen, ist eine Umführung des Dampfes vom Einström-Ringkanal nach dem Ringkanal zwischen dritter und vierter Stufe — beim normalen Betrieb durch das »Überlastungsventil« geschlossen — vorgesehen (in der Tafel rechts oben).

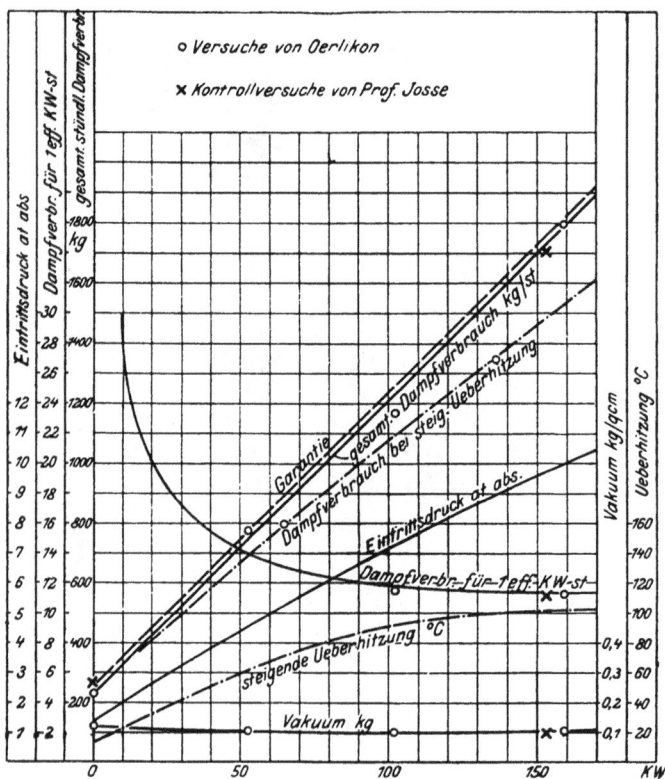

Fig. 137.

Die Turbine ist mit der Dynamo auf einem durchgehenden Rahmen montiert; die beiden Wellen sind durch eine nachgiebige Lederkupplung verbunden. Das Niederdruckturbinengehäuse ist in der aus Fig. 135 ersichtlichen Weise längs verschieblich auf dem Rahmen gelagert, um den Wärmeausdehnungen Rechnung zu tragen.

Die Gesamtansicht des Aggregates stellt Fig. 136 dar. Die am oberen Teile des Turbinengehäuses sitzenden Stutzen dienen zum Anschlusse von Manometern zur Ermittlung der Druckverteilung auf die einzelnen Stufen.

In Fig. 137 sind die Ergebnisse von Dampfverbrauchversuchen, welche teils in der Fabrik in Oerlikon, teils von Herrn Professor Josse im Maschinenlaboratorium der technischen Hochschule Danzig mit der beschriebenen Turbodynamo vorgenommen wurden, graphisch dargestellt.

Die Ansicht einer nach dem gleichen Typ gebauten Turbine von 100 KW, von der anderen Seite, zeigt Fig. 138. An der Vorderseite des Gehäuses sind zwei lange Schrauben sichtbar, welche zur

Fig. 138.

Führung des Deckels beim Zusammenbau dienen, um Beschädigung der Schaufeln zu verhüten.

Die abgebildete Turbine ist mit zwei Dynamos in Dreileiterschaltung gekuppelt.

Bei den Turbinen größerer Leistung wird die Turbinenwelle so lang, daß ein Zwischenlager zur Vermeidung unzulässiger Durchbiegung der Welle notwendig wird. Dieses Zwischenlager wurde ursprünglich in eine Wand zwischen zwei Stufengruppen eingebaut, lag also im Dampfraum. Die Schwierigkeit der Kühlhaltung und Schmierung dieses Lagers führte zu einer Trennung des Gehäuses in einen Hochdruck- und Niederdruckzylinder, zwischen denen das Lager gut zugänglich angeordnet werden konnte.

Fig. 139.

185

Fig. 140

Fig. 139 zeigt die ältere Anordnung mit Zwischenlager im Dampfraum, Fig. 141 eine spätere Ausführung, bei der beide Zylinder durch
eine Laterne verbunden und in dieser das Zwischenlager untergebracht ist. Beide Turbinen leisten 1000 KW bei 1500 Umdr./Min.

Fig. 141.

und 11 Atm. Dampfüberdruck. Das neueste Entwicklungsstadium
veranschaulicht Fig. 140. (1200 PS bei 1500 Umdr./Min. und 6 Atm.
Überdruck.) Hier ist Dampfeinlaßventil, Regulator und Spurlager
zwischen die beiden Turbinenzylinder gelegt. Diese Maßnahme
ergibt eine Vereinfachung des Aussehens der Maschine und eine

Fig. 142.

Verminderung der durch Wärmedeformationen hervorgebrachten
Axialverschiebungen. Die Figur zeigt den Niederdruckzylinderdeckel
abgehoben; die oberen Hälften der beiden ersten Zwischenwände
sind herausgenommen. Das Überlastungsventil ist in der Mitte
des Hochdruckzylinders vorn sichtbar.

Als Torpedobootsmaschine ist die Rateau-Oerlikon-Turbine in der Gestalt Fig. 142 gebaut worden. Die Leistung war 950 PS effektiv bei 1500 Umdr./Min. Das Gewicht eines Zylinders beträgt 3800 kg. Bei den Probefahrten wurde eine Geschwindigkeit von 26,4 Knoten erzielt.

Die Zoelly-Turbine.

Am nächsten mit der Rateau-Turbine verwandt ist die Zoelly-Turbine, (Fig. 143—145). Der Arbeitsvorgang ist bei beiden im

Fig. 143.

allgemeinen der gleiche; Zoelly ordnet weniger Druckstufen (etwa 10) an als Rateau (15—25). Die Umfangsgeschwindigkeit wird so bemessen, daß noch eine beträchtliche Austrittsgeschwindigkeit aus den einzelnen Laufrädern verbleibt. Diese Austrittsgeschwindigkeit wird infolge der dichten Aneinanderreihung der Leit- und Laufkränze (s. Fig. 144) in der folgenden Leitschaufel nutzbar gemacht.

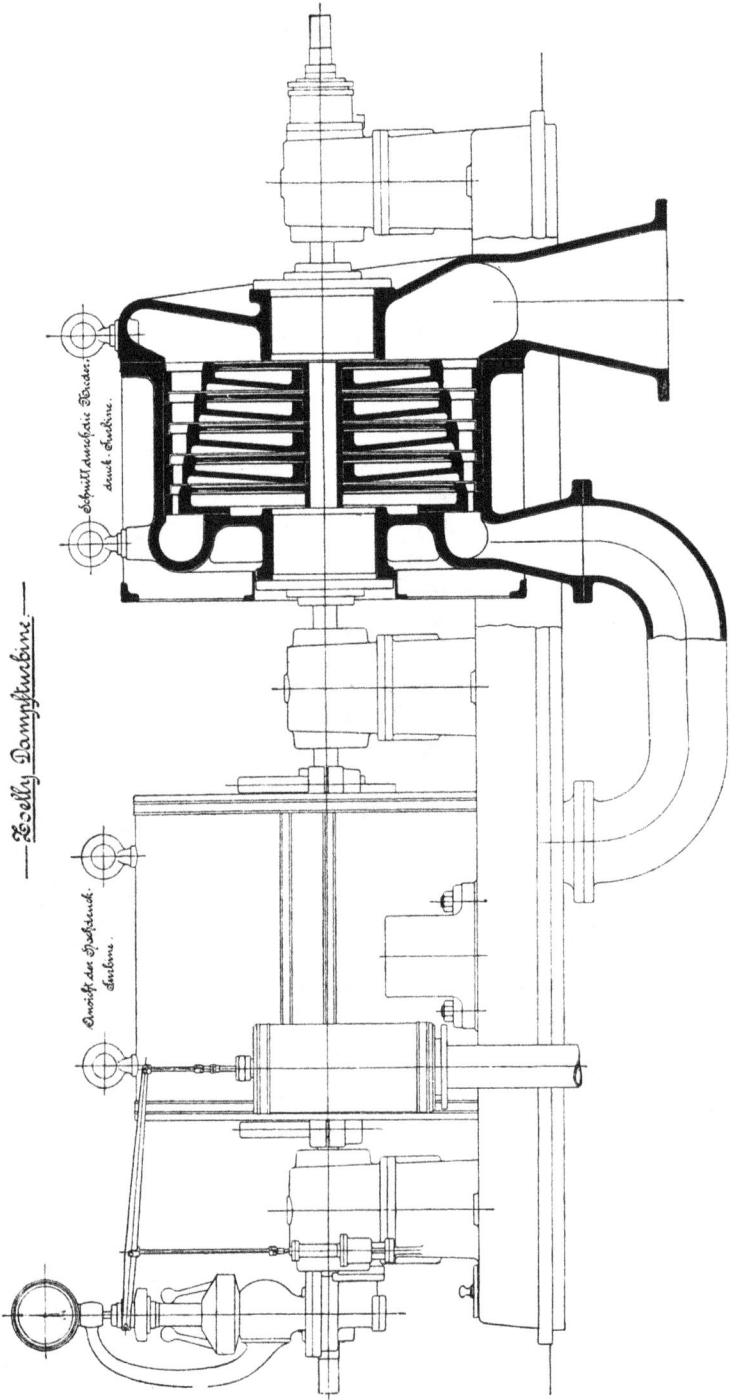

Fig. 144.

Zoelly Dampfturbine.

Schnitt durch die Nieder-
druck-Turbine.

Ansicht der Hochdruck-
Turbine.

189

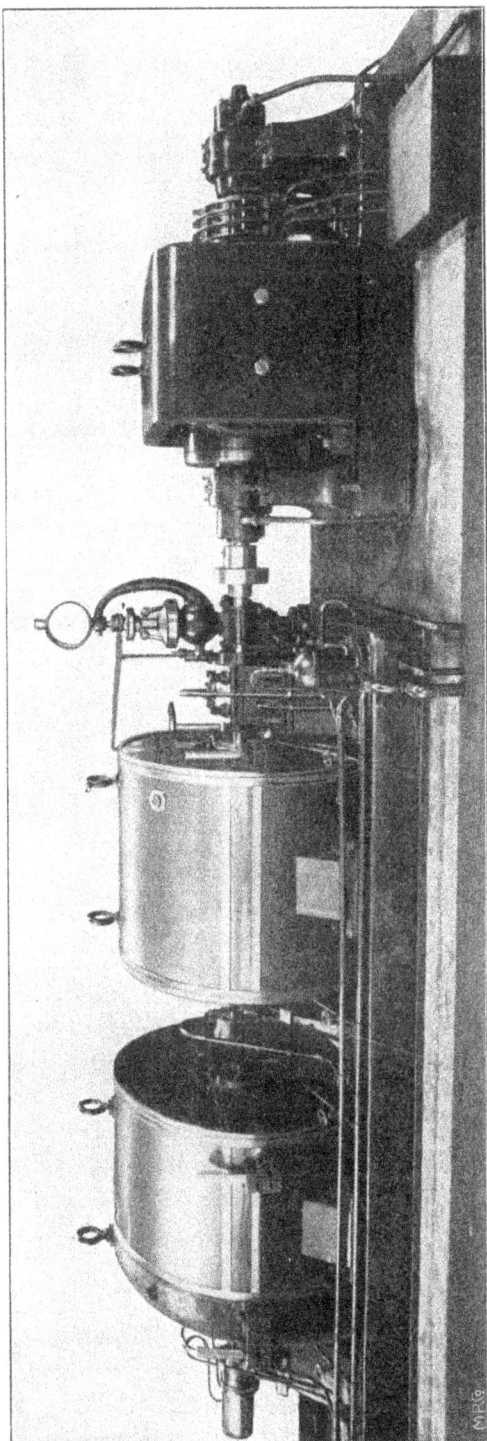

Fig. 115.

Die Einzelheiten der Schaufelung und die Regulierung sind schon auf S. 80 und S. 146 beschrieben worden. Die Lager sind mit Preßölschmierung versehen; die Lagerböcke sind in Ausbohrungen des Rahmens, wie dies für Dynamomaschinen vielfach üblich,

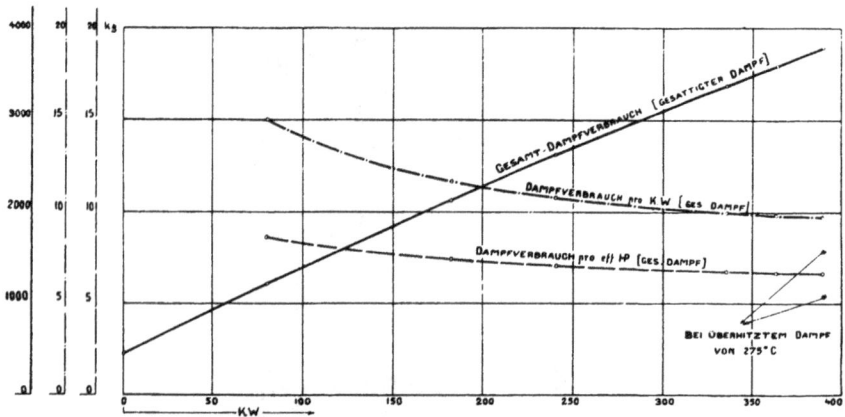

Fig. 146.

zentriert gebettet. Die Gesamtanordnung zeigt auch hier eine Hochdruck- und eine Niederdruckturbine mit Zwischenlager.

Der Dampfverbrauch einer 400 KW-Turbine ist in Fig. 146 gegeben.

Die Hamilton-Holzwarth-Turbine.

Eine amerikanische Ausführung nach dem Prinzip der Rateau-Turbine ist die in Fig. 147 dargestellte Hamilton-Holzwarth-Turbine (1000 KW bei 1500 Umdr./Min.). Die Leitscheiben und Laufräder dieser Turbine sind auf S. 57 und 80 beschrieben. Fig. 147 läßt die Teilung in Hoch- und Niederdruckzylinder und den dichten Zusammenbau mit der Dynamomaschine unter Wegfall des einen Dynamo-lagers erkennen. Die abgebildete Maschine war auf der Weltausstellung St. Louis in Betrieb.

Die Parsons-Turbine.

Die Parsons-Turbine ist durch die Anwendung kleiner Dampfgeschwindigkeiten gekennzeichnet. Diese bedingen kleines Druckgefälle zwischen den einzelnen Stufen, daher große Stufenzahl.

Die Umfangsgeschwindigkeit der
Laufschaufeln ist ebenfalls verhältnismäßig gering (bis zu 35 m
herunter); deshalb kann als
Schaufelträger die konstruktiv
sehr einfache Trommel verwendet werden. Die Spaltlänge
zwischen festem und rotierendem Teil ist nun durch den
Trommeldurchmesser gegeben
und ziemlich beträchtlich. Zur
Herabsetzung der Dampfflässig-
keitsverluste dient einerseits ein
im Verhältnis zur Schaufelkanal-
breite kleines Spiel (Spaltbreite)
und anderseits die Verteilung
des für eine Stufe verfügbaren
Druckgefälles auf Leit- und
Laufrad.

Es ergibt sich so die Überdruckturbine. Die Anwendung
der Trommel verbietet auch die
partielle Beaufschlagung, da die
Spaltundichtigkeit, die ja am
ganzen Umfang vorhanden ist
dabei im Verhältnis zum Düsenquerschnitt zu groß werden
würde.

Es muß also der Admis-
sionsdampf auf den ganzen
Trommelumfang verteilt werden;
dies führt, da die Kanalbreite
nicht unter ein gewisses Maß
gehen darf, zu kleinen Trommel-
durchmessern, kleinen Dampfgeschwindigkeiten und vielen
Hochdruckstufen. Hieraus erklärt sich die überaus hohe
Stufenzahl (ca. 100) der Parsons-
Turbinen.

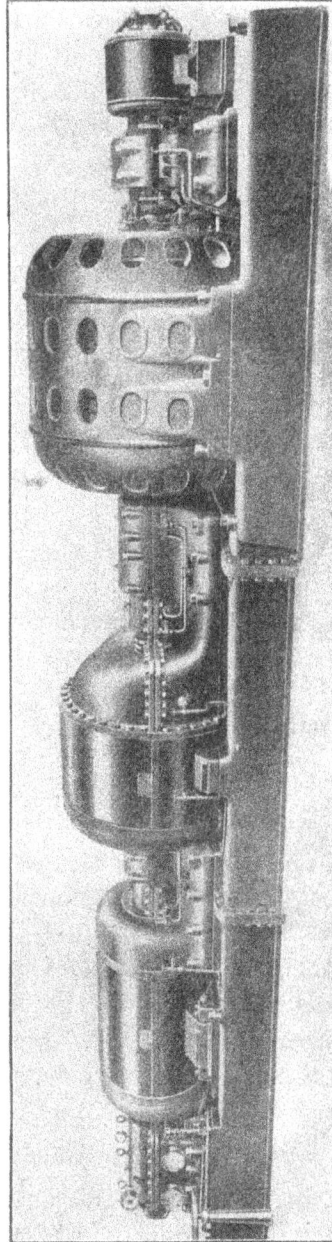

Fig. 147.

Der Längsschnitt Fig. 148 zeigt die innere Einrichtung der Turbine in der amerikanischen Ausführung der Westinghouse Co. Die Schaufelsysteme sind aus Fabrikationsrücksichten in [drei Gruppen von annähernd konstantem Kranzdurchmesser zerlegt. Der Axialschub ist in der oben (S. 124) schon behandelten Weise durch drei Gegenkolben P mit Labyrinthdichtung aufgenommen.

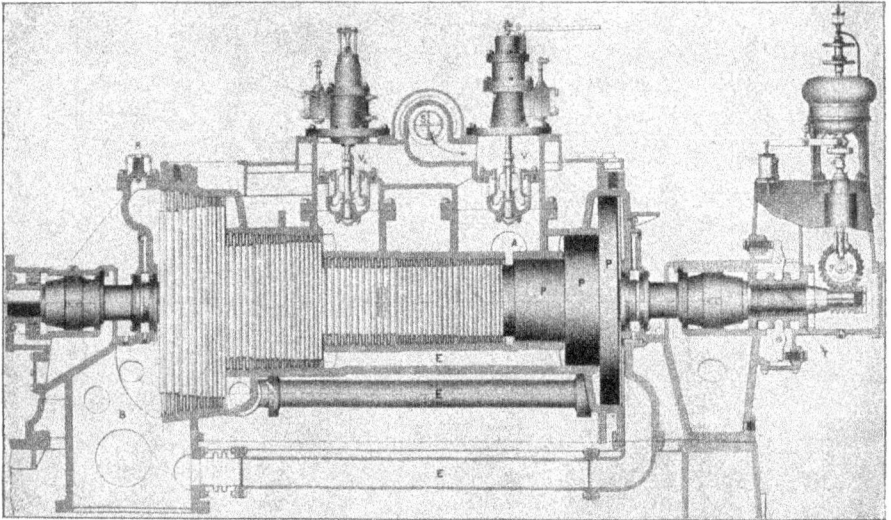

Fig. 148.

Die Lager werden bei kleinen Typen mit mehreren konzentrischen Schalen, bei großen mit einfachen, kugelbeweglich gelagerten Schalen ausgeführt.

Auch bei der Parsons-Turbine wird ein Umführungs- oder Überlastungsventil (V_2) zur direkten Beaufschlagung der zweiten Stufengruppe ausgeführt, wie wir dies bei der Rateau-Oerlikon-Turbine schon gesehen haben.

Die Figuren 149 und 150 zeigen die Ansicht zweier in Amerika ausgeführter und aufgestellter Turbinen von 1000 KW Leistung.

Die Westinghouse Co. in England hat die Parsons-Turbine mit der Geschwindigkeitsstufenturbine in der Weise kombiniert, wie Fig. 151 schematisch zeigt.

Fig. 149.

Fig. 150.

Von einem mittleren Ring aus tritt der Dampf nach beiden
Seiten durch Düsen mit partieller Beaufschlagung in die Laufrad-
schaufelung von verhältnismäßig großem Durchmesser ein, durch-
fließt diese, dann einen Leitschaufelkranz und darauf einen zweiten
Laufkranz ohne Druckänderung, wie dies auch bei Curtis geschieht.

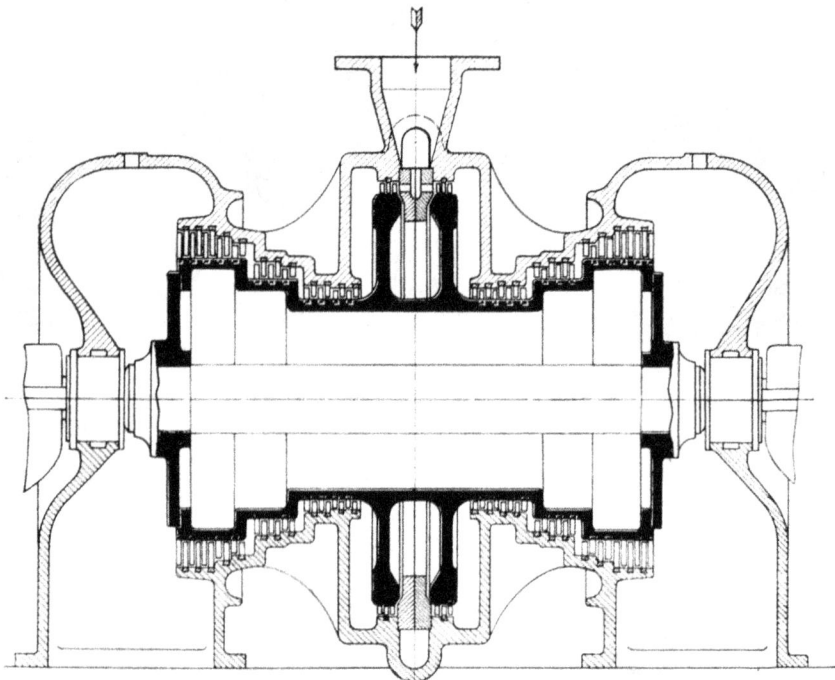

Fig. 151.

Die weitere Ausnützung geschieht in einer ganz nach Art der
Parsonsschen ausgebildeten Schaufelung. Die beschriebene Anordnung ergibt eine erhebliche Verkürzung der Maschine gegenüber
der Parsons-Turbine, beseitigt also den größten konstruktiven Nachteil
der letzteren.

VII. Teil.

Dampfturbinen für besondere Zwecke.

Zum Antriebe von Dynamomaschinen, Kreiselpumpen, Gebläsen u. dgl. wird im allgemeinen eine Maschine von konstanter Umdrehungszahl und je nach der Belastung verschiedenem Drehmoment erfordert. Dieser Betriebsart entspricht die Dampfturbine in vorzüglicher Weise, da die Umfangsgeschwindigkeit auch bei erheblicher Reduktion der Dampfmenge durch Drosselung noch in günstigem Verhältnis zu der wenig veränderlichen Dampfgeschwindigkeit bleibt.

Anders ist dies bei solchen Betrieben, welche starke Veränderlichkeit der Umdrehungszahl erfordern. Es soll hier nur auf zwei derselben, den Schiffs- und Lokomotivantrieb, eingegangen werden.

Schiffsturbinen.

Der Widerstand eines fahrenden Schiffes steigt annähernd mit der dritten Potenz der Schiffsgeschwindigkeit; die Umdrehungszahl der Propellerschraube muß, um einen günstigen Wirkungsgrad der letzteren zu ergeben, etwa proportional der Schiffsgeschwindigkeit sein.

Demnach muß eine Schiffsdampfturbine, entsprechend den verschiedenen Fahrgeschwindigkeiten, bei verschiedenen Umdrehungszahlen rationell arbeiten, und ihre Leistung muß innerhalb weiter Grenzen variabel sein.

In Fig. 152 ist die Kurve des Schiffswiderstandes als Funktion der Schiffsgeschwindigkeit, ferner der Gesamtdampfverbrauch, der Dampfverbrauch pro PS-Stunde und die Umfangsgeschwindigkeiten der Turbinenräder, wie sie sich bei Versuchsfahrten eines mit einer Schulz-Turbine ausgerüsteten Bootes auf dem Tegeler See bei Berlin ergaben, aufgetragen. Die Turbine ist in Fig. 97 und 98 auf S. 126 und 127 dargestellt.

13*

Aus Fig. 152 geht hervor, daß der Dampfverbrauch bei halber Fahrgeschwindigkeit ungefähr der vierfache desjenigen bei voller Fahrgeschwindigkeit beträgt. Nun wird aber bei Kriegsschiffen verlangt, daß sie gerade bei der sogenannten »Marschgeschwindigkeit«, die in der Regel etwas höher als die Hälfte der maximalen ist, besonders

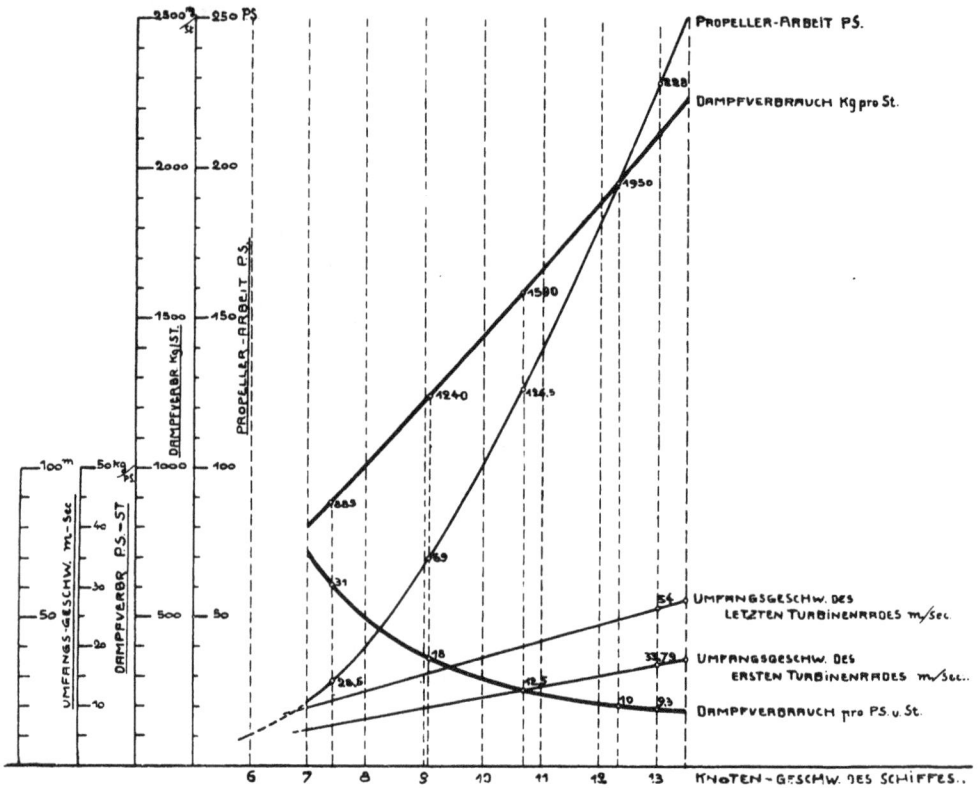

Fig. 152.

geringen Dampfverbrauch aufweisen. Um dies zu erzielen, ist das rationellste Mittel in der Veränderlichkeit der Druckstufenzahl gegeben. Nach dem Schulzschen Patent (Fig. 153) werden auf die Welle der für die maximale Umdrehungszahl und Leistung gebauten Hauptturbine A mehrere »Vorturbinen« B—E gesetzt. Diese können durch die Ventile V entweder mit Frischdampf oder mit dem Abdampf der jeweils vorgeschalteten kleineren Turbinen gespeist werden. Für langsamste Fahrt, also kleinste Leistung, wird der

Frischdampf der Turbine E zugeführt und durchströmt dann nacheinander D, C, B und A, für schnellste Fahrt bleiben die Vorturbinen
B bis E gänzlich ausgeschaltet und laufen leer mit, während der

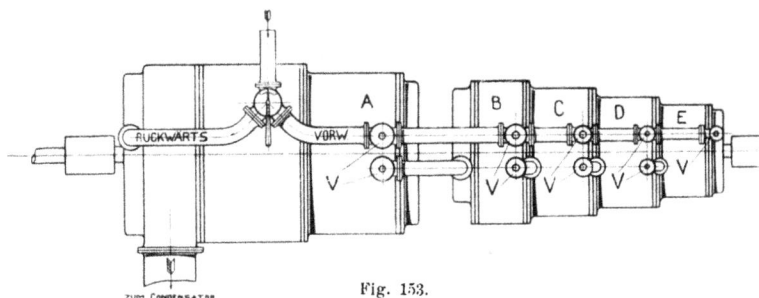

Fig. 153.

Frischdampf der Turbine A direkt zufließt. Die Vorturbinen sind
nun so dimensioniert, daß der Eintrittsquerschnitt die Zufuhr des
für die bezügliche Leistung benötigten Dampfes ohne erhebliche
Drosselung zuläßt.

Lokomotivturbinen.

Die Lokomotive soll ein großes Anzugsmoment besitzen, ferner
muß auch bei nahezu der vollen Fahrgeschwindigkeit das Moment
zur Überwindung von Steigungen sehr erheblich gesteigert werden
können, ohne daß sich dadurch der Dampfverbrauch beträchtlich
erhöht und der ohnehin hoch beanspruchte Kessel übermäßig in
Anspruch genommen wird. Zur Lösung dieser Aufgabe sind bis
jetzt geeignete Vorschläge noch nicht bekannt geworden. Es dürfte
auch hier eine Gruppenschaltung mehrerer Turbinen zum Ziele führen.

Deutsche Reichs-Patente

betreffend

Dampf- und Gasturbinen.

Klasse	Nr.	Gegenstand und Anmelder	Datum der Erteilung
		A. Systeme, Anordnungen, Betriebsverfahren.	
(14)	196	Rotierender Dampfmotor. A. Müller, Köln . . .	26. 7. 77
(14)	249	Reaktionsdampfrad. C. Felderhoff	4. 8. 77
(88)	910	Rotationsmotor. O. Hartung und G. Lenz, Berlin	17. 8. 77
(14)	2 044	Dampfkehrrad genannt Dampfturbine. G. Bergen, Hannover	20. 11. 77
(14)	2 607	Rotierende Dampfmaschine. Dampfturbine. M. A. Th. Aversenq, Paris	19. 2. 78
(14)	3 127	(Zusatz zu D. R.-P. 2044 Neuerungen an Dampfkehrrädern. G. Bergen, Hannover	17. 3. 78
(14)	5 046	Rotierende Dampfmaschine. R. Bazin, Paris . .	13. 9. 78
(14)	19 866	Neuerungen an Dampfturbinen. L. A. W. Desruelles und Ch. F. Carlier, Paris	18. 12. 81
(14)	24 346	Turbine für Dampf, Wasser und andere Flüssigkeiten. G. de Laval, Stockholm	10. 4. 83
(14)	25 383	Verfahren und Einrichtungen zum Betriebe eines Strahlmotors mittels Wasser und Dampf oder Gase. L. J. Alloo, Paris	30. 3. 83
(14)	31 095	Turbine für Dampf und andere treibende Mittel. A. J. A. Dumoulin, Paris	1. 10. 84
(14)	32 560	Dampfturbine mit Kondensator. M. Cahen, Brüssel	30. 9. 84
(14)	32 847	Neuerungen an Dampfturbinen. A. Winkler, Breslau	16. 1. 85
(14)	33 066	Rotierender Dampfmotor. Ch. A. Parsons, Gateshead, England	7. 11. 84
(14)	33 404	(Zusatz zu D R.-P. 32847) Neuerungen an Dampfturbinen. A. Winkler, Breslau	31. 5. 85
(88)	35 783	Neuerungen an Tangentialturbinen A. Winkler, Breslau	22. 12. 85
(14)	37 428	Reaktionsrad. J. Thévenet, Calais	9. 5 86
(88)	38 266	Wasser- und Dampfturbine auch als Kondensator verwendbar. N. W. Curtis, Newhaven, England	23. 3. 86
(46)	43 726	Kraftmaschine. E. Hammesfahr, Solingen . . .	9. 12. 87
(14)	53 711	Dampfturbine. J. H. Dow, Cleveland, V. St. A. .	7. 2. 90
(14)	54 631	Dampfstrahlrad mit offenen Hohlschaufeln und feststehenden Gegenschaufeln. O. Lilienthal, Berlin	11. 1. 90

Klasse	Nr.	Gegenstand und Anmelder	Datum der Erteilung
(14)	56 023	Durch ein Gemisch von nassen Dämpfen und Wasser getriebenes Kreiselrad. Dr. jur. C. Bernstein, Berlin, und S. Wolfson, Zaschnik, Rußland . .	4. 3. 90
(14)	68 787	Strahlturbine für Dampf, Gas oder dergleichen mit sich drehendem Lauf- und Leitrade. G. J. Altham, Swansea, Bristol, V. St. A.	31. 5. 92
(14)	70 551	Dampfturbine mit mehreren entgegengesetzt gedrehten Turbinenrädern. E. Seger, Stockholm .	8. 2. 93
(14)	75 389	(Zusatz zu D. R. P. 53 711) Dampfturbine. J. H. Dow und W. Chisholm sen., Cleveland . . .	25. 4. 93
(14)	76 177	Dampfdruckrad mit Flüssigkeitsfüllung. F. W. Prášil, Golzern	24. 6. 93
(14)	84 186	Dampfturbine mit Stoß- und Druckwirkung. F. Kamper, Wien	21. 2. 95
(88)	84 853	Aus mehreren konachsialen Scheiben zusammengesetzte Turbine. P. de Nordenfelt und A. Th. Christophe, Paris	22. 9. 94
(14)	84 908	Dampf- oder Gasturbine mit Luftansaugung. L. Bollmann, Wien	15. 1. 95
(14)	87 519	Dampfturbine mit hohlen, nach der Austrittsseite hin verbreiterten Schaufeln. J. G. Maardt, Kopenhagen	16. 3. 95
(14)	89 634	Dampf- oder Gasturbine mit umlaufender Flüssigkeit. F. Voigt und C. L. P. Fleck Söhne, Berlin	26. 10. 95
(14)	90 777	Dampfturbine mit an Größe zunehmenden Überströmöffnungen der Zellen und mit eingeschalteten ruhenden Dampfräumen. L. Benze und E. Bachmayr, Wien	4. 2. 96
(14)	91 619	Dampfturbine mit mehrfacher Dampfausdehnung. R. Hewson und Whyte & de Rome, San Francisco	24. 4. 96
(14)	92 372 u. 92 373	Durch Druckstrahlreibung getriebene Turbine. L. Vojáček, Prag	28. 5. 96
(14)	93 462	(Zusatz zu D. R.-P. 84 908.) Dampf- oder Gasturbine mit Luftansaugung. L. Bollmann und S. Kohnberger, Wien	11. 2. 96
(14)	93 602	Dampfturbine mit durchlochten Schaufeln. E. Melzer, Zella St. Blasii i. Th.	22. 10. 96
(88)	93 654	Strahlrad. O. Kolb, Karlsruhe	28. 1. 97
(14)	96 352	Dampfturbine für den Kleinbetrieb. F. v. Grubinski, Warschau	24. 12. 96
(14)	96 886	Dampfturbine. G. Daseking, Hannover	18. 6. 97
(14)	97 257	Verfahren und Vorrichtung zum indirekten Antrieb von Motoren. A. Baermann, Berlin	25. 4. 97

Klasse	Nr.	Gegenstand und Anmelder	Datum der Erteilung
(14)	98 731	Durch Dampf, komprimiertes Gas oder dergleichen betriebene Turbine. C. F. Ch. Lohmann . . .	17. 7. 97
(14)	98 990	Durch flüssiges Metall vermittels intermittierenden Dampfeinlasses betriebene Turbine. O. Trossin, Hamburg	29. 7. 96
(65)	99 108	Schiffsschraubenantrieb durch Dampfturbinen. Ch. A. Parsons, Newcastle-on-Tyne	22. 12. 96
(14)	99 515	Gas- oder Dampfturbine mit Flüssigkeitsfüllung. C. L. P. Fleck Söhne und F. Voigt, Berlin-Reinickendorf	31. 10. 97
(14)	100 336	Dampfturbine. A. Walther, Wilhelmshaven . . .	25. 12. 97
(14)	100 939	Rotierende Verbundmaschine. W. Heinrichs, Barmen	10. 10. 97
(46)	101 959	Heißluftmaschine. F. Stolze, Westend b/Berlin .	21. 8. 97
(14)	102 255	Dampfturbine. J. J. Heilmann, Paris	24. 4. 98
(14)	103 879	Verbunddampfturbine. R. Schulz, Berlin	19. 4. 98
(14)	104 468	Mehrstufige Turbine mit Expansionsdüse. Ch. G. Curtis, New-York	2. 9. 96
(14)	104 972	Turbine für Gase und Flüssigkeiten. Wirth & Co., Frankfurt a/M.	9. 3. 98
(14)	105 654	Turbine für Dampf und Wasser. G. Montag, Mannheim, F. Hüter und M. Karb, Lampertheim, Hessen	1. 9 98
(14)	105 688	Dampfturbine mit Kammern am Radkranze. J. A. Müller, Düsseldorf	8. 1. 89
(46)	106 586	(Zusatz zu D. R.-P. 101 959.) Verbrennungskraftmaschine. P. Irgens und G. M. Bruun, Bergen	10. 12. 97
(88)	107 419	Achsiales Strahlrad mit zwei oder mehreren konzentrischen Schaufelkränzen. N. S. Bök und T. Robsahm, Stockholm	7. 8. 98
(14)	110 801	Dampfturbine. Th. U. Gray und Frl. E. S. Braß, London	21. 9. 98
(14)	111 278	Dampfturbine. A. Tilp, Kiel	16. 2. 99
(14 c)	112 438	Turbine. W. H. Clarke, Gateshead und F. J. Warburton, Newcastle-on-Tyne	1. 5. 98
(46)	113 625	Vorrichtung zur Erzielung des Kreislaufes einer ein Rad treibenden Flüssigkeit. E. Nivert, Chamonix, (Savoyen).	2. 9. 99
(14 c)	115 217	Dampfturbine. U. Koch, Kalk bei Köln	4. 8. 97
(14 b)	115 941	Dampfmaschine mit umlaufendem und mit zahnartigen Vorsprüngen versehenem Kolbenkörper. W. E. Prall, New-York	15. 11. 98
(14 c)	116 494	Turbine für gasförmige Betriebsmittel. W. Höltring, Barmen	6. 9. 99
(14 c)	116 512	Achsialturbine. A. Vizet, Paris	24. 5. 99

Klasse	Nr.	Gegenstand und Anmelder	Datum der Erteilung
(14c)	119 875	Turbinenanordnung für Schiffsantrieb. Ch. A. Parsons, Newcastle-on-Tyne	2. 3. 00
(14h)	121 722	Vorrichtung zum Erhitzen von Wasser für den Betrieb von Dampfmaschinen und Dampfturbinen. O. Hörenz, Dresden	10. 9. 99
(14c)	122 103	Dampfturbine mit in entgegengesetzter Richtung sich bewegenden Schaufelkränzen. J. F. Brady, Chicago	1. 11. 99
(14c)	123 049	Dampfturbine mit zwei auf parallelen Achsen sitzenden Turbinenrädern. A. Schmid, Zürich . . .	11. 1. 01
(46a)	123 725	Gasturbine mit Explosionskammer. Dr. L. Desaint und Ch. Lemale, Paris	14. 6. 00
(14c)	123 932	Turbine für Gase. Ch. G. Curtis, New-York . .	8. 9. 97
(14c)	123 933	Dampfturbine mit in entgegengesetzter Richtung umlaufenden Schaufelgruppen. J. F. Brady, New-York	24. 4. 00
(46)	124 000	Gas- bzw. Druckluftturbine. A. Braun, Wien . .	24. 12. 99
(14c)	124 091	Turbinenanordnung für Schiffsantrieb. Ch. A. Parsons, Newcastle-on-Tyne	2. 3. 00
(14c)	125 114	Verfahren zum Betriebe von Turbinen. W. E. Prall, New-York	6. 9. 98
(14c)	125 166	Dampfturbine. A. Korn und A. Reinhard . . .	16. 5. 00
(14c)	125 959	Dampf- oder Gasturbine. P. L. Lemoine, Paris .	6. 3. 01
(14c)	126 356	Expansionsturbine mit zwei in entgegengesetzter Richtung rotierenden Schaufelgruppen. H. Th. Ashton, Blackheath, England	14. 8. 00
(14h)	127 257	Dampfturbinenanlage. A. Lack, Zürich	29. 4. 00
(14c)	129 182	Heißdampfturbinenanlage. E. Lewitzki, C. v. Knorring, J. Nadrowski und E. Imle, Dresden . . .	6. 3. 00
(14c)	130 344	Turbine für Dampf, Wasser und Gas. R. Dodillet und E. Bergmann, Berlin	17. 7. 00
(14c)	131 660	Dampfturbine. A. Vinel	9. 3. 01
(14c)	131 995	Expansionsturbine mit in entgegengesetzten Richtungen umlaufenden Schaufelträgern. H. Th. Ashton, Blackheath, England	14. 8. 00
(21d)	133 041	Verfahren zur Ableitung der Wärme und Verminderung der Leerlaufsarbeit von Dynamomaschinen, die in Gehäusen luftdicht nach außen abgeschlossen sind. K. A. Johansson, Stockholm .	3. 4. 01
(46a)	133 538	Gas- bzw. Druckluftturbine. E. Uhlenhuth, Angers, Frankreich	21. 6. 00
(14c)	133 738	Reaktionsdampfturbine. A. E. Gravier, Paris . .	26. 8. 00
(14c)	134 617	Verfahren zum Antrieb von Turbinen mittels eines Gemisches von Flüssigkeit und Dampf. F. Grabe, Wilhelmshaven	15. 11. 00

Klasse	Nr.	Gegenstand und Anmelder	Datum der Erteilung
(14 c)	135 333	Dampf- und Gasturbine mit elastisch am Radkörper befestigten Schaufeln. G. Buttenstedt, Kalkberge-Rüdersdorf und R. Mewes, Berlin . . .	30. 9. 00
(14 c)	135 555	Vorrichtung zum Umsetzen von Dampfkraft in Flüssigkeitsdruck. A. Krank, Warkaus, Finnland	8. 5. 01
(14 c)	135 701	Verbunddampfturbine. O. Hörenz, Dresden . .	17. 4. 01
(14 c)	135 937	Vereinigte Achsial- und Radialturbine mit Entlastung vom Achsialschub. R. Schulz, Berlin .	18. 7. 01
(14 c)	136 681	Dampf- oder Gasturbine. Escher, Wyß & Co., Zürich	15. 3. 01
(14 c)	137 128	Dampfturbine. F. Dürr, Schlachtensee b. Berlin .	9. 10. 01
(14 c)	137 432	Turbine für gasförmige Treibmittel. (Zusatz zu D. R.-P. 116 494.) W. Höltring, Barmen . . .	4. 7. 01
(14 c)	137 792	Verbunddampfturbine. R. Schulz, Berlin	27. 11. 00
(46 a)	138 707	Gasturbine. C. J. Coleman, New-York	23. 12. 00
(14 c)	141 492	Mehrstufige Dampfturbine. Escher Wyß & Co. Zürich	15. 3. 01
(14 c)	141 784	Dampfturbine. J. Stumpf, Berlin	17. 3. 01
(46 d)	141 836	Kraftmaschine. F. Windhausen sen. und F. Windhausen jun., Berlin	26. 8. 00
(14 c)	142 148	Dampfturbine mit schlangenförmig um den Schaufelkranz verlaufenden Leitkammern. C. Weichelt, Moskau	10. 11. 01
(14 c)	142 662	Dampfturbine mit mehreren durch Scheidewände voneinander getrennten, hintereinander geschalteten Reaktionsrädern. J. W. Scherrer, Stoupky, Rußland	28. 8. 00
(14 c)	142 964	Verfahren zum Betriebe mehrstufiger Dampf- oder Gasturbinen. T. G. E. Lindmark, Stockholm .	23. 2. 02
(14 c)	144 528	Dampfturbine mit einzeln hergestellten Schaufeln. Parsons Foreign Patents Company Ltd., London und A.-G. für Dampfturbinen System Brown-Boveri-Parsons, Baden, Schweiz	12. 4. 02
(46 d)	144 650	Gasturbine mit Zünd- und Expansionskammer. D. R. Carter, Glasgow	26. 1. 02
(14 c)	144 864	Mehrstufige Dampfturbine. H. Thormeyer, Halle a/S. -Giebichenstein	8. 4. 02
(46 a)	145 655	Gasdampfturbine. A. Braun, Wien	30. 5. 02
(46 a)	145 782	Gasturbine mit mehreren Explosionskammern. R. Cumming, Edinburgh	20. 8. 02
(46 a)	147 043	(Zusatz zu D. R.-P. 145 782.) Gasturbine mit mehreren Explosionskammern. R. Cumming, Edinburgh, Schottland	14. 1. 03

Klasse	Nr.	Gegenstand und Anmelder	Datum der Erteilung
(14 c)	147 354	Dampf- oder Gasturbine für verschiedene Umlauf-zahlen. F. Groß, Schöneberg	7. 9. 02
(14 c)	147 355	(Zusatz zu D. R.-P. 147 354.) Dampf- oder Gasturbine für verschiedene Umlaufzahlen. F.Groß, Schöneberg	14. 1. 03
(14 c)	147 600	Dampfturbine mit Wärmeschutzvorrichtung für den Radkranz. F. Groß, Schöneberg	31. 8. 02
(46 a)	147 785	Gasturbine. G. Ch. E. de Bonnechose, Paris . .	16. 5. 02
(46)	147 825	Gasturbine. G. Ch. E. de Bonnechose, Paris . .	16. 5. 02
(65 d)	148 468	Verfahren zur Erhöhung der Leistung von Fisch-torpedos. J. Stumpf, Berlin	2. 12. 02
(14 c)	148 704	Dampfturbinen, deren Leit- und Laufradkanäle ein geschlossenes Windungssystem bilden, in welchem sich die Querschnitte fortschreitend vergrößern. G. Zahikjanz, Berlin	9. 7. 02
(14 c)	149 193	Turbine, welche als unmittelbare Antriebsmaschine für Fahrzeugräder verwendbar ist. R. C. Sayer, Bristol, England	4. 10. 01
(14 c)	149 606	Mehrfache, gegenläufige Dampfturbine. M. Behrisch, Berlin	9. 7. 03
(46 a)	149 878	Gasturbine mit horizontaler Achse und innerhalb des Turbinengehäuses angeordneten Brennern. G. Ch. E. de Bonnechose, Paris	14. 12 02
(21 d)	151 152	Verfahren zum Antriebe von Wechselstromerzeugern mittels schnellaufender Maschinen. Ch. A. Par-sons, Newcastle-on-Tyne	4. 3. 03
(14 c)	151 497	Dampfturbine mit U-förmigen Kanälen. G. Zahik-janz, Berlin	1. 5. 03
(14 c)	152 474	Dampfturbine, bei welcher innerhalb des Gehäuses vor einzelnen Leitschaufelkränzen Absperrvor-richtungen angeordnet sind A. C. Th. Müller, Elbing	21. 5. 03
(14 c)	152 576	Freistrahlturbine. E. Maier, Cannstatt	28. 2. 02
(14 c)	153 251	Dampf- bzw. Gasturbine mit primär und sekundär beaufschlagten, in entgegengesetzten Richtungen sich drehenden Rädern. Vereinigte Dampftur-binen-Gesellschaft m. b. H., Berlin	4. 7. 03
(14 c)	153 252	Dampfturbinenanlage mit senkrechter Welle und einer unter dem Radsystem angeordneten Arbeits-maschine. Vereinigte Dampfturbinen-Gesellschaft m. b. H., Berlin	9. 8. 03
(14 c)	153 372	Turbine mit Kanälen, welche spiralförmig auf einem Zylinder nebeneinander liegen und mit durch-brochenen Zwischenwänden versehen sind. The Butler Turbine Engine Company, Jersey, V. St. A.	28. 10. 02

Klasse	Nr.	Gegenstand und Anmelder	Datum der Erteilung
(14c)	154 762	Dampfturbine mit zwei sich in entgegengesetzter Richtung drehenden Laufrädern. Vereinigte Dampfturbinen-Gesellschaft m. b. H., Berlin . .	3. 12. 02
(14c)	156 507	Partiell beaufschlagte Dampfturbine. Vereinigte Dampfturbinen-Gesellschaft m. b. H., Berlin . .	19. 2. 03
(14c)	157 048	Gas- und Dampfturbine mit nur teilweiser Beaufschlagung des Radkranzes. Aktieselskabet Elling Compressor Co., Christiania	22. 9. 03
(14c)	157 049	Gegenläufige Dampf- usw. -Turbine mit Druckstufeneinteilung, bei welcher eine volle und eine hohle Welle ineinander gesteckt sind. Vereinigte Dampfturbinen-Gesellschaft m. b. H., Berlin . .	12. 11. 03
(14c)	157 748	Mehrstufige Dampfturbine mit besonderen, in Öffnungen der Gehäusewand gelagerten Leitschaufelträgern. Vereinigte Dampfturbinen-Gesellschaft m. b. H., Berlin	29. 4. 03
(14c)	157 973	Freistrahldampfturbine mit taschenförmigen Zellen im Lauf- bzw. Leitrade und entsprechenden Gegenzellen. G. Zahikjanz, Berlin	30. 9. 02
(14c)	158 094	Dampf- oder Gasturbine mit festem, das Turbinenrad dicht umschließendem Gehäuse. E. Fagerström, Stockholm	12. 2. 04
(14c	158 187	Mehrstufige Stoßturbine. S. Binder, Seebach bei Zürich	16. 6. 03
(14c)	158 212	Verfahren zum Betrieb von Dampf- und Gasturbinen mit mehreren achsial nebeneinander angeordneten Stufen. Vereinigte Dampfturbinen-Gesellschaft m. b. H., Berlin	27. 5. 03

(Umsteuerbare Turbinen siehe unter H.)

B. Düsen, Leitapparate.

(14)	81 783	Mundstück für Dampf- oder Gasturbinen mit Kleinstellung für Leerlauf. C. G. P. de Laval, Stockholm	7. 11. 94
(14)	104 805	Zuführungsdüse für Dampf- oder Gasturbinen. N. S. Bök, Stockholm	29. 3. 98
(14c)	137 586	Ringförmiger, regelbarer Leitapparat für Dampf- oder Gasturbinen. J. Nadrowski und C. v. Knorring, Dresden	11. 6. 01
(14c)	140 876	Verfahren zur Herstellung von Leitapparaten für Dampfturbinen. J. Stumpf, Berlin	5. 3. 01
(14c)	154 087	Verfahren zur Herstellung der Leiträder für teilweise beaufschlagte Dampfturbinen. H. Richter, Nürnberg	25. 2. 03

Klasse	Nr.	Gegenstand und Anmelder	Datum der Erteilung
(14c)	154 817	Ein- und mehrkanalige Treibmittelzuströmungsdüse für Dampf-, Gas- oder Luftturbinen. C. Weichelt, Moskau	14. 3. 03
(14c)	155 248	Leitvorrichtung für Dampfstoßräder und ähnlich wirkende Maschinen. O. Deutschmann, London	8. 6. 02

Siehe auch A. 142 148,
D. 148 391.

C. Laufräder.

Klasse	Nr.	Gegenstand und Anmelder	Datum der Erteilung
(14)	91 342	Turbinenrad für Dampf- oder Gasturbinen mit eingesetzten Schaufeln. J. Schmid, Stockholm . .	13. 2. 96
(14)	97 346	Turbinenrad für Dampf- oder Gasturbinen. M. Veith, Zürich	24. 8. 97
(47)	105 073	Schnell umlaufende Scheibe. Maschinenbauanstalt Humboldt, Kalk b. Köln	18. 11. 98
(14c)	112 724	Turbinenrad für Dampf- oder Gasturbinen. M. Veith, Zürich	20. 9. 99
(14c)	128 605	Turbinenrad für Dampf- oder Gasturbinen. (Zusatz zu D. R.-P. 112 724.) Escher Wyß & Co., Zürich	14. 3. 01
(49i)	132 986	Verfahren zur Herstellung von Turbinenrädern. O. Hörenz, Dresden	
(14c)	135 938	Laufrad für Dampf- oder Gasturbinen. (Zusatz zu D. R.-P. 112 724.) Escher Wyß & Co., Zürich	5. 10. 01
(14c)	136 490	Turbinenrad für hohe Umdrehungszahlen. J. Nadrowski und C. v. Knorring, Dresden	28. 3. 01
(14c)	137 126	Turbinenrad. E. Imle, Dresden	5. 10. 01
(14c)	143 960	Laufrad für Dampfturbinen. Société Sautter, Harlé & Co., Paris	2. 8. 01
(14c)	144 865	Turbinenrad. F. Groß, Schöneberg	31. 8. 02
(14c)	147 762	Turbinenrad mit mehrteiligem, an der Radscheibe durch Zapfen oder dergleichen befestigtem Kranz. F. Groß, Schöneberg	24. 10. 02
(14c)	149 811	Vorrichtung an Dampf- oder Gasturbinen zur Verminderung des Luftwiderstandes leer laufender Räder. F. L. Ch. E. Müller, Charlottenburg . .	19. 6. 03

Siehe auch A. 105 654, 125 959, 135 333, 144 528,
147 600, 151 497.
H. 103 614
sowie sämtliche Patente unter D.

Klasse	Nr.	Gegenstand und Anmelder	Datum der Erteilung
		D. Schaufeln.	
(88)	68 359	In den Radkörper geklemmte Schaufeln für Dampf- oder Gasturbinen. C. G. P. de Laval, Stockholm	22. 6. 92
(49i)	115 228	Verfahren und Maschine zur Herstellung von Schaufelkränzen für Dampfturbinen. Ch. A. Parsons, G. G. Stoney und H. F. Fullagar, Heaton Works, Newcastle-on-Tyne	28. 2. 00
(49d)	131 816	Verfahren zur Herstellung von U-förmigen Taschen in den Schaufelkränzen für Gas- und Dampfturbinen. J. Stumpf, Berlin	5. 3. 01
(14c)	133 565	Auswechselbare Schaufel für mehrstufige radiale Dampfturbinen. C. Weichelt, Moskau	19. 3. 01
(49i)	136 796	Verfahren zur Herstellung von Schaufeln für Dampfturbinen. C. Weichelt, Moskau	18. 9. 01
(49i)	143 580	Verfahren zur Herstellung von Schaufeln für Dampf- und hydraul. Turbinen. Escher Wyß & Co., Zürich	6. 8. 02
(14c)	148 390	Schaufeln für radial beaufschlagte mehrstufige Turbinen. P. Kugel und V. Gelpke, Zürich	15. 3. 02
(14c)	148 391	Schaufelbefestigung für Leiträder an Dampf- und Gasturbinen. Escher Wyß & Co., Zürich	25. 2. 03
(49b)	148 633	Maschine zum Bearbeiten von Werkstücken nach Flächen von wechselndem Krümmungsradius. International Curtis Steam Turbine Company, New-York	19. 3. 02
(14c)	150 230	Verfahren zur Herstellung kanalförmiger Turbinenzellen. G. Zahikjanz, Berlin	11. 10. 02
(14c)	150 725	Turbinenschaufel aus dünnem Blech, welche durch Eingießen befestigt wird. G. Zahikjanz, Berlin	7. 9. 02
(14c)	152 258	Schaufelbefestigung für Dampfturbinen. H. F. Fullagar, Heaton, England	13. 4. 01
(14c)	152 294	Schaufeltaschen für Dampf-, Luft- oder Gasturbinen. Gesellschaft zur Einführung von Erfindungen m. b. H., Berlin	22. 11. 03
(14c)	153 642	Verfahren zur Herstellung von Schaufelkränzen für Dampfturbinen. R. Wichmann, Charlottenburg und C. Weller, Gumbinnen	4. 8. 03
(14c)	153 740	Befestigung plattenförmiger Schaufeln für radiale Reaktionsturbinen. T. G. E. Lindmark, Stockholm	18. 4. 03
(14c)	156 273	Anordnung der Laufradschaufeln bei mehrstufigen Dampf- oder Gasturbinen, bei denen die Stromrichtung des Dampfes in den Laufradschaufeln um 180° umgedreht wird. Maschinenfabrik Grevenbroich, Grevenbroich, Rheinland	24. 4. 04

Klasse	Nr.	Gegenstand und Anmelder	Datum der Erteilung
(46 d)	156 881	Verfahren zur Kühlung von Turbinenschaufeln. H. F. Fullagar, Newcastle-on-Tyne	29. 8. 02
(14 c)	157 050	Anordnung der Schaufeln bei Dampfturbinen mit Reaktionswirkung. A. Aichele, Baden — Schweiz	25. 5. 04
		E. Lagerung, Schmierung, Abdichtung, Entlastung, Kupplung.	
(14)	41 479	Neuerungen an rotierenden Dampfmotoren. (Zusatz zu D. R.-P. 33 066) Ch. A. Parsons, Gateshead, England	28. 5. 87
(88)	91 006	Aufhängung für schnellaufende Turbinen. H. Trenta, Lyon	22. 3. 96
(65)	98 493	Elastisches Lager für durch Dampfturbinen getriebene Schiffsschraubenwellen mit Entlastungsscheibe. Ch. A. Parsons, Newcastle-on-Tyne . .	26. 1. 95
(14)	100 797	Transmissionsanordnung für Verbunddampfturbinen. E. Seger, Stockholm	28. 9. 97
(47)	105 153	Achsenlager mit Entlastung der kegelförmigen Lagerflächen durch Längsdruck. E. D. Woods, Granville, State of New-York	3. 8. 98
(88)	105 537	Zapfenentlastung für Turbinen mit vertikaler Welle. F. Mallyna, Leobersdorf	6. 12. 98
(14 c)	125 115	Schmiervorrichtung für die innen liegenden Lager von Dampfturbinen. C. H. Knoop, Dresden . .	30. 1. 01
(14 c)	127 710	Abdichtung für das Laufrad von Dampfturbinen. R. F. Marsh, East Maitland, Australien	1. 11. 99
(14 c)	129 183	Ölabdichtung zwischen Schaufelradumfang und Gehäusewandung von Dampf- oder Gasturbinen. R. Dodillet und E. Bergmann	6. 12. 00
(14 c)	131 155	Schmiervorrichtung für die innenliegenden Lager von Dampfturbinen. (Zusatz zu D. R.-P. 125 115.) Société Sautter, Harlé & Ko., Paris	21. 6. 01
(47 b)	132 549	Federndes Lager. Albert Krank, Warkaus, Finnland	20. 11. 01
(14 c)	142 788	Vorrichtung zum Regeln des Druckes in durch Flüssigkeit von konstantem Druck abgedichteten Stopfbüchsen von Dampf- oder Gasturbinen. Rateau und Société Sautter, Harlé & Co., Paris	18. 5. 02
(47 b)	146 891	Entlastungsvorrichtung für schnellaufende Traglagerzapfen. O. Thiele, Berlin	7. 2. 03
(47 c)	150 005	Federnde Kupplung. A. C. E. Rateau und Société Sautter, Harlé & Co., Paris	16. 4. 03

Klasse	Nr.	Gegenstand und Anmelder	Datum der Erteilung
(47 e)	150 746	Spurlager mit Druckölschmierung, bei der das Drucköl im Lager selbst durch Fliehkraftwirkung mit Hilfe eines Flügelrades erzeugt wird. Gesellschaft zur Einführung von Erfindungen m. b. H., Berlin	21. 2. 03
(47 c)	150 890	Federnde Kupplung. (Zusatz zu D. R.-P. 150 005.) A. C. E. Rateau und Société Sautter, Harlé & Co., Paris	20. 5. 03
(14 c)	152 259	Vorrichtung zur Aufnahme des Achsialschubes bei Verbunddampfturbinen. H. F. Fullagar, Heaton, England	13. 4. 01
(14 c)	152 268	Dichtungsvorrichtung an Schaufelkränzen von Verbunddampfturbinen. H. F. Fullagar, Heaton, England	13. 4. 01
(14 c)	152 475	Lagerung für senkrechte Dampfturbinenwellen. P. J. Hedlund, Jerla b. Stockholm	2. 7. 03
(14 c)	152 981	Vorrichtung an Verbunddampfturbinen zur Entlastung vom Achsialdruck. T. G. E. Lindmark, Stockholm	8. 4. 02
(14 c)	153 373	Lagerung für Dampfturbinenwellen. O. Hörenz, Dresden	14. 12. 02
(47 b)	155 953	Spurlagerentlastung unter Benutzung der bekannten auf Schleuderwirkung beruhenden ringförmigen Flüssigkeitsdichtung. H. Eswein, Ludwigshafen a. Rh.	3. 2. 03
(21 d)	150 990	Kupplung der Arbeitsorgane bei elektrische Maschinen treibenden Dampfturbinen. Siemens & Halske, A.-G., Berlin . . . . Siehe auch A. 24 364, 33 066, 84 853, 87 519, 92 372, 112 438, 130 344, 135 937, 137 792, 146 891.	29. 1. 03

F. Kondensation, Abdampfverwertung.

Klasse	Nr.	Gegenstand und Anmelder	Datum der Erteilung
(14)	92 373	Kondensationsvorrichtung für Dampfturbinen. L. Vojáček, Prag	28. 5. 96
(14 h)	125 117	Dampfsammler mit Wiedergewinnung der Wärme. A. Rateau, Paris	19. 10. 00
(14 c)	142 053	Kondensatoranlage für Dampfturbinen. J. Stumpf, Berlin	20. 11. 01
(14 f)	142 091	Kondensatoranlage für Dampfturbinen. J. Stumpf, Berlin	20. 11. 01
(14 c)	152 369	Einspritzkondensator für Expansionsdampfturbinen. Vereinigte Maschinenfabrik Augsburg und Maschinenbaugesellschaft Nürnberg, A.-G., Nürnberg	29. 6. 02

Klasse	Nr.	Gegenstand und Anmelder	Datum der Erteilung
(14h)	153 376	Vorrichtung zum Sammeln und Regenerieren der Auspuffdämpfe intermittierend arbeitender Dampfmaschinen. Société d'exploitation des appareils Rateau (accumulateurs de vapeur), Paris . . . . Siehe auch A. 38 266, 127 257, 135 333, 141 836.	20. 9. 01

G. Regelung.

Klasse	Nr.	Gegenstand und Anmelder	Datum der Erteilung
(88)	82 215	Sicherheitsvorrichtung für Regulatoren mit Wendegetriebe. G. J. Altham, Bristol City., V. St. A. .	16. 5. 94
(14)	83 412	Reguliervorrichtung für Wasser-, Dampf- und Gasturbinen. O. L. Kummer, Dresden	15. 1. 95
(60)	84 915	Hydraulischer Übertrager für Regulatoren. G. de Laval, Stockholm	3. 7. 94
(47)	111 493	Dampfdruckregler für Dampfturbinen. Maschinenbauanstalt Humboldt, Kalk b. Köln	6. 6. 99
(46)	116 742	Verfahren zur Regelung der Beheizung von Druckluftturbinen mit äußerer Beheizung der Druckluft. J. Nadrowski, Dresden	15. 11. 98
(14c)	119 706	Regelvorrichtung für mehrstufige Turbinen für elastische Gase. (Zusatz zu D. R.-P. 104 468.) Ch. G. Curtis, New-York	2. 9. 96
(14c)	132 868	Regelungsvorrichtung für mehrstufige Turbinen. R. Schulz, Berlin	26. 3. 01
(21c)	138 118	Vorrichtung zur gleichzeitigen Regelung von Dynamo- und Antriebsmaschinen. J. L. Routin, Lyon .	8. 2. 01
(14c)	143 618	Regelungsvorrichtung für Dampfturbinen. A. C. E. Rateau, Paris	18. 12. 01
(21c)	144 051	Eine Vorrichtung zur gleichzeitigen Regelung von Dynamo- und Antriebsmaschinen nach Patent 138 118 (Zusatz zu D. R.-P. 138 118). J. L. Routin, Lyon	27. 2. 02
(14c)	144 102	Regelungsvorrichtung für Dampf- und Gasturbinen. Th. Reuter, Eutin	6. 8. 01
(14c)	146 497	Regelungsvorrichtung für Dampf- und andere Turbinen. Chr. L. F. E. Müller, Charlottenburg . .	21. 9. 01
(21c)	146 525	Selbsttätige Regelungsvorrichtung für Anlagen mit Dynamomaschinen. (Zusatz zu D. R.-P. 138 118.) J. L. Routin, Lyon	27. 2. 02
(14c)	146 549	Vorrichtung zur Regelung der Durchlaßöffnungen in den Leitapparaten mehrstufiger Dampfturbinen. F. Groß, Schöneberg	29. 7. 02
(14c)	146 623	Vorrichtung zum Regeln des Dampfzutritts bei Dampfturbinen. Chr. L. F. E. Müller, Charlottenburg	9. 11. 01

Klasse	Nr.	Gegenstand und Anmelder	Datum der Erteilung
(14 c)	146 756	Vorrichtung zum Regeln von Turbinen mit wiederholter Zuleitung des Treibmittels durch entsprechend der Expansion desselben weiter werdende Leitkanäle. O. Kolb, Karlsruhe	6. 11. 02
(14 c)	146 999	Regelungsvorrichtung für Dampfturbinen. Mc. Collum und Forster, Toronto	1. 2. 03
(14 c)	151 379	Elektromagnetische Steuerung für die Abschlußorgane der Düsen von Dampf- und Gasturbinen. Th. Reuter, Winterthur, Schweiz	26. 10. 02
(14 c)	151 678	Regelungsvorrichtung zum Zuführen von Frischdampf zum strömenden Aufnehmerdampf von Verbundfreistrahlturbinen. G. Steinle, Nürnberg	19. 6. 02
(14 c)	152 476	Regelungsvorrichtung für Dampfturbinen mit einem Drosselventil in der Kondensatorleitung. Aktiebolaget de Lavals Angturbin, Jerla b. Stockholm	18. 10. 03
(14 c)	153 143	Regelungsvorrichtung für mehrere hintereinander betriebene Dampfturbinen. Vereinigte Dampfturbinen-Gesellschaft m. b. H., Berlin	9. 8. 03
(14 c)	153 419	Regelungsvorrichtung für Dampfturbinen. Vereinigte Dampfturbinen-Gesellschaft m. b. H., Berlin	11. 1. 03
(14 c)	154 816	Regelungsvorrichtung für eine Turbinenanlage. A. C. E. Rateau, Paris	19. 2. 02
(14 c)	155 011	Vorrichtung zur Änderung der Umdrehungszahl von Dampf- oder Gasturbinen mit mehreren Lauf- und Leitradsystemen. Vereinigte Dampfturbinen-Gesellschaft m. b. H., Berlin	27. 6. 02
(14 c)	156 128	Regelungsvorrichtung für Dampfturbinen, welche parallel geschaltete Wechselstrommaschinen antreiben. Ch. A. Parsons, Newcastle-on-Tyne . . Siehe auch A. 5046, 115217, 123932, 135701, 147354, 147355, 148468, 149606, 150990, 152474. B. 81783, 137586.	12. 5. 03

H. Umsteuerung.

Klasse	Nr.	Gegenstand und Anmelder	Datum der Erteilung
(65)	103 559	Dampfumschaltung für zum Schiffsantrieb dienende Dampfturbinen. Ch. A. Parsons, Newcastle-on-Tyne	6. 3. 98
(14)	103 614	Umsteuerung für Dampfturbinen nach Parsons' System. Ch. A. Parsons, Newcastle-on-Tyne . .	14. 11. 97
(14)	109 973	Umsteuerbare Turbine. W. H. Clarke, Durham und F. J. Warburton, Newcastle-on-Tyne	1. 5. 98
(14 c)	119 818	Umsteuerbare Dampfturbine. J. Burgum, Rio de Janeiro	1. 6. 99

Klasse	Nr.	Gegenstand und Anmelder	Datum der Erteilung
(14c)	132 251	Umsteuerbare Reaktionsturbine. J. Procner, Pabianice b. Lodz	17. 7. 01
(14c)	151 380	Verfahren zum Umsteuern von mehrstufigen Dampfturbinen. F. Windhausen jun., Berlin	26. 2. 03
(14c)	152 274	Umsteuerungsgetriebe für Turbinen mit zwei Radsätzen, von denen je nach dem Drehsinn der eine als Leitvorrichtung des andern festgestellt wird. P. Schaeben, Köln a. Rh.	26. 9. 03
(14c)	154 818	Umsteuerungsturbine mit zwei konzentrisch übereinander angeordneten Turbinen von entgegengesetzter Drehrichtung. W. L. Webster, New-York	15. 4. 03
(14c)	156 128	Regelungsvorrichtung für Dampfturbinen, welche parallel geschaltete Wechselstrommaschinen antreiben. Ch. A. Parsons, Newcastle-on-Tyne . .	12. 5. 03
		Siehe auch A. 103 879, 110 801, 119 875, 124 091, 131 995.	

Zeitschrift für das gesamte Turbinenwesen.

Unter ständiger Mitwirkung hervorragender Autoritäten herausgegeben von **Wolfgang Adolf Müller,** Zivil-Ingenieur, Jährlich 36 Hefte mit zahlreichen Textabbildungen. Preis pro Jahrgang M. **18.**—, pro Semester M **9.**—.

In der „Zeitschrift für das gesamte Turbinenwesen" gelangen zur Veröffentlichung wissenschaftliche Aufsätze — Theorie wie Praxis — aus dem Gebiete der Dampfturbinen (Thermodynamik) mit Einschluß der Turbodynamos, der Wasserturbinen (gesamte technische Hydraulik), der Turbinenschiffe, Wind-, Heißluft- und Gasturbinen, sowie auch der Pumpen und -Ventilatoren einschließlich der rotierenden Kompressoren, sodann eingehende Beschreibung und Darstellung ausgeführter oder projektierter Anlagen, Berichterstattung über Betriebsergebnisse, Ausführungen, Projekte, Besprechung der Fachliteratur usw.

Neuere Wärmekraftmaschinen. Versuche und Er-

fahrungen mit Gasmaschinen, Dampfmaschinen, Dampfturbinen etc. Von **E. Josse,** Professor und Vorsteher des Maschinen-Laboratoriums der Kgl. Technischen Hochschule in Berlin. VIII u. 108 Seiten gr. 4⁰. Mit 87 Textabbildungen und 1 lithogr. Tafel. Preis M. **7.**—. (Zugleich Heft 4 der Mitteilungen aus dem Maschinen-Laboratorium der Kgl. Technischen Hochschule in Berlin.)

Mitteilungen aus dem Maschinen-Laboratorium

der Kgl. Technischen Hochschule zu Berlin. Herausgegeben von **E. Josse,** Professor und Vorsteher des Maschinen-Laboratoriums. **I. Heft:** Die Maschinen, die Versuchseinrichtungen und Hilfsmittel des Maschinen-Laboratoriums. Mit 73 Textfiguren und zwei Tafeln. IV und 78 Seiten. gr. 4⁰. Preis M. **4.50.** — **II. Heft:** Versuche. IV u. 49 Seiten. gr. 4⁰. Mit 39 Textfiguren Preis M. **3.**—. — **III. Heft:** Neuere Erfahrungen und Versuche mit Abwärme-Kraftmaschinen. 42 Seiten. gr. 4⁰. Mit 20 Textfiguren. Preis M. **2.50.** — **IV. Heft:** Neuere Wärmekraftmaschinen, Versuche und Erfahrungen mit Gasmaschinen, Dampfmaschinen, Dampfturbinen etc. VIII und 108 Seiten. gr 4⁰. Mit 87 Textabbildungen und 1 lithogr. Tafeln. Preis M. **7.**—.

Die Petroleum- und Benzinmotoren, ihre Entwick-

lung, Konstruktion und Verwendung. Ein Handbuch für Ingenieure, Studierende des Maschinenbaues, Landwirte und Gewerbetreibende aller Art. Bearbeitet von **G. Lieckfeld,** Zivilingenieur in Hannover. Zweite umgearbeitete und vermehrte Auflage. X und 297 Seiten. gr. 8⁰. Mit 188 Textabbildungen. Preis M. **9.**—. In Leinwand geb. Preis M. **10.**—.

Lieckfeld behandelt einleitend das Betriebsmaterial, das ist Rohpetroleum und seine Destillate, in sehr gründlicher Weise nach dem neuesten Stande der Wissenschaft und geht sodann auf Benzin- und Petroleum-Motoren näher ein, unter Angabe der verschiedenen Systeme und Detailkonstruktionen in Wort und Bild. Zum Schlusse werden die einzelnen Verwendungsarten eingehend erörtert und wird speziell auch der Aufstellung und Bedienung solcher Motore in erschöpfender Weise gedacht. Sehr wertvoll ist der Anhang, der ein Verzeichnis einschlägiger deutscher Privilegien bringt. Muß diese Arbeit als eine sehr verdienstliche im allgemeinen bezeichnet werden, so wird sie für alle jene, welche mit Petroleum- und Benzin-Motoren zu tun haben, geradezu ein unerläßliches Hilfs- und Nachschlagebuch, dessen eingehendes Studium auf das Wärmste empfohlen wird. Die Ausstattung des Werkes mit zahlreichen guten Zeichnungen verdient gleichfalls vollste Anerkennung.
Der Gastechniker.

Aus der Gasmotoren-Praxis. Ratschläge für den

Ankauf, die Untersuchung und den Betrieb von Gasmotoren. Von **G. Lieckfeld,** Ingenieur in Hannover. XII u 67 Seiten. 8⁰. Mit 10 Textabbildungen. Preis kart. M. **1.50.**

Gross-Gasmaschinen von Dr. A. Riedler, Kgl. Geh.

Regierungsrat und Professor. IV und 193 Seiten. gr. 4°.
Mit 130 Textabbildungen. Preis M. 10.—.

Jeder, der sich mit der Frage der Groß-Gasmaschinen in irgend
einer Weise zu beschäftigen hat, und seien es selbst die Anhänger der
vom Verfasser verurteilten Systeme, wird aus der vorliegenden Arbeit
eine Fülle von Anregungen und Belehrungen schöpfen, und so wird
das hochbedeutsame Werk unter allen Umständen viel dazu beitragen,
die deutsche Industrie zu befähigen, im Bau von Gasmaschinen auch
weiterhin, wie bisher, an der Spitze aller Nationen zu marschieren.
Zeitschrift für das Berg-, Hütten- und Salinenwesen im Preußischen Staate.

Schillings Journal für Gasbeleuchtung und verwandte Beleuchtungsarten sowie für Wasserversorgung.

Organ des Deutschen Vereins von Gas- u. Wasserfachmännern.
Herausgeber und Chef-Redakteur Geh. Hofrat Dr. **H. Bunte,**
Professor an der Technischen Hochschule in Karlsruhe,
General-Sekretär des Vereins. Jährl. 52 Hefte. Preis M. **20.**—.

Das Journal behandelt nicht nur die Kohlengasbeleuchtung und
Wasserversorgung, auf welchen Gebieten es unter den Publikationen
aller Länder eine führende Stelle einnimmt, in ihrem ganzen Umfange,
sondern gibt auch eingehende Informationen über die verwandten Be-
leuchtungsarten, Azetylen, Petroleum, Spiritusglühlicht, Luftgas sowie
elektrische Beleuchtung. Auch die Hygiene wird, soweit sie im Hin-
blick auf die Beleuchtung, Wasserversorgung, Städtereinigung usw. in
Betracht kommt, in gebührender Weise berücksichtigt. — Besondere
Aufmerksamkeit wird allen bewährten und aussichtsreichen Neuerungen
im Installationswesen sowohl auf dem Gebiete der Licht- als der Wasserversorgung gewidmet. Berichte über die einschlägigen Fachvereine, die
Abschnitte »Literatur«, »Auszüge aus den Patentschriften«, »Statistische
und finanz Mitteilungen«, »Korrespondenz« und »Brief- u Fragekasten«
vervollständigen den Inhalt jeder Nummer. Probenummer gratis u. franko.

Thermodynamik technischer Gasreaktionen.

Sieben Vorlesungen von **Dr. F. Haber,** a. o. Professor an
der Technischen Hochschule Karlsruhe i. B. XV und 296
Seiten. gr 8°. Mit 19 Textabbildungen. In Leinwand
geb. Preis Mk. **10.**—.

Professor **Haber** hat sich durch die vorliegende Darstellung der
genannten Beziehungen ein wirkliches Verdienst erworben. Die einschlägigen Begriffe sind so mundgerecht gemacht, daß die Ausführungen
in den weitesten Kreisen Verständnis finden können. Auf die Anwendung des mathematischen Apparats kann natürlich bei dem zu
behandelndem Gegenstande nicht verzichtet werden. Differential und
Integral sind zum Aufbau der Formeln nötig. Aber es genügt ein
Kenntnis vom Wesen dieser Operationen, um den Entwicklungen
Habers folgen zu können. Die Darstellung gewinnt besonders dadurch,
daß man auf zwei Wegen, mit Hilfe des Entropiebegriffs einerseits
und anderseits durch den Temperaturkoeffizienten der äußeren Arbeits-
fähigkeit, zum Ziele geführt wird. Möchte diese Arbeit in recht weiten
Kreisen unserer Fachgenossen Verbreitung und gründliches Studium
finden. **Zeitschrift für angewandte Chemie.**

Über Heizwertbestimmungen mit besonderer

Berücksichtigung gasförmiger und flüssiger Brennstoffe.
Von Dipl.-Ing. **Theodor Immenkötter.** VII und 97 Seiten.
8°. Mit 23 Textabbildungen. Preis M. **3.**—.

Krane, ihr allgemeiner Aufbau nebst maschi-

neller Ausrüstung, Eigenschaften ihrer Betriebsmittel,
einschlägige Maschinenelemente und Trägerkonstruk-
tionen. Ein Handbuch für Bureau, Betrieb und Studium
von **Anton Böttcher,** Ingenieur. Unter Mitwirkung von
Ingenieur G. Frasch Umfang ca. 33 Bogen gr. 8° mit
500 Textabbildungen, 40 Tabellen und 48 Tafeln. In Leinwand gebunden Preis ca. Mk. **25.**—. (Erscheint Anfang
Januar 1906.)

Der Eisenbau.

Ein Handbuch für den Brückenbauer und den Eisenkonstrukteur. Von **Luigi Vianello**. Mit einem Anhang: Zusammenstellung aller von deutschen Walzwerken hergestellten I- und ⌐-Eisen. Von Gustav Schimpff. (Oldenbourgs Technische Handbibliothek, Bd. IV.) XVI und 691 Seiten 8°, mit 415 Textabbildungen. In Leinwand gebunden Preis M. 17.50.

Der Verfasser ist durch Veröffentlichung seiner wissenschaftlichen Arbeiten und durch seine Mitarbeit an der Erbauung der Berliner Hoch- und Untergrundbahn, deren Entwurfsbureau er längere Zeit zugehörte, bestens bekannt geworden. Sein Buch wird dem Bauingenieur sehr willkommen sein, da es in sich das vereinigt, was für die Praxis von Wert ist und sonst nur in einer Reihe einschlägiger Werke zu finden wäre. Mit feinem praktischen Gefühl hat der Verfasser eine richtige Wahl bei dem nur zu reichlich vorhandenen Material getroffen, und den Stoff in knapper und klarer Form, immer soweit als möglich vereinfacht, wiedergegeben. Dabei konnte er oft Ergänzungen und Neuerungen auf grund seiner eigenen Erfahrung einführen, so daß viele Abschnitte, die sonst wohlbekannte Gegenstände behandeln (wie z B. Knickfestigkeit, vollwandige Träger usw.) auch für den geübten Konstrukteur wertvoll sind. **Deutsche Bauzeitung.**

Träger-Tabelle. Zusammenstellung der Hauptwerte der von deutschen Walzwerken hergestellten I- und ⌐-Eisen.

Nebst einem Anhang: Die englischen und amerikanischen Normalprofile. Herausgeg. von **Gustav Schimpff**, Regierungsbaumeister. VIII und 59 Seiten in quer 8°. Preis kartonniert M. 2.—.

Schiffsmaschinen und -Kessel. Berechnung und Konstruktion.

Ein Handbuch z. Gebrauch f. Konstrukteure, Seemaschinisten und Studierende von Dr. **G. Bauer**, Oberingenieur der Stettiner Maschinenbau-A.-G. „Vulkan", unter Mitwirkung der Ingenieure **E. Ludwig, A. Boettcher** und **H. Foettinger**. Zweite, vermehrte und verbesserte Aufl. 728 Seiten 8°. Mit 535 Textabbild., 17 Tafeln und vielen Tabellen. In Leinwand gebunden Preis M. 18.50

— — — — Dieses Handbuch gewinnt noch dadurch ganz besonders an Wert, weil es nur zum kleinsten Teil der Literatur — soweit deren Angaben zuverlässig erscheinen — und zum größten Teil der bewährten Praxis seine Entstehung verdankt, da dem Verfasser in seiner Stellung als Betriebsingenieur der rühmlichst bekannten Stettiner Maschinenbau-Aktiengesellschaft »Vulkan« ein reiches Material und reichliche praktische Erfahrungen zur Verfügung standen. — — — —

In vorstehender Besprechung ist in großen Zügen nachgewiesen, daß das vorliegende Handbuch alle in einer Schiffsmaschinenanlage vorkommenden Teile behandelt Da es dieselben aber auch mit großer Sachkenntnis und mit großem Verständnis behandelt, alle Fingerzeige, Regeln und die Dimensionierung der verschiedenen Konstruktionsteile vorbildlich sind, so kann dieses Handbuch als ein seinen Zweck vollkommen erfüllendes, allen Konstrukteuren, Seemaschinisten und Studierenden bestens empfohlen werden. **Marine-Rundschau.**

Elektrische Bahnen und Betriebe. Zeitschrift für Verkehrs- und Transportwesen.

Herausgeber **Wilhelm Kübler**, Professor an der Kgl. Technischen Hochschule zu Dresden. Jährlich 36 Hefte mit zahlreichen Textabbildungen und Tafeln. Preis pro anno M. 16.—.

Das Programm der Zeitschrift umfaßt das gesamte elektrische Beförderungswesen, also nicht das ganze Gebiet elektrischer Bahnen (insbesondere auch der Vollbahnen), sondern auch die Massengüterbewältigung, Hebezeuge, Selbstfahrer, Boote etc. Sie enthält Aufsätze wissenschaftlichen Inhaltes aus dem Gebiete des elektrischen Verkehrs- und Transportwesens mit Einschluß aller dazu gehörenden technischen Hilfsmittel, eingehende Beschreibung und zeichnerische Darstellung von bedeutenden Ausführungen und Projekten, Mitteilung von Betriebsergebnissen, Behandlung wirtschaftlicher Fragen und Aufgaben unter Berücksichtigung der Betriebsführung und des Rechnungswesens, kurze Berichterstattung über allgemein interessierende Vorgänge in der in- und ausländischen Praxis, über die wesentlichen Erscheinungen der Fachliteratur, der Statistik usw.

Verlag von R. Oldenbourg in München und Berlin W. 10

Entwurf elektrischer Maschinen und Apparate.

Moderne Gesichtspunkte von Dr. **F. Niethammer,** Professor an der Technischen Hochschule zu Brünn IV und 192 S. 8°. Mit 237 Textabbildungen. In Leinw. geb. Preis M. **8.**—.

Das vorliegende Werk behandelt konstruktiv die neueren und neuesten Typen elektrischer Gleich- und Drehstromerzeuger und Motoren, sowie auch Transformatoren und alle wichtigen zu erwähnten Maschinen und Apparaten gehörigen Starkstrom-Schalt- und Regulierungs-Einrichtungen. Der Verfasser hat es verstanden, überall in knapper, bestimmter Form das Wissenswerte zu geben, so daß das Buch nicht nur als Leitfaden für den Konstrukteur, sondern auch als Lehrbuch für den Studierenden und als Berater für den in der Betriebspraxis stehenden Ingenieur und Techniker empfohlen werden kann.

Elektrotechnischer Anzeiger.

Elektrotechnisches Auskunftsbuch. Alphabetische

Zusammenstellung von Beschreibungen, Erklärungen, Preisen, Tabellen und Vorschriften, nebst Anhang, enthaltend Tabellen allgemeiner Natur. Herausgegeben von **S. Herzog,** Ingenieur IV u. 856 Seiten 8°. In Leinw. geb. Preis M. **10.**—.

Der aus verschiedenen Werken schon bekannte Verfasser hat es in dem vorliegenden Buch unternommen, in gedrängter Form über den größten Teil der in der Praxis vorkommenden Worte, Begriffe, Gegenstände, Materialien, Preise usw. in alphabetisch geordneter Weise Aufschluß zu geben. Ein derartiges Werk ist für den praktischen Ingenieur äußerst wertvoll und kann man die Neuerscheinung daher nur freudig begrüßen. Erspart sie doch bei vielen Arbeiten ein mühevolles Suchen in Katalogen und Preislisten, Broschüren und Zeitschriften. Sehr ausführlich und allen Ansprüchen genügend sind die Angaben über Drehstromgeneratoren und Motoren, sowie über Gleichstromdynamos und Motoren. Hier kann man wirklich über jede vorkommende Frage, über Dimensionen der Maschinen selbst und ihrer Zubehörteile, über Umdrehungszahlen usw. Aufschluß erhalten.

Dinglers Polytechnisches Journal.

Kosten der Betriebskräfte bei 1—24 stündiger

Arbeitszeit täglich und unter Berücksichtigung des Aufwandes für die Heizung. Für Betriebsleiter, Fabrikanten etc. sowie zum Handgebrauch von Ingenieuren und Architekten von **Otto Marr,** Ingenieur. 83 Seiten, gr. 8°. Preis M. **2.50.**

Die neueren Kraftmaschinen, ihre Kosten und

ihre Verwendung. Für Betriebsleiter, Fabrikanten etc. sowie zum Handgebrauch von Ingenieuren und Architekten. Herausgegeben von **Otto Marr,** Zivil-Ingenieur. Preis M. **3.**—.

Lehrbuch der Technischen Physik von Ingenieur

Dr. **Hans Lorenz,** Professor der Mechanik an der Technischen Hochschule zu Danzig.

Bisher sind erschienen:

Band I: **Technische Mechanik starrer Systeme.** XXIV u. 626 S. 8°. Mit 254 Abbildungen. Preis brosch. M. **15.**—, in Leinwand geb. M. **16.**—.

Das einzige, durchaus moderne Lehrbuch der »Technischen Mechanik«, welches lediglich mit den Elementen der höheren Mathematik und ohne Zuhilfenahme ungewohnter Rechnungsarten (z. B. der Vektoranalysis) den Leser bis zur selbständigen Lösung auch schwieriger, praktischer Probleme der Mechanik führt und daher zum Gebrauche bei Vorlesungen, für Repetition sowie zum Selbststudium allen angehenden Ingenieuren besonders empfohlen werden kann.

Band II: **Technische Wärmelehre.** XIX u. 545 S. 8°. Mit 136 Abbild. Preis brosch. M. **13.**—, in Leinw. geb. M. **14.**—.

Eine ebenso gedrängte wie erschöpfende Darstellung der technischen Thermodynamik in ihrem ganzen derzeitigen Umfange bis einschließlich der modernen Strahlungstheorie. Das Werk enthält nicht nur die neuesten Forschungen über Wasserdampf und die für Dampfturbinen so wichtigen Gas- und Dampfströmungen sondern auch alles, was bisher über die Theorie der Verbrennungsmotoren, der Kältemaschinen u. a. als gesichert anzusehen ist, nebst einer klaren Anleitung zum selbständigen Gebrauch der Resultate für die Zwecke der technischen Praxis.

Oldenbourgs
Technische Handbibliothek.

Band I: **Neuere Kühlmaschinen**, ihre Konstruktion, Wirkungsweise und industrielle Verwendung. Leitfaden für Ingenieure, Techniker und Kühlanlagenbesitzer, bearbeitet von Dr. **Hans Lorenz**, Professor an der Technischen Hochschule Danzig, dipl. Ingenieur. Dritte, durchgesehene und vermehrte Auflage. VIII und 374 Seiten. 8º. Mit 208 Textabbildungen. In Leinwand geb. Preis M. **10.—**.

Außerdem existiert eine französische, englisch-amerikanische und russische Ausgabe.

Band II: **Praktische Betriebskontrolle eines Mälzerei- und Brauereibetriebes.** Von Dr. **Anton Schifferer**. XII und 304 Seiten. 8º. Mit 97 Textabbildungen und 3 Tafeln. In Leinwand geb. Preis M. **9.—**.

Band III: **Einrichtung und Betrieb eines Gaswerkes.** Ein Leitfaden für Betriebsleiter und Konstrukteure. Von **A. Schäfer**, Ingenieur und Direktor des städtischen Gaswerkes Ingolstadt. XII und 373 Seiten. 8º. Mit 185 Textabbildungen und 6 Tafeln. In Leinwand geb. Preis M. **9 —**.

Band IV: **Der Eisenbau.** Ein Handbuch für den Brückenbauer und den Eisenkonstrukteur. Von **Luigi Vianello.** Mit einem Anhang: Zusammenstellung aller von deutschen Walzwerken hergestellten I- und ⌷-Eisen. Von Gustav Schimpff. XVI u. 691 Seiten 8º. Mit 415 Textabbildungen. In Leinwand geb. Preis M. **17.50.**

Band V: **Warmwasserbereitungsanlagen und Badeeinrichtungen.** Leitfaden zum Berechnen und Entwerfen von Warmwasserbereitungs- und Verteilungsanlagen, öffentlichen Badeanstalten, Bädern in Wohn- und Krankenhäusern, von Militär-, Arbeiter- und Schulbädern, bearbeitet für Architekten, Ingenieure, Techniker und Installateure von **Holger Roose,** Ingenieur. XII und 289 Seiten, 8º, mit 87 Abbildungen. In Leinwand geb. Preis M. **7.—**.

In Vorbereitung befinden sich:

Band VI: **Der praktische Bauführer für Umbauten,** dessen Tätigkeit vor und während der Bauausführung mit besonderer Berücksichtigung der Anforderungen, die im heutigen Baugeschäfte in konstruktiver und geschäftlicher Beziehung gestellt werden. Von **F. Hintsche**, Architekt und Baumeister. Umfang ca. 18 Bogen. 8º. Mit 63 Textabbildungen und 24 mehrfarbigen lithographierten Tafeln. Ein Text- und ein Tafelband in Leinwand Preis ca. M. **12.—**.

Band VII: **Zahlenstoff und Winke zum Bau und Betrieb von Kältemaschinen-Anlagen.** Von Ingenieur **C. Heinel**, Privatdozent an der Techn. Hochschule Berlin.

www.ingramcontent.com/pod-product-compliance
Lightning Source LLC
Chambersburg PA
CBHW081537190326
41458CB00015B/5569